# C语言程序设计

主　编　吕爱华
副主编　陶　慧　郝文莲　陈　露

北京理工大学出版社
BEIJING INSTITUTE OF TECHNOLOGY PRESS

## 内容简介

本书面向C语言程序设计初学者，以通俗易懂的语言、丰富翔实的实例，详细讲解C语言相关知识。本书注重培养学生的实际编程应用能力，灵活运用案例教学、任务驱动、启发式教学等多种教学方法，对C语言程序设计的方法过程进行了系统介绍。本书共有11个项目，分别为C语言的编程环境，数据类型、运算符、表达式，顺序结构程序设计，选择结构程序设计，C语言循环控制语句，数组的使用，函数的使用，指针的使用，结构体和共用体的使用，文件，C语言程序项目案例。每个项目均附有微课、大量的程序设计案例和能力训练，供读者自学和练习使用。

本书可作为计算机、电子信息类相关专业和其他专业的教材，还可供爱好C语言程序设计的读者自学使用。



**图书在版编目(CIP)数据**

C语言程序设计 / 吕爱华主编. -- 北京 : 北京理工大学出版社, 2022.7

ISBN 978-7-5763-1455-7

Ⅰ. ①C… Ⅱ. ①吕… Ⅲ. ①C语言-程序设计-高等职业教育-教材 Ⅳ. ①TP312.8

中国版本图书馆CIP数据核字(2022)第112058号

出版发行 / 北京理工大学出版社有限责任公司
社　　址 / 北京市海淀区中关村南大街5号
邮　　编 / 100081
电　　话 / (010) 68914775 (总编室)
(010) 82562903 (教材售后服务热线)
(010) 68944723 (其他图书服务热线)
网　　址 / http: //www. bitpress. com. cn
经　　销 / 全国各地新华书店
印　　刷 / 北京广达印刷有限公司
开　　本 / 787毫米×1092毫米　1/16
印　　张 / 17.5
字　　数 / 468千字
版　　次 / 2022年7月第1版　2022年7月第1次印刷
定　　价 / 82.00元

责任编辑 / 钟　博
文案编辑 / 钟　博
责任校对 / 刘亚男
责任印制 / 施胜娟

# 前言

C 语言是一种计算机程序设计高级语言。它可以作为系统设计语言，用于编写工作系统应用程序，也可以作为应用程序设计语言，用于编写不依赖计算机硬件的应用程序。因此，C 语言成为计算机相关专业和电子信息类专业计算机程序设计的首选语言，是国内外广泛使用的计算机编程语言，深受广大程序设计者的喜爱。

编者秉承“建设精品教材，培养优秀人才”的教育理念，广泛吸收、借鉴其他优秀教材的长处，在前期教材建设的基础上，融入多年的教学实践经验和教学研究成果编写了本书，力求深入浅出、循序渐进、语言流畅、通俗易懂、便于讲解和学习。本书共有 11 个项目，分别为 C 语言的编程环境，数据类型、运算符、表达式，顺序结构程序设计，选择结构程序设计，C 语言循环控制语句，数组的使用，函数的使用，指针的使用，结构体和共用体的使用，文件，C 语言程序项目案例。每个任务的知识点讲解尽可能简明扼要，将大部分教学内容用案例的形式进行组织，使学生在案例学习过程中逐步掌握基本概念、语法规则，能够正确设计和编写程序。每个项目均附有微课和能力训练，以加强学生的程序设计代码编写能力。

编者在编写本书时充分考虑到教学中学生普遍对 C 语言学习感到困难和枯燥，对相关知识点在编写过程中采用“项目引领、任务驱动”的方法进行教材内容的组织，精选每一个任务教学案例，以提高学生对学习 C 语言的兴趣。本书的主要特色如下。

（1）任务案例驱动教学，将知识内容通过任务串联起来。

（2）内容深入浅出，应用实例多，一般在任务描述后对使用到的相关知识进行概念的介绍，然后通过相应的案例进行讲解。

（3）内容覆盖面比较广泛，使初学者能够了解 C 语言的总体状况。

（4）增加了项目案例库，可供教师授课引用和学生课外自主学习使用，使学生熟悉 C 语言程序开发流程，增强实践性。

本书由襄阳汽车职业技术学院吕爱华担任主编并统稿；襄阳汽车职业技术学院陶慧、郝文莲、陈露担任副主编；参加本书编写的还有李剑、胡德洪、闫武起、张梦帆、王勇、姚宇豪、胡雨阳、钟廷伟、张毅夫、高玉改、易明皓、张劲、秦显峰、房涛、谢婷等；吕爱华、张璐、胡雨阳负责微课的制作。

本书在编写过程中参考了国内外出版的大量 C 语言程序设计教材，在此对相关作者一并表示感谢！

编　者

# 目录

# 项目1

# C语言的编程环境

【项目描述】

C 语言是一种面向过程的、很灵活的程序设计语言。在计算机日益普及的今天，C 语言的应用领域依然很广泛，几乎各类计算机都支持 C 语言的开发环境。掌握了 C 语言后，再学 C ++、C#、Java 等其他程序设计语言就比较容易了。本项目主要介绍 C 语言程序的集成开发环境，以及 C 语言程序基本结构、基本符号和书写格式。

【知识目标】

（1）认识 C 语言的发展与特点。
（2）熟悉 C 语言程序的基本结构。
（3）掌握 C 语言程序的基本符号与规则。
（4）熟悉 C 语言程序的集成开发环境。

【技能目标】

（1）掌握 C 语言程序的书写格式和风格。
（2）学会使用 VC ++ 6.0 和 Dev - C ++5.11 集成开发环境。
（3）熟悉 C 语言程序的调试运行过程。

## 任务1 认识C语言

【任务描述】

认识 C 语言的基本结构及应用领域，学会使用 C 语言程序的书写格式和风格，能够分析简单的 C 语言程序。在本任务中，学生在教师的指导下上机编写输出两个数中较大数的 C 语言程序。

【任务目标】

（1）掌握 C 语言程序的基本结构。
（2）掌握 C 语言程序的结构特征。
（3）掌握书写 C 语言程序时应遵循的规则。
（4）认识输入函数 scanf( )和输出函数 printf( )。

## 知识链接

### 一、C 语言的发展过程

C 语言概述

在 C 语言诞生以前，系统软件主要是用汇编语言编写的。由于汇编语言程序依赖于计算机硬件，其可读性和可移植性都很差，但一般的高级语言又难以实现对计算机硬件的直接操作，所示人们盼望有一种兼有汇编语言和高级语言特性的新语言。C 语言就是在这种背景下应运而生的。

C 语言是贝尔实验室于 20 世纪 70 年代初期研制出来的，并随着 UNIX 操作系统的广泛使用而迅速得到推广。后来，C 语言又被多次改进，并出现了多种版本。20 世纪 80 年代初（1983 年），美国国家标准化协会（ANSI）根据 C 语言问世以来各种版本对 C 语言的发展和扩充，制定了 ANSI C 标准。本书按照 ANSI C 标准进行介绍。

目前，在计算机上广泛使用的 C 语言编译系统有 Microsoft C（简称 MSC）、Turbo C（简称 TC）、Borland C（简称 BC）等。

### 二、认识 C 语言的特点及应用领域

C 语言是近年来较流行的高级程序设计语言之一，许多大型软件均是用 C 语言编写的（如 UNIX 操作系统）。C 语言同时具有汇编语言和高级语言的双重特性。具体来说，C 语言的主要特点如下。

（1）C 语言是一种模块化的程序设计语言。模块化的基本思想是将一个大的程序按功能分割成一些模块，使每一个模块都成为功能单一、结构清晰、容易理解的小程序。

（2）简洁，结构紧凑，使用方便、灵活。C 语言一共只有 32 个关键字、9 条控制语句，源程序书写格式自由。

（3）运算功能极其丰富，数据处理能力强。C 语言一共有 34 种运算符，如算术运算符、关系运算符、自增（++）和自减（--）运算符、复合赋值运算符、位运算符及条件运算符等。同时，C 语言又可以实现其他高级语言较难实现的功能。

（4）可移植性好。C 语言程序基本上可以不做任何修改，就能运行于各种不同型号的计算机和各种操作系统环境中。

（5）可以直接调用系统功能实现对硬件的操作。这是其他高级语言所不具备的。

C 语言是一种通用的、面向过程的编程语言，广泛应用于系统软件与应用软件的开发。因为 C 语言既具有高级语言高效、灵活和可移植等特点，同时又具有汇编语言可以对计算机硬件进行管理的特点，因此 C 语言有广泛的应用领域。

（1）系统软件。许多著名的系统软件，如 DBASE Ⅲ PLUS、DBASE Ⅳ都是用 C 语言编写的。

（2）应用软件。Linux 操作系统中的应用软件都是使用 C 语言编写的，这样的应用软件安全性非常高。

（3）科学计算。相对于其他编程语言，C 语言是数字计算能力超强的高级语言。

（4）图形处理。C 语言具有很强的绘图能力和数据处理能力，可以用来制作动画、绘

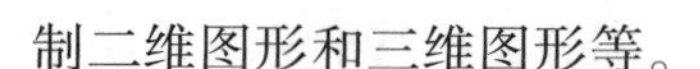

制二维图形和三维图形等。

（5）嵌入式应用开发。手机、掌上电脑（Personal Digital Assistant，PDA）、电子字典等时尚消费类电子产品内部的应用软件、游戏等很多都是使用C语言进行嵌入式开发的。

## 三、C语言程序的基本结构

### 1. 简单的C语言程序

C语言程序的基本结构

main是主函数的函数名。每一个C语言源程序都必须有且只能有一个主函数，即main( )函数。scanf( )函数的功能是从键盘把数据输入指定的变量，printf( )函数的功能是把要输出的内容送到显示器去显示。scanf( )函数和printf( )函数是系统定义的标准输入函数和输出函数，都在标准的输入/输出库函数（stdio. h）中，可在程序中直接调用。

书写C语言程序时应遵循的规则如下。

（1）一个说明或一条语句占一行。

（2）用“{}”括起来的部分通常表示程序的某一层次结构。“{}”一般与该结构语句的第一个字母对齐，并单独占一行。

（3）缩进风格。低一层次的语句或说明可比高一层次的语句或说明缩进若干格后书写，以使程序看起来更加清晰，增加程序的可读性。

在编程时，应力求遵循以上规则，养成良好的编程习惯。

**【例1.1】** 从键盘输入两个整数，计算这两个整数的和。

程序如下：

```
#include <stdio.h>  /* include称为文件包含命令,扩展名为".h"的文件称为头文件或首部文件*/
void main()  /*main()函数开始*/
{
int x,y,sum;  /*定义3个整型变量,以被后面的程序使用*/
printf("input munber x,y =:");  /*显示提示信息*/
scanf("%d, %d",&x,&y);  /*从键盘获得两个整数x和y* /
sum=x + y;  /*求x与y的和,并把它赋给变量sum */
printf("sum=%d\n",sum);  /*显示程序运算结果*/
}                    /*main()函数结束*/
```

程序运行结果如下：（↙表示按Enter键）

```
input numberx,y=35,48↙
sum 83
```

该程序的功能是从键盘输入两个整数x和y，求x和y的和，然后输出结果。在main( )函数之前的一行称为预处理命令。预处理命令还有其他几种，这里的include称为文件包含命令，其意义是把尖括号“< >”或引号“""”内指定的文件包含到本程序，使其成为本程序的一部分。被包含的文件通常是由系统提供的，其扩展名为“. h”，称为头文件或首部文件。C语言的头文件中包括了各个标准库函数的函数原型。因此，凡是在程序中调用一个库函数，都必须包含该函数原型所在的头文件。在例1.1中，使用了两个库函数：输入函数scanf( )和输出函数printf( )。scanf( )和printf( )是标准输入函数和输出函数，其头文件为“stdio. h”，在主函数前用include命令包含了“stdio. h”文件。

例 1.1 中的函数体又可分为两部分：一部分为说明部分，另一部分为执行部分。说明是指变量的类型说明。C 语言规定，源程序中所有用到的变量都必须先说明，后使用，否则会出错。这是编译型高级程序设计语言的一个特点。说明部分是 C 语言程序结构中重要的组成部分。例 1.1 中使用了 3 个变量——x，y，sum，用来表示输入的变量和结果。由于这 3 个变量都是整数类型，故用类型说明符 int 来说明。说明部分后的 4 行代码为执行部分，或称为执行语句部分，用于完成程序的功能。执行部分的第 1 行是输出语句，调用 printf( ) 函数在显示器上输出提示字符串，请用户输入变量 x 和 y；第 2 行为输入语句，调用 scanf( ) 函数，接收从键盘上输入的整数并存入变量 x 和 y；第 3 行是使用赋值表达式计算 x 和 y 的和，并把结果存入变量 sum；第 4 行是用 printf( ) 函数输出变量 sum 的值，至此程序结束。

2. 输入/输出函数

在例 1.1 中用到了输入函数 scanf( ) 和输出函数 printf( )，它们将在项目 2 中详细介绍。这里先简单介绍它们的格式，以便下面使用。scanf( ) 和 printf( ) 这两个函数分别称为格式输入函数和格式输出函数，其意义是按指定的格式输入/输出数据的值。因此，这两个函数在括号中的参数表都由以下两部分组成：

```
"格式控制串",参数表
```

格式控制串是一个字符串，必须用双引号括起来，它表示输入/输出量的数据类型。在 printf( ) 函数中还可以在格式控制串内出现非格式控制字符，这时在显示器屏幕上将原文打印。参数表中给出了输入或输出的量。当有多个量时，用逗号间隔。例如：

```
printf("%d + %d = %d\n",a,b,sum);
```

其中,%d 为格式字符，表示整数的输出。它在格式串中出现 3 次，分别对应 a，b 和 sum 这 3 个变量。其余字符为非格式字符，照原样输出在显示器屏幕上。

3. C 语言程序的结构特点

(1) 一个 C 语言程序可以由一个或多个源文件组成。

(2) 每个源文件可由一个或多个函数组成。

(3) 一个 C 语言程序不论由多少个源文件组成，都有一个且只能有一个 main( ) 函数，即主函数。

(4) 源文件中可以有预处理命令（include 命令仅为预处理命令中的一种），预处理命令通常应放在源文件或源程序的最前面。

(5) 每个说明、每条语句都必须以分号结尾，但预处理命令、函数头和右花括号“}”之后不能加分号。

(6) 标识符和关键字之间必须至少加一个空格以示间隔。若已有明显的间隔符，也可不再加空格。

## 任务实施

认识 C 语言——任务实施

编写一个 C 语言程序，输出两个数中的较大值数。

(1) 任务说明。教师将已编好的源程序发给学生，学生在教师的指导下打开 VC ++ 6.0 或 Dev - C ++5.11 运行环境，将源程序写入代码区，编译并运行源程序，从而认识 C 语言程序结构。该 C 语言程序由主函数和 max( ) 函数组成，两个函数是并列关系。可以在主函数中调用其他函数。max( ) 函数的功能是比较两个数，然后把较大的数返回主函数。max( ) 函数是一个用户自定义函数，因此在主函数中要给出说明。可见，在 C 语言程序的说明部分中，不仅可以有变量说明，还可以有函数说明。在 C 语言程序的每行后用“/* ”和“ */”括起来的内容为注释部分，C 语言程序不执行注释部分。

（2）实现思路。

①首先在屏幕上显示提示字符串，请用户输入两个数，由 scanf( ) 函数接收这两个数并送入变量 numl，num2。

②编写被调用子函数 int max(int x，int y)，详见程序注释。

③在输出函数中调用 max( ) 函数，并把 numl，num2 的值传送给 max( ) 函数的参数 x，y。

④把较大者返回主函数，最后在屏幕上输出较大数的值。

（3）程序清单及注释。

```
#include <stdio.h>   /* include 称为文件包含命令,扩展名为".h"的文件称为头文件或首部文件 */
int max(int x,int y);  /* 被调用函数在主函数之后,必须声明被调用函数 */
void main()      /* main()函数开始 */
{
int numl,num2;   /* 定义 numl,num2 为整型变量 */
scanf("%d, %d",&numl, &num2);  /* 由键盘输入 numl,num2 的值 */
printf("max = %d\n",max(numl, num2));  /* 在屏幕上输出调用 max()的函数值 */
}
int max(int x,int y){   /* x 和 y 分别取 numl 和 nun2 传递的值 */
(if(x>y){return x;}    /* 如果 x>y,将 x 的值返回给 main() */
else {return y; }     /* 如果 x>y 不成立,将 y 的值返回给 main() */
}
```

程序运行结果如图 1 - 1 所示。

```
5,8
max=8
Press any key to continue
```

图 1 - 1　程序运行结果

# 任务 2　C 语言程序的运行环境

【任务描述】

学会编写一个简单的 C 语言程序，并掌握 C 语言程序的运行方法。

【任务目标】

（1）掌握 Visual C ++6.0 或 Dev - C ++5.11 集成环境的进入与退出方法。

（2）学会 Visual C ++6.0 或 Dev - C ++5.11 集成环境的菜单的使用方法。

（3）熟悉 Visual C ++6. 0 或 Dev – C ++5. 11 集成环境的设置方法。

（4）掌握 C 语言程序的建立、编辑、修改、编译和运行方法。

## 一、Visual C ++ 6. 0 的安装及使用

1. 安装 Visual C ++ 6. 0

Visual C ++ 6. 0 是 Microsoft Visual Studio6. 0 软件包的一个组件，只能在 Windows 平台上安装和使用。安装时用双击 Microsoft Visual Studio 6. 0 软件包光盘的根目标下的“SETUP. exe”文件图标即可启动 Microsoft Visual Studio 6. 0 安装向导，然后在安装向导的引导下操作即可完成 Visual C ++ 6. 0 的安装。

2. 启动 Visual C ++ 6. 0

单击 Windows 操作系统的“开始”按钮，选择“程序”→“Microsoft Visual Studio 6. 0”→“Microsoft Visual C ++6. 0”选项，进入 Visual C ++ 6. 0 的启动界面，如图 1 – 2 所示。

C 语言的运行环境

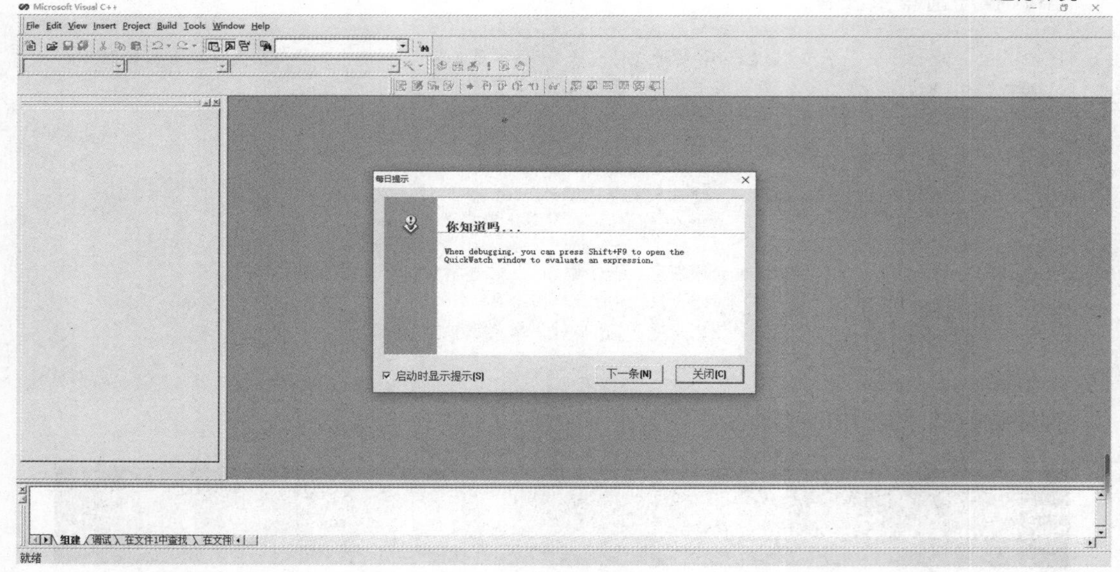


图 1 – 2　Microsoft Visual C ++ 6. 0 启动界面

3. 创建工程

选择“文件”→“新建”命令，弹出“新建”对话框，在“工程”选项卡中左侧选择“Win32 Console Application”选项，在右侧的“工程名称”框中输入工程名称“HelloWorld”，在“位置”框下方单击按钮，可以更改工程的保存位置，在下方的“平台”框中勾选“Win32”复选框，如图 1 – 3 所示。

单击“确定”按钮，弹出“Win32 Console Application 向导”对话框。在该对话框中，选择所要创建的控制台程序类型，单击“一个空工程”单选按钮，如图 1 – 4 所示。

单击“完成”按钮，弹出图 1 – 5 所示的“新建工程信息”对话框，该对话框中显示所创建的新工程的相关信息。

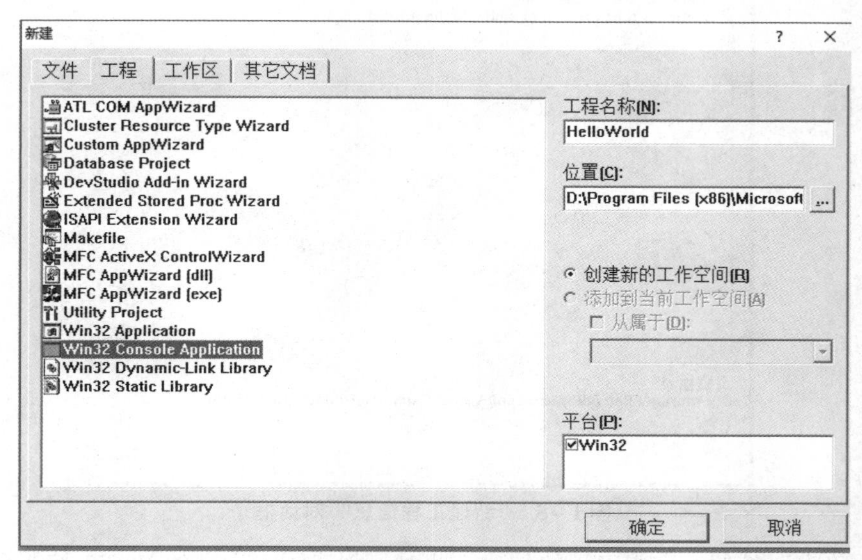

图1-3　创建 **Win32** 控制台应用程序工程

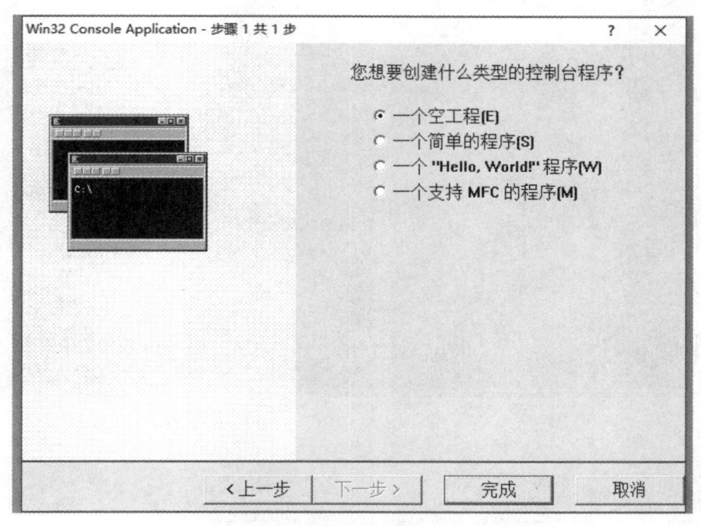

图1-4　选择控制台应用程序类型

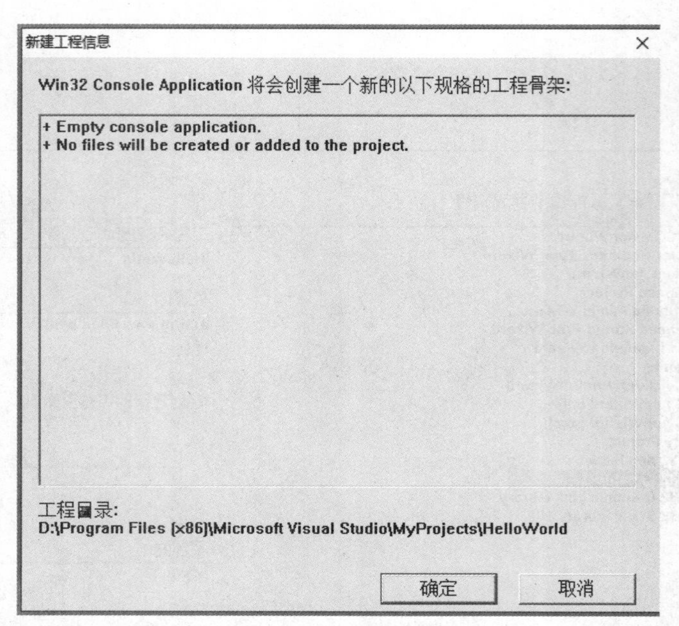


图1－5 “新建工程信息”对话框

单击“确定”按钮，完成工程的创建。此时，创建了一个空的 Win32 控制台工程，如图1－6所示。

图1－6 空的 Win32 控制台工程

4. 添加文件

选择“文件”→“新建”命令，在弹出的“新建”对话框中的“文件”选项卡中选择“C ++ Source File”选项，在右侧的“文件名”框中输入文件名“HelloWorld”，如图1－7所示，单击“确定”按钮，则为项目添加了名称为“HelloWorld”的 C ++ 源文件。

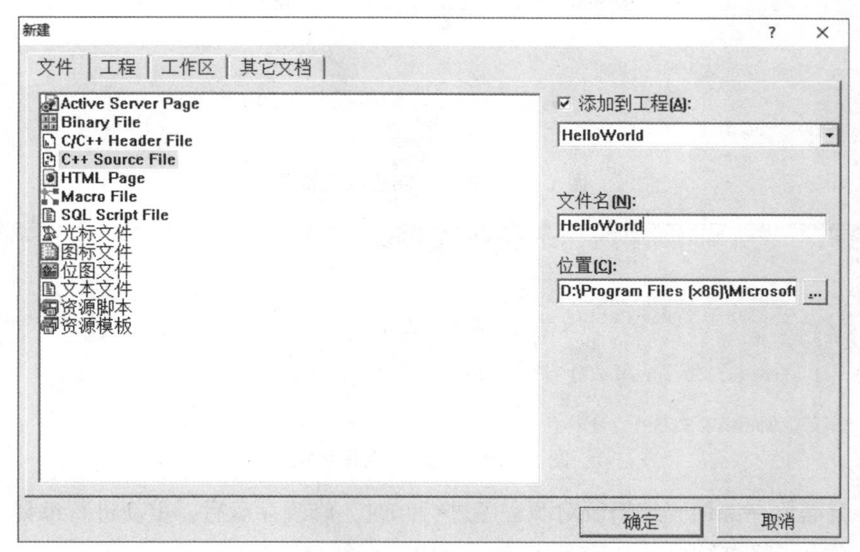


图1-7　添加文件

添加文件完成后，在集成环境左侧的“项目工作区”窗口的“FileView”面板中可以看到添加的“HelloWorld. cpp”源文件，如图1-8所示。

图1-8　“FileView”面板

**注意**：C ++源文件的扩展名为“. cpp”，C语言源文件的扩展名为“. c”，C ++语法对C语法完全兼容，因此本书都用默认的C ++源文件调试运行C语言源文件。

在右侧的代码编辑区输入“HelloWorld. cpp”源文件的代码如下：

```
#include <stdio.h>   /*include称为包含命令,扩展名为".h"的文件也称为头文件*/
void main()                           /*main()函数的开始*/
{
    int  a,b,sum;                     /*定义3个整数变量,以被后面的程序使用*/
    printf("input number a.b:");      /*显示提示信息*/
    scanf("%d,%d",&a,&b);             /*从键盘获得两个整数a和b*/
    sum = a+b;                        /*求a与b的和,并把它赋给变量sum*/
    printf("sum=%d\n",sum);           /*显示程序运行结果*/
                                      /*main()函数结束*/
}
```

单击“保存”按钮，此时源文件已经编辑完成。

5. 程序的编译、连接与运行

选择“组建”→“组建【HelloWorld. exe】”命令，或者按功能键F7，将自动完成对当前正在编辑的源文件的编译、连接，并生成可执行文件（“. exe”文件）。

（1）如果程序没有编译或连接错误，将在输出窗口显示“0 error(s)，0 waming(s)”，如图1-9所示，表明程序编译、连接成功。

（2）如果程序有语法或连接错误，将会在输出窗口给出相应的出错提示，如图1-10所示，该窗口提示程序第6、7行有错误。

图 1-9　编译、连接成功提示

```
--------------------Configuration: cpp1 - Win32 Debug--------------------
Compiling...
cpp1.cpp
D:\c语言\cpp1.cpp(6) : error C2146: syntax error : missing ';' before identifier 'sum'
D:\c语言\cpp1.cpp(7) : error C2146: syntax error : missing ';' before identifier 'printf'
执行 cl.exe 时出错.

cpp1.obj - 1 error(s), 0 warning(s)
```

组建 调试 在文件1中查找 在文件

图 1-10　编译或连接出错

此时，就需要在源代码编辑区对源程序进行修改，修改存盘后，重新进行编译、连接，如果仍有错误提示，将继续修改并重新编译、连接，直到最终提示“0 error(s)，0 warning(s)”才可以进行后面的操作。

当编译、连接成功后，选择“组建”→“执行【HelloWorld.exe】”命令，或者单击工具栏中的“!”按钮，或按“Ctrl +F5”组合键，查看程序运行结果，当提示输入数据时，输入“12”和“23”，按 Enter 键，程序运行结果如图 1-11 所示。屏幕最后显示“Press any key to continue”，这是通知用户“按任何键以便继续”；如结果不正确，则需要调试程序。

"D:\Program Files (x86)\Microsoft Visual Studio\MyProjects\HelloWorld\Debug\HelloWorld.exe"

```
input number a,b:12,23
sum = 35
Press any key to continue
```

图 1-11　程序运行结果

6. 关闭工作空间

如果已完成对一个程序的操作，不需要再进行处理，可选择“文件”→“关闭工作空间”命令，结束对该程序的操作。

## 二、Dev-C ++5.11 的安装及使用

1. 安装 Dev-C ++5.11

Dev-C ++5.11 是一个可视化集成开发环境，可以用它实现 C/C ++程序的编辑、预处理/编译/连接、运行和调试。就像安装其他软件一样，双击安装包中的安装文件，即可启动 Dev-C ++5.11 安装向导，然后在安装向导的引导下操作即可完成 Dev-C ++5.11 的安装。

2. 启动 Dev-C ++5.11

方法一。直接双击桌面上的 Dev-C ++5.11 图标。

方法二。

(1) 单击任务栏中的“开始”按钮，选“程序”→“Bloodshed Dev-C ++”选项，显示该选项下的子菜单，如图 1-12 所示。

（2）单击“Dev－C++”菜单项，即可启动 Dev－C++5.11 集成开发工具。

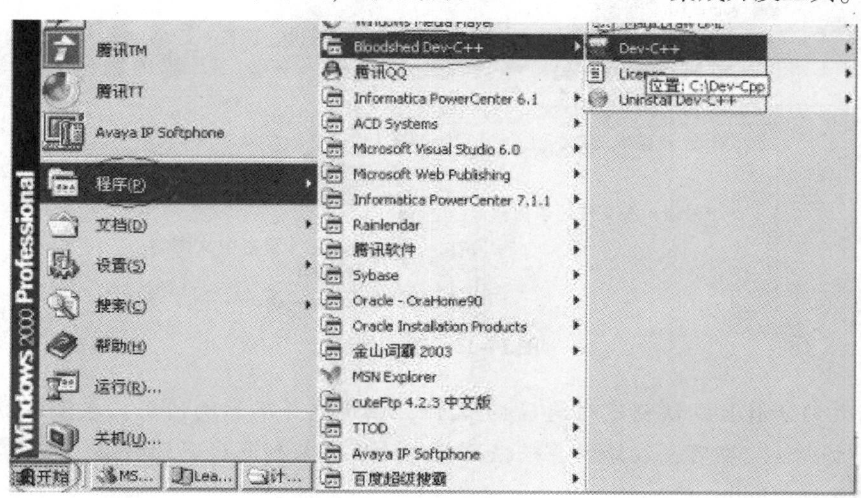


图 1－12　启动 Dev－C++5.11

3. 新建源文件

打开 Dev－C++5.11，在上方菜单栏中选择“文件”→“新建”→“源代码”命令，如图 1－13 所示。

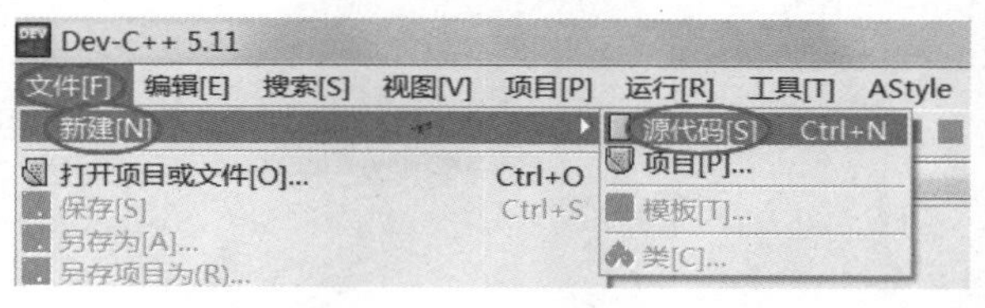


图 1－13　新建源代码

也可以按“Ctrl＋N”组合键，新建一个空白的源文件，如图 1－14 所示。

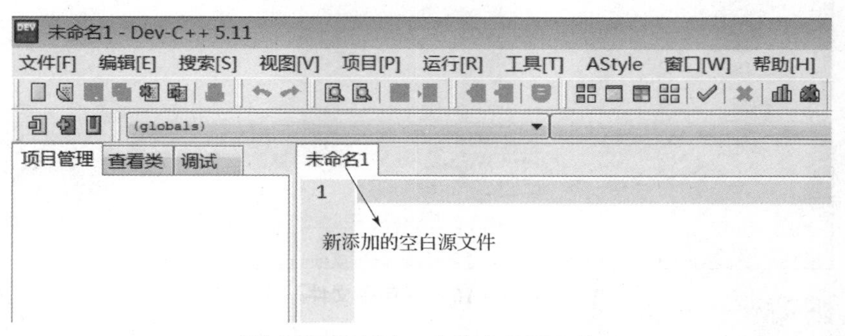


图 1－14　新建一个空白的源文件

在空白的源文件中输入代码，如图 1－15 所示。

4. 保存源文件到硬盘

只需在主菜单中选择“文件”→“保存”命令，或者按“Ctrl＋S”组合键就可以将源文件保存到指定的硬盘目录下，如图 1－16 所示，注意将源文件后缀改为“.c”。

**提示：**C++语言是在 C 语言的基础上进行的扩展，C++语言已经包含了 C 语言的全部

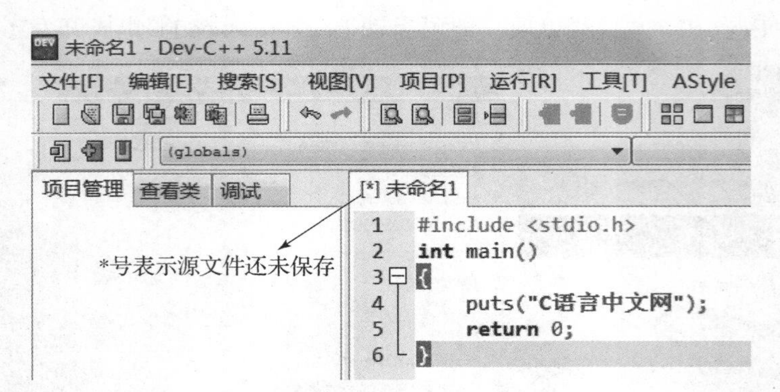


图 1－15　输入代码

内容，所以大部分 IDE 默认创建的是 C ++ 文件，但是这并不影响使用，在输入源文件名称时把后缀改为“. c”即可，编译器会根据源文件的后缀来判断代码的种类。在图 1－16 中，将源文件命名为“hello. c”。

5. 生成可执行文件

在上方菜单栏中选择“运行”→“编译”命令，如图 1－17 所示，就可以完成“hello. c”源文件的编译工作。或者直接按 F9 键，也能够完成编译工作，这样更加便捷。

图 1－16　保存源文件

图 1－17　生成可执行程序

如果代码没有错误，会在下方的“编译日志”窗口中看到编译成功的提示，如图1－18所示。

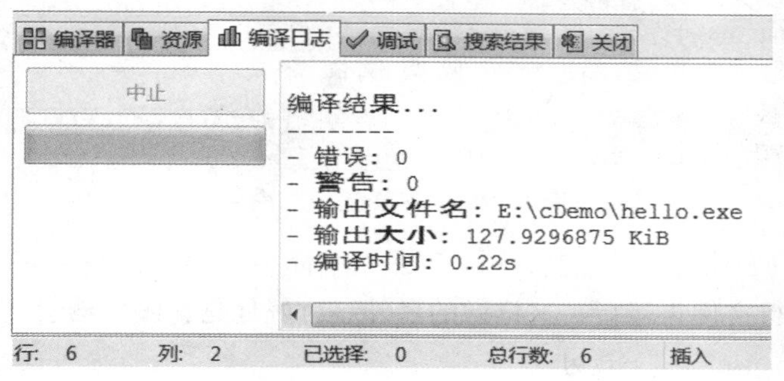


图1－18　编译成功

编译完成后，打开源文件所在的目录“E:\cDemo\”，会看到多了一个名为“hello. exe”的文件，这就是最终生成的可执行文件。

这里之所以没有看到目标文件，是因为Dev－C++5.11将编译和连接这两个步骤合二为一了，将它们统称为“编译”，并且在连接完成后删除了目标文件。

双击“hello. exe”文件运行，并没有输出“C语言中文网”几个字，而是会看到一个黑色窗口一闪而过。这是因为程序输出“C语言中文网”后就运行结束了，窗口会自动关闭，时间非常短暂，所以看不到输出结果，只能看到一个“黑影”。

对上面的代码稍作修改，让程序输出“C语言中文网”后暂停。代码如下：

```
#include <stdio.h>
#include <stdlib.h>
int main()
{
  puts("C语言中文网");
  system("pause");
  return 0;
}
```

“system("pause");”语句的作用是让程序暂停。注意代码开头部分还添加了“#include <stdlib. h>”语句，否则“system("pause");”语句无效。

再次编译程序，运行生成的“hello. exe”文件，就可以看到输出结果，如图1－19所示，按键盘上的任意键，程序关闭。

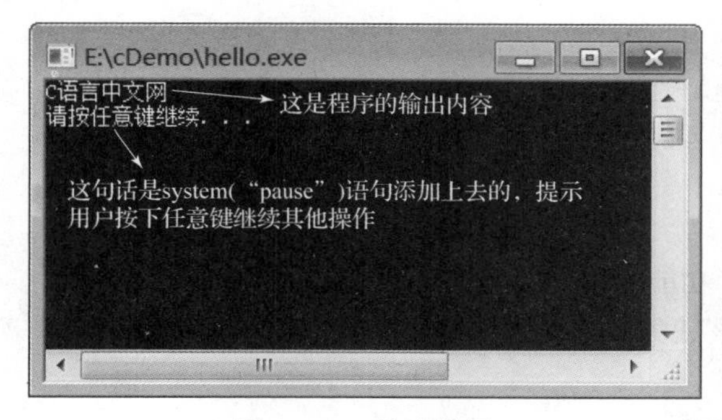


图1－19　输出结果

在实际开发中一般使用菜单中的“运行”→“编译运行”命令，如图 1-20 所示。

图 1-20 “编译运行”命令

也可以直接按 F11 键，这样能够一键完成“编译→连接→运行”的全过程，不用再到文件夹中找到可执行文件再运行。这样做的另外一个好处是，编译器会让程序自动暂停，无须添加“system("pause");”语句。

删除上面代码中的“system("pause");”语句，按 F11 键再次运行程序，输出结果如图 1-21 所示。

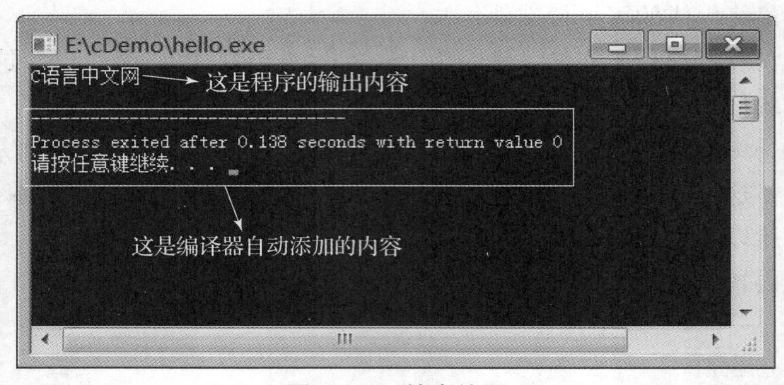


图 1-21 输出结果

6. 打开已经存在的文件

选择“文件”→“打开项目或文件”命令，如图 1-22 所示，在弹出的对话框中指定文件所在的路径，选择要打开的文件即可。

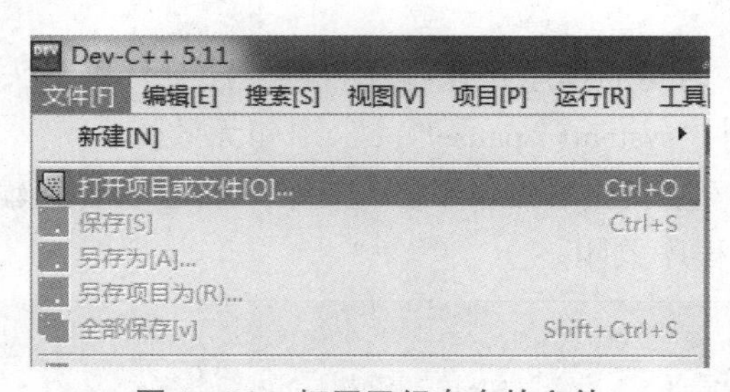


图 1-22 打开已经存在的文件

## 任务实施

编写一个实现求和功能的 C 语言程序。

(1) 任务说明。该任务使学生进一步熟悉编程环境的使用步骤。

(2) 实现思路。

①定义 4 个整型变量 x，y，z，sum。

②提示用户输入3个整数，利用输入函数scanf()；从键盘上输入3个整数，分别赋给变量x，y，z。

③求和sum = x + y + z，将得到的结果存入变量sum。

④综合应用。使用Visual C ++ 6.0和Dev – C ++5.11集成环境，选择“组建”菜单下的“编译”→“组建”→“执行”命令，输出结果。

（3）程序清单。

```
#include <stdio.h>
vold main(){
int x,y,z,sum;
printf("请输入三个整数:\n");
scanf("%d,%d,%d",&x,&y,&z);
sum = x + y + z;
printf("sum = %d\n",sum);
}
```

（4）程序运行结果如图1 – 23所示。

```
请输入三个整数:
4,5,6
sum=15
Press any key to continue
```

图1 – 23　程序运行结果

# 任务3　C语言运行环境的上机操作

## 一、操作目的

（1）掌握Visual C ++ 6.0或Dev – C ++5.11集成环境的进入与退出方法。

（2）掌握Visual C ++ 6.0或Dev – C ++5.11集成环境的菜单的使用方法。

（3）熟悉Visual C ++ 6.0或Dev – C ++5.11集成环境的设置方法。

（4）掌握C语言源程序的建立、编辑、修改、编译和运行方法。

## 二、操作要求

练习使用Visual C ++ 6.0或Dev – C ++5.11集成环境，学会使用Visual C ++ 6.0和Dev – C ++5.11集成环境的基本方法，学会编写简单的C语言程序，并进行编辑、修改和运行。

## 三、操作内容

（1）开机：进入Windows操作平台。

（2）进入Visual C ++ 6.0或Dev – C ++5.11集成环境。

（3）进行C语言程序的编辑、保存、编译、组建和执行。

第一个程序如下：

```
#include <stdio.h>
void main(){
printf(" ********************** \n ");
printf("   I am a student    \n ");
printf(" ********************** \n ");
}
```

第二个程序如下：

```
#include<stdio.h>
void main()
{
int score;
printf("请输入考试成绩: \n");
scant("%d",&score);
if(score>=60)          /*if 判断语句:成绩>=60,输出及格,成绩<=60,输出不及格*/
  printf("及格\n");
else
    printf("不及格\n");
}
```

第三个程序如下：

```
#include <stdio.h>
void main(){
printf("*        ****** *        *  ****** \n");
printf("*        *     *   *     *     * \n");
printf("*        *     *     *   *    ****** \n");
printf("*        *     *       * *     * \n");
printf("*****   ******         *      ****** \n");
}
```

## 四、操作过程

（1）打开 Visual C ++ 6.0 或 Dev－C ++5.11 集成环境。

（2）新建“.c”文件。

（3）编写程序。

（4）选择“组建”菜单下的“编译”→“组建”→“执行”命令，在每一步都正确的情况下，得到如下结果。

第一个程序运行结果如图 1－24 所示。

```
**********************
   I am a student
 **********************

--------------------------------
Process exited after 0.9536 seconds with return value 0
请按任意键继续. . .
```

图 1－24　第一个程序运行结果

第二个程序运行结果如图 1－25 所示。

图 1－25　第二个程序运行结果

第三个程序运行结果如图 1－26 所示。

图 1－26　第三个程序运行结果

## 五、上机操作总结

（1）说明 3 个程序中语句的功能。

（2）写出集成环境的使用步骤。

（3）对程序进行调试运行和改错。

## 项目评价 1

<table>
<tr><td colspan="3">班级：________<br>小组：________<br>姓名：________</td><td colspan="5">指导教师：________<br>日　　期：________</td></tr>
<tr><td rowspan="2">评价项目</td><td rowspan="2">评价标准</td><td rowspan="2">评价依据</td><td colspan="3">评价方式</td><td rowspan="2">权重</td><td rowspan="2">得分小计</td></tr>
<tr><td>学生自评 20%</td><td>小组互评 30%</td><td>教师评价 50%</td></tr>
<tr><td>职业素养</td><td>1. 遵守企业的规章制度、劳动纪律；<br>2. 按时按质完成工作任务；<br>3. 积极主动地承担工作任务，勤学好问；<br>4. 保证人身安全与设备安全</td><td>1. 出勤；<br>2. 工作态度；<br>3. 劳动纪律；<br>4. 团队协作精神</td><td></td><td></td><td></td><td>0.3</td><td></td></tr>
<tr><td>专业能力</td><td>1. 熟练掌握 C 语言的书写格式和风格；<br>2. 学会使用 Visual C ++ 6.0 和 Dev－C ++5.11 集成环境创建 C 语言程序；<br>3. 熟悉 C 语言程序的调试运行过程</td><td>1. 上机操作的准确性和规范性；<br>2. 专业技能任务完成情况</td><td></td><td></td><td></td><td>0.5</td><td></td></tr>
</table>

续表

| 评价项目 | 评价标准 | 评价依据 | 评价方式 | | | 权重 | 得分小计 |
|---|---|---|---|---|---|---|---|
| | | | 学生自评 20% | 小组互评 30% | 教师评价 50% | | |
| 创新能力 | 1. 在任务完成过程中能提出自己的有一定见解的方案；<br>2. 对教学提出建议，具有创造性 | 1. 方案的可行性及意义；<br>2. 建议的可行性 | | | | 0.2 | |
| 合计 | | | | | | | |

## 项目 1 能力训练

**一、填空题**

1. C 语言程序可以由一个或多个函数构成，但却只能有且必须有一个________函数。
2. C 语言源程序的扩展名（后缀）是________。
3. 除了机器语言程序之外，其他语言程序必须经过________才可以被执行。
4. 编辑程序的功能是________源程序。
5. C 语言程序中的错误分为________ 错误和________ 错误。
6. 一个 C 语言程序一般由________构成，程序中至少包括________。
7. 一个 C 语言程序总是从________开始执行。
8. C 语言程序编译后生成________，连接后生成可执行程序。
9. 在 C 语言程序中以________作为一个语句的结束标志。
10. 各类计算机语言的发展过程大致为：先有________ 语言，再有汇编语言，最后出现中级语言和________语言。

**二、选择题**

1. 在计算机系统中，可以直接被 CPU 执行的是（　　）。

A. 源代码　　B. 汇编语言代码

C. 机器语言代码　　D. ASCII 码

2. 一个字长的二进制位数是（　　）。

A. 8　　B. 16

C. 32　　D. 随计算机系统的不同而不同

3. 一个完整的可运行的 C 语言源程序中（　　）。

A. 可以有一个或多个主函数　　B. 必须有且仅有一个主函数

C. 可以没有主函数　　D. 必须有主函数和其他函数

4. C 语言程序的基本单位是（　　）。

A. 程序　　B. 语句

C. 函数　　D. 字符

5. 以下叙述中错误的是（　　）。

A. C语言的可执行程序是由一系列机器指令构成的

B. 用C语言编写的源程序不能直接在计算机上运行

C. 通过编译得到的二进制目标程序需要连接才可以运行

D. 在没有安装C语言集成开发环境的机器上不能运行由C语言源程序生成的“.exe”文件

6. 以下叙述中正确的是（　　）。

A. C语言程序的基本组成单位是语句

B. C语言程序中的每一行只能写一条语句

C. 简单C语言语句必须以分号结束

D. C语言语句必须在一行内写完

7. 下列叙述中错误的是（　　）。

A. 计算机不能直接执行用C语言编写的源程序

B. C语言程序经C语言编译程序编译后生成的后缀为“.obj”的文件是一个二进制文件

C. 后缀为“.obj”的文件经连接生成的后缀为“.exe”的文件是一个二进制文件

D. 后缀为“.obj”和“.exe”的二进制文件都可以直接运行

8. 下列叙述中正确的是（　　）。

A. 每个C语言程序中都必须有一个main()函数

B. 在C语言程序中main()函数的位置是固定的

C. 在C语言程序的函数中不能定义另一个函数

D. C语言程序中所有函数都可以相互调用，与函数所在位置无关

9. 计算机可以直接执行的程序是（　　）。

A. 源程序　　B. 目标程序

C. 编译程序　　D. 可执行程序

10. 下列说法中正确的是（　　）。

A. 在书写C语言源程序时，每个语句以逗号结束

B. 注释无论注包括多少内容，在编译时都会被忽略

C. 注释时“/”和“*”间可以有空格

D. C语言程序的基本组成单位是语句

**三、简答题**

1. 简述C语言的基本特点。

2. 什么是高级语言？什么是低级语言？

3. C语言的主要应用领域是什么？

4. 写出C语言程序的构成。

5. C语言程序的运行步骤有哪些？

## 四、编程题

1. 编写程序，求 56 和 23 的差。
2. 编写程序，输出“你好，C 语言”。
3. 编写程序，输出以下信息：

```
***************************
C 语言程序设计
***************************
```

4. 编写程序，输入两个数，输出这两个数的乘积。

# 项目2

# 数据类型、运算符、表达式

【项目描述】

C语言程序的主要部分由数据和执行语句组成，计算机处理的对象是数据，程序中的数据分属不同类型，有整型、实型、字符型、枚举类型等，C语言程序中执行的语句很多是由运算符和表达式组成的。本项目主要介绍数据基本类型及其相互转换、运算符和表达式的使用方法。

【知识目标】

(1) 掌握标识符的命名规则。
(2) 掌握基本数据类型及其表示方法。
(3) 理解常量和变量的定义及其初始化。
(4) 掌握位运算符的使用方法。
(5) 熟知常用的C语言运算符和表达式。

【技能目标】

(1) 熟练使用常量和变量的定义。
(2) 掌握各种数据类型之间的转换方法。
(3) 会使用运算符的优先级计算较复杂的表达式。
(4) 能够正确运用逗号、三目运算符构成表达式。
(5) 熟练使用算术、关系、逻辑、赋值运算符构成表达式。

## 任务1 常量与变量及基本数据类型的使用

【任务描述】

在开始程序设计之前对所操作的基本数据类型要熟知，基本数据按取值可分为常量和变量，它们可与数据类型结合起来分为整型、实型、字符型、枚举类型等常量和变量。常量可以直接引用，变量则必须先定义后使用。本任务完成输入一种商品的编号、名称、进价、售价、折扣以及数量信息并输出商品信息的C语言程序的编写。

【任务目标】

（1）熟练掌握常量与变量及其语法。

（2）牢记 C 语言的基本数据类型。

（3）掌握输入/输出函数的使用方法。

（4）能够熟练使用 printf( ) 函数与 scanf( ) 函数。

（5）掌握常用转义字符的使用方法。

## 知识链接

### 一、命名标识符

1. 标识符的概念

命名标识符

标识符是给程序中的变量名、数组名、自定义类型名（结构类型、共用类型和枚举类型）、自定义函数、标号和文件等所起的名字。简单地说，标识符是由系统指定或由程序设计者指定的名字。

2. 标识符的命名规则

1）字符规则

标识符是以字母或下划线开头，只能由字母、数字和下划线组成的字符序列。

例如，下面的标识符都是合法的：

sum，average，student_1，name，sex，age，lotus123，_ tatol

下面的标识符都是不合法的：

a + b，234，exe = 1，student 2，$ ab. c，a. b. c

2）长度规则

标识符长度随系统而异，在 TC V20 中，标识符的有效长度为 1 ~ 32 个字符；缺省值为 32。如果超长，则超长部分被舍弃。Visual C ++ 6. 0 中没有限定标识符的长度。

3）标识符的分类

在 C 语言中，标识符可以分为 3 类，即关键字标识符、预定义标识符和用户自定义标识符。

（1）关键字标识符。

C 语言中的关键字共有 32 个。它们已有专门的含义，不能用作其他标识符。根据关键字的作用，可将其分为数据类型关键字、控制语句关键字、存储类型关键字和其他关键字 4 类。

①数据类型关键字（12 个）：char，double，enum，float，int，long，short，signed，struct，union，unsigned，void。

②控制语句关键字（12 个）：break，case，continue，default，do，else，for，goto，if，return，switch，while。

③存储类型关键字（4 个）：auto，extern，register，static。

④其他关键字（4 个）：const，sizeof，typedef，volatile。

（2）预定义标识符。

预定义标识符是指 C 语言提供的库函数名和编译预处理命令等。如 scanf，printf，

include，define 等。C 语言允许将这些标识符另作他用，但这些标识符将失去系统所规定的原意。为了编程方便、可靠，防止误解，建议用户避免将这些标识符另作他用。

（3）用户自定义标识符。

用户在编程时，要给一些变量、函数、数组、文件等命名，将这类由用户根据需要自己定义的标识符称为用户自定义标识符。如下列程序段中的 l1，l2，max 和 score 均为用户自定义标识符。

```
intl1,l2;                          /* l1 和 l2 为变量名 */
float max(int a,int b);            /* max 为函数名 */
float score[20];                  /* score 为数组名 */
```

说明：

（1）C 语言中的标识符区分英文字母的大小写，即同一英文字母的大小写被认为是两个不同的字符。因此，在使用标识符时，务必注意英文字母的大小写。习惯上，变量名和函数名中的英文字母用小写，以增加可读性。

（2）给变量命名时，应遵循“见名知意”这一基本原则。

所谓“见名知意”，是指通过变量名就能知道变量的含义。通常应选择能表示数据含义的英文单词（或其缩写）或汉语拼音字头作变量名，例如 name/xm（姓名）、sex/xb（性别）、age/nl（年龄）、salary/gz（工资）等。

## 二、常量

在程序执行过程中，其值不发生改变的量称为常量。常量区分为不同的类型。

（1）整型常量。如 2，10，－3 等。

（2）实型常量。如 45.8，－12.4 等。

（3）字符型常量。如'z'，'b'等。

常量与变量

（4）字符串常量。用一对双引号括起来的若干字符序列，字符串中所含字符的个数称为串长度，长度为 0 的字符串（即一个字符都没有的字符串）称为空字符串，表示为""（一对不包含任何内容的双引号）。

例如："How do you do" "Good morning" 等都是字符串常量，其长度分别为 14 和 13（空格也是一个字符）。在字符串的末尾系统自动加上最后一个字符'\0'，作为字符串的结束标志。

字符型常量'A'与字符串常量"A"的区别如下。

①定界符不同：字符型常量使用单引号，而字符串常量使用双引号。

②长度不同：字符型常量的长度固定为 1，而字符串常量的长度可以是 0，也可以是某个整数。

③存储要求不同：字符型常量存储的是字符的 ASCII 码值，而字符串常量除了要存储有效的字符外，还要存储一个结束标志'\0'。

（5）符号常量。用标识符代表一个常量。在 C 语言中，可以用一个标识符表示一个常量。符号常量在使用之前必须先定义。其一般形式为：

#define 标识符

其中，#define 也是一条预处理命令（预处理命令都以“#”开头），称为宏定义命令，其功能是把该标识符定义为其后的常量值。一经定义，以后在程序中所有出现标识符的地方均代之以该常量值。

习惯上，符号常量的标识符用大写字母，变量的标识符用小写字母，以示区别。

**【例 2.1】** 符号常量的使用。

程序如下：

```
#include <stdio.h>   /* include 称为文件包含命令,扩展名为".h"的文件称为头文件或首部文件 */
#define PI 3.14159    /* 使用预处理命令定义常量 */
void main()          /* main()函数开始 */
{
  float r,area;
  r=2.5;             /* 半径 r 赋值为 2.5 */
  area=PI*r*r;
printf("area=%f\n",area);  /* 显示程序运算结果 */
}                           /* main()函数结束 */
```

程序运行结果如图 2-1 所示。

```
area=19.634937
Press any key to continue
```

图 2-1　程序运行结果

符号常量与变量不同，它的值在其作用域内不能改变，也不能再被赋值。使用符号常量的好处是其含义清楚，能做到“一改全改”。

## 三、变量

1. 变量的概念

在程序运行过程中，其值可以被改变的量称为变量，如“float x,y;”语句中的 x 和 y。

2. 变量的两个要素

（1）变量名。每个变量都必须有一个名字，即变量名，变量命名应遵循标识符的命名规则。

（2）变量值。在程序运行过程中，变量值存储在内存中。不同类型的变量所占用的内存单元（字节）数不同。在程序中，通过变量名来引用变量的值。

3. 变量的定义与初始化

在 C 语言中，要求对所有用到的变量必须先定义后使用；在定义变量的同时，进行赋初值的操作称为变量的初始化。

（1）变量定义的一般格式。

```
[存储类型]  数据类型  变量名1,变量名2,…;
```

例如：

```
int   i,j,k                /* 定义 i,j,k 为整型变量 */
long   m,n;                /* 定义 m,n 为整型变量 */
```

```
float   r,l,area;            /* 定义 r,l,area 为实型变量 */
char    ch1,ch2;             /* 定义 ch1,ch2 为字符型变量 */
```

(2) 变量的初始化的一般格式。

```
[存储类型]  数据类型  变量名1=[初值1],变量名2=[初值2],…;
```

例如：

```
int m=3,n=4,z=5;      /* 定义了 m,n,z 三个整型变量,同时初始化了变量 m,n,z */
float r=2.5,h=3.0,area;  /* 定义了 r,h,area 三个实型变量,同时初始化了变量 r,h */
```

4. 变量命名规则

在定义变量时，有一个非常重要的环节就是为变量命名，在 C 语言中，为变量命名需要遵循一定的规则。

(1) 变量名只能由字母、$ 或_（下划线）开头，只能由字母、数字、下划线、$ 组成。

(2) 变量名不能包含除字母、_(下划线)、$ 和数字以外的任何特殊字符，如%、#、逗号、空格、换行符等。

(3) C 语言中的某些词（例如 int 和 float 等）称为关键字，具有特殊意义，不能用作变量名。

C 语言的
基本数据类型

## 四、C 语言的基本数据类型

C 语言的基本数据类型见表 2-1。

**表 2-1　C 语言的基本数据类型**

| 数据类型 | 类型说明符 | 字节 | 数值范围 |
|---|---|---|---|
| 字符型 | char | 1 | C 语言字符集 |
| 基本整型 | int | 2（在 Turbo C 中） | -32 768 ~ 32 767 |
| | | 4（在 Visual C ++ 中） | -2 147 483 648 ~ 2 147 483 647 |
| 短整型 | short int | 2 | -32 768 ~ 32 767 |
| 长整型 | long int | 4 | -2 147 483 648 ~ 2 147 483 647 |
| 无符号整型 | unsigned | 2 | 0 ~ 655 35 |
| 无符号长整型 | unsigned long | 4 | 0 ~ 4 294 9672 95 |
| 单精度实型 | float | 4 | 3.4E-38 ~ 3.4E+38 |
| 双精度实型 | double | 8 | 1.7E-308 ~ 1.7E+308 |

**注意**：long 类型的数值范围比 int 类型大，而且根据编译器的不同，数据的位数可能不同，比如 Turbo C 的 int 类型数据就是 16 位，本书以 Visual C ++6.0 编译器为准。

1. 整型变量的使用

声明变量：int num1； long num2；

给变量赋值：numl =0； num2 = 100；

说明：在同一语句中可以声明多个类型相同的变量，如“int num3，num4；”。

2. float 类型变量的使用

float 为单精度实（浮点）型，共 32 位，其中 7 位为有效数字。

声明 float 类型的变量：“float price；”。

给 float 类型的变量赋值：“price = 11. 3；”。

在声明 float 类型的变量的时候赋初值：“float money = 65. 5；”。

3. double 类型变量的使用

double 为双精度实（浮点）型，共 64 位，其中 15 位为有效数字。

声明 double 类型的变量：“double money；”。

给 double 类型的变量赋值：“money = 11. 3；”。

在声明 double 类型的变量的时候赋初值：“double money = 213. 567143556896；”。

4. float 类型和 double 类型的区别

**【例 2. 2】** 程序如下：

```
#include <stdio.h>
void main(){
    float num1 =123456789.12345678;
    printf("%f\n", num1);
}
```

程序运行结果如图 2 -2 所示。

```
123456792.000000
Press any key to continue
```

图 2 -2 程序运行结果

**【例 2. 3】** 程序如下：

```
#include <stdio.h>
void main(){
double num1 =123456789.12345678;
printf("%f\n", num1);
}
```

程序运行结果如图 2 -3 所示。

```
123456789.123457
Press any key to continue_
```

图 2 -3 程序运行结果

可以看到 float 类型和 double 类型的数据能够保留的有效位数不同，double 类型的数据能够保留的有效位数更多，它保留 6 位小数，不足 6 位小数会补 0，最后一位小数自动四舍五入。

5. char 类型变量的使用

char 类型数据占 1 个字节，也就是 8 个二进制位，分为有符号型和无符号型。有符号的

char类型数据将最高位作为符号位，其余7位用来表示数据。它能够表示的数据范围是 －128～127。

无符号的char类型数据的全部8个位用于表示数据，能够表示的数据个数是$2^8$个，即数据范围为0～255。

声明变量："char gender;"。

给变量赋值："gender='m';"（char类型变量使用由单引号''括起来的一个字符）。

## 五、标准的输入/输出函数

### 1. printf()函数

标准的输入、输出函数

语法格式：printf（"格式控制字符串"，输出列表）；

作用：将信息按照指定的格式送到标准输出设备（显示器），格式控制字符串中可以包含普通字符。

1）printf()函数中常用格式字符（表2－2）

**表2－2　printf()函数中常用格式字符**

| 格式字符 | 说明 | 举例 | 输出结果 |
| --- | --- | --- | --- |
| d | 带符号十进制整数格式 | printf("%d", 10); | 10 |
| | | printf("%d", 'A'); | 65 |
| u | 无符号十进制整数格式 | printf("%u", 10); | 10 |
| | | printf("%u", 'A'); | 65 |
| x 或 X | 无符号十六进制整数格式 | printf("%x", 10); | a |
| | | printf("%x", 'A'); | 41 |
| | | printf("%X", 10); | A |
| o | 无符号八进制整数格式 | printf("%o", 10); | 12 |
| | | printf("%o", 'A'); | 101 |
| c | 字符格式 | printf("%c", 10); | 换行 |
| | | printf("%c", 'A'); | A |
| f | 小数格式 | printf("%f", 1.2345); | 1.234500 |
| e 或 E | 指数格式 | printf("%e", 123.45); | 1.23450e+02 |
| | | printf("%E", 12.345); | 1.23450E+01 |
| g 或 G | 小数格式或指数格式，使输出宽度最小，不输出无意义的0 | printf("%g", 1.2345); | 1.2345 |
| | | printf("%g", 0.0000001); | 1e-06 |
| | | printf("%G", 0.0000001); | 1E-06 |
| % | 输出% | printf("%%"); | % |
| s | 输出字符串 | printf("%s","abcde"); | abcde |

2）宽度修饰符和精度修饰符示例（表2－3）

表2－3　宽度修饰符和精度修饰符示例

| 输出语句 | 输出结果(□表示空格) |
| --- | --- |
| printf("%5d",42); | □□□42 |
| printf("%5.3d",42); | □□042 |
| printf("%.3d",42); | 042 |
| printf("%7.2f",1.23456); | □□□1.23 |
| printf("%.2f",1.23456); | 1.23 |
| printf("%10.2e",123.456); | □□□1.23e+002 |
| printf("%.2e",1.23456); | 1.23e+000 |

3）转义字符

转义即改变字符原来的意义，如'n'→'\n'为从原来的一个简单字符变成“回车换行”动作。常用的转义字符见表2－4。

表2－4　常用的转义字符

| 转义字符 | 功能 | 转义字符 | 功能 |
| --- | --- | --- | --- |
| \b | 相当于 Backspace 键的功能（退格） | \' | 单引号 |
| \n | 回车换行 | \" | 双引号 |
| \t | 相当于按一次 Tab 键 | \\ | “\”字符 |
| \r | 回车但不换行 | \0 | 空 |

4）使用说明

（1）printf()函数可以输出常量、变量和表达式的值。格式控制字符串中的格式字符必须按从左到右的顺序，与输出列表中的每个数据一一对应，否则会出错。

（2）格式字符x，e，g可以用小写字母，也可以用大写字母，使用大写字母时，输出数据中包含的字母为大写。除了x，e，g格式字符外，其他格式字符必须用小写字母。例如，%f不能写成%F。

（3）字符紧跟在“%”后面就作为格式字符，否则将作为普通字符使用（原样输出），例如，“printf("c=%c，f=%f\n",c,f);”语句中的“c=”和“f=”都是普通字符。

（4）输出列表的执行方向为自右向左。例如定义“int m=1;”，则执行“printf("%d,%d\n",++m,m);”，输出结果为：2，1。

**【例2.4】**　程序如下：

```
#include <stdio.h>
void main(){
```

```
float radius =1.5, high =2.0;
float pi =3.14159, vol;
vol =p1 * radius * radius * high;
printf("vol = %.2lf\n", vol)
}
```

程序运行结果如图2－4所示。

```
vol=14.14
Press any key to continue_
```

图2－4　程序运行结果

【例2.5】　使用printf()函数输出字符串。

程序如下：

```
#include <stdio.h>
void main(){
int a =12;
float b =123.1234567;
double  c =12345678.1234567;
char d ='a';
printf("a = %d,%5d,%o,%x\n",a,a,a,a);
printf("b = %f,%lf,%5.4lf,%e\n",b,b,b,b);
printf("c = %lf,%f,%8.4lf,%-10.2e,%7.1e\n",c,c,c,c,c);
printf("d = %c,%8c \n",d,d);
printf("%3s,%7.3s,%.4s,%-5.3s\n","CHINA", "CHINA", "CHINA" "CHINA","CHINA");
}
```

程序运行结果如图2－5所示。

```
a=12,   12,14,c
b=123.123459,123.123459,123.1235,1.231235e+002
c=12345678.123457,12345678.123457,12345678.1235,1.23e+007 ,1.2e+007
d=a,       a
CHINA,    CHI,CHIN,CHI
Press any key to continue_
```

图2－5　程序运行结果

2. scanf()函数

语法格式：scanf（"转换字符串"，&变量名）；

例如：

```
float tax_rate;
scanf("% f",&tax_rate);
```

scanf()函数从标准输入设备（键盘）读取信息，按照格式描述把读入信息转换为指定数据类型的数据，并把这些数据赋给指定的变量。

float类型在格式字符中是%f，double类型对应的是%lf，注意“&”符号。

1）格式字符使用说明

以“%”开头，以一个格式字符结束，中间可以插入修饰符，如l，h，*等。scanf()

函数中的常用格式字符见表 2－5，修饰符见表 2－6。

**表 2－5　scanf( ) 函数中的常用格式字符**

| 格式字符 | 说明 |
|---|---|
| d | 输入有符号的十进制整数 |
| u | 输入无符号的十进制整数 |
| o | 输入无符号的八进制整数，输入数据时，不能出现 8 及以上的数字，否则出错，输入的数据可不必加前缀 0 |
| x 或 X | 输入无符号的十六进制整数（大小写作用相同），输入的数据可不必加前缀 0x |
| c | 输入单个字符 |
| s | 输入字符串，将字符串送到一组数组中。在输入时，以非空格字符开始，以第一个空格字符结束；字符串末尾自动添加“\0”作为字符串结束标志 |
| f | 输入实数，可以用小数形式或指数形式输入 |
| e 或 E，g 或 G | 与 f 作用相同，e 与 f，g 可以互相替换（大小写作用相同） |

**表 2－6　scanf( ) 函数的修饰符**

| 修饰符 | 说明 |
|---|---|
| l | 输入长整型数据（可用%ld,%lo,%lx）及双精度实型数据（用%lf 或%le） |
| h | 输入短整型数据（可用%hd,%ho,%hx） |
| 域宽 | 指定输入数据所占宽度（列数），系统自动截取所需数据，域宽应为正数 |
| * | 表示本输入项在读入后不赋给相应的变量，即跳过该输入值，可称为禁止赋值符 |

2）使用 scanf( ) 函数时应注意的问题

（1）scanf 中的地址列表中的变量名前的“&”符号（取地址运算符）不能丢。

（2）若转换字符串中除了格式说明以外，还有其他普通字符，则在输入数据时应该对应输入与这些字符相同的字符，不能用空格代替。

（3）用“%c”格式输入字符时，空格、回车、Tab 等字符及转义字符都作为有效字符输入。

（4）在输入数据时，遇以下情况时认为一个数据输入结束。

①遇空格，或按 Enter 键或 Tab 键。

②按指定的宽度结束，如"%3d"，只取 3 列。

③遇到非法输入。

例如：scanf("%d%c%f",&a,&b,&c)；

输入：123a123b. 12↙（注意，输入的各种类型数据之间无空格）

123 之后为一个字符 a，则 123 遇到非法输入 a 时会自动停止赋值。同理，123 后为字母 b，认为遇到非法输入，则 b 后的小数省略。所以 123 赋给 a，a 字符赋给 b，123 赋给 c。

以上语句的输出结果为：

123　a　123.000 000

**【例2.6】**　程序如下：

```
#include <stdio.h>
void main(){
double r, h, vol;
printf("请输入圆柱体底面积的半径和圆柱体的高：");
scanf("%lf%lf",&r,&h);
vol =3.14 * r * r * h;
printf("r = %.2lf, h = %.2lf, vol = % 2lf\n"r,h,vol)
}
```

程序运行结果如图2－6所示。

```
请输入圆柱体底面积的半径和圆柱体的高: 1.50 4.20
r=1.50, h=4.20, vol= 29.673000
Press any key to continue
```

图2－6　程序运行结果

常量与变量的使用——任务实施

## 任务实施

输入一种商品的编号、名称、进价、售价、折扣以及数量信息并输出商品信息界面。

（1）任务说明。录入商品信息界面出现后，用户可以依次输入一种商品的编号、名称、进价、售价、折扣以及数量信息，进一步熟练掌握标准输入/输出函数的使用方法。

（2）实现思路。

①定义多个变量，分别保存编号、名称、进价、售价、折扣、数量信息。

②利用scanf()函数输入，需要注意的是如果需要输入的是float类型数据，则转换字符串对应的是%f。

③利用printf()函数将保存的值分别打印出来。

（3）程序清单。

```
#include <stdio.h>
void main(){
int bianhao;
char mingchen;
float jinjia;
float shoujia;
float zhekou;
int shuliang;
printf("************** * 录入商品信息 ***************** \n\n");
printf("\n 请输入商品编号:");
scanf("%d",&bianhao);
printf("\n 请输入商品名称:");  //在 scanf("%c",&mingchen)之前,最好加上 flush(stdin);
fflush(stdin);   //在接收字符型数据时一定要清空缓存
scanf("%c",&mingchen);
printf("\n 请输入商品进价:");
scanf("%f",&jinjia);
printf("\n 请输入商品售价:");
```

```
    scanf("%f",&shoujia);
    printf("\n请输入商品折扣:");
    scanf("%f",&zhekou);
    printf("\n请输入商品数量:");
    scanf("%d",&shuliang);
    printf("\n");
    printf("你录入的商品信息为:\n");
    printf("编号\t名称\t进价\t售价\t折扣\t数量\n");
    printf("%d\t%c\t%.2f\t%.2f\t%.2f\t%d\n",bianhao,mingchen,jinjia,shoujia,zhekou,shu-
liang);
    }
```

(4) 程序运行结果如图 2 -7 所示。

```
**************录入商品信息****************

请输入商品编号：1001
请输入商品名称：a
请输入商品进价：10
请输入商品售价：20
请输入商品折扣：0.8
请输入商品数量：20
你录入的商品信息为:
编号    名称    进价    售价    折扣    数量
1001    a       10.00   20.00   0.80    20
```

图 2 -7　程序运行结果

## 任务 2　运算符与表达式的使用

【任务描述】

运算符是表示某种操作的符号。运算符的操作对象叫作操作数。根据运算符所操作的操作数的个数，可把运算符分为单目运算符、双目运算符和三目运算符。用运算符把操作数按照 C 语言的语法规则连接起来的式子叫作表达式。本任务完成将变量 a 和 b 值的交换和求出 3 个整数中的最大数的 C 语言程序。

【任务目标】

(1) 掌握算术、赋值、关系、逻辑运算符的使用方法。

(2) 掌握逗号和求字节运算符的使用方法。

(3) 熟知数据类型的转换和运算符的优先级。

(4) 学会使用三目运算符。

算术、赋值和关系运算符

### 知识链接

### 一、算数运算符及其表达式

C 语言中常用的运算符主要有算术运算符（表 2 -7)、赋值运算符、关系运算符、逻辑运算符。

**表 2－7　算术运算符及其运算规则**

| 类型 | 名称 | 运算符 | 运算规则 |
| --- | --- | --- | --- |
| 单目 | 自增 | ++ | 自增 1 |
| | 自减 | -- | 自减 1 |
| 双目 | 加法 | + | 加法 |
| | 减法 | - | 减法 |
| | 乘法 | * | 乘法 |
| | 除法 | / | 除法 |
| | 求余（模） | % | 整除取余数 |

1. 加法运算符（+）

加法运算符为双目运算符，即应有两个量参与加法运算，例如 a+b，4+8 等。

说明：加法运算符也可以作为正号运算符，此时为单目运算，例如 +2。

2. 减法运算符（-）

减法运算符为双目运算符，例如 x-y，14-m 等。

说明：减法运算符也可以作为负号运算符，此时为单目运算，例如 -x，-5 等。

3. 乘法运算符（*）

乘法运算符为双目运算符。需要注意的是，与数学表达式不同，C 语言表达式中的乘号不能省略。

例如：数学表达式 2x+y 写成 C 语言的算术表达式应该为 2*x+y，否则会出错。

4. 除法运算符（/）

除法运算符为双目运算符，例如 3/2=1，3.0/2=1.5。

除法运算符与操作对象的数据类型有关，若两个操作对象都是整型，则运算结果是整数，若两个操作对象中有一个是实型或两个都是实型，则运算结果为实型。

5. 求余运算符（%）

求余运算符为双目运算符，也称作模运算符。C 语言规定，求余运算中的两个操作数必须为整数，否则提示出错。余数的正负号与被除数相同。

例如：算术表达式 7%4 的值为 3；算术表达式 -7%4 的值为 -3；算术表达式 7%-4 的值为 3；算术表达式 -7%-4 的值为 -3。

6. 自增运算符和自减运算符

例如：x=3；x++；//4；x--；//3。

(1) 自增和自减运算符的操作对象只能是变量，不能用于常量或表达式。

例如：int x=5；　x++；//正确

10++；//错误

(x+2)++；//错误

（2）“x ++”和“ ++x”两种写法的效果一样，最后的结果都是变量 x 的值加 1；“x --”和“ --x”两种写法的效果一样，最后的结果都是变量 x 的值减 1。

（3）对于自增和自减运算符，以下写法的结果不同。

```
i =5;
x = i ++ ; /* x 的值为 5,i 的值为 6,表示将 i 的值赋给 x 后,i 加 1 */
x = ++i ; /* x 的值为 7,i 的值为 7,表示 i 先加 1,再将新值赋给 x */
```

**注意：**

(1) % 是模运算符，即求余数，该运算符的两端必须是整数。

(2) 算术运算符的运算优先级是先 *，/ 和 %，后 + 和 -。

(3) / 运算符两端只要有一个是小数，结果就是小数。

(4) ++，-- 分前置和后置，关键是后置，需要先使用变量的值，后执行自加或自减。

## 二、赋值运算符及其表达式

### 1. 直接赋值运算符

赋值符号“ = ”就是直接赋值运算符，它的作用是将表达式的值赋给变量，赋值运算符的左边必须是变量，右边可以是任意常量、变量和表达式。

例如：int i =5; //将常量值 5 赋给变量 x

int a =3, b;

b =10; //正确，常量

b =a; //正确，变量

b =a +2; //正确，表达式

a +2 =b; //错误

### 2. 复合赋值运算符

复合赋值运算符是在直接赋值运算符之前再加上一个双目运算符构成的。

复合算数运算符（5 个）：+=，-=，*=，/=，%=。

复合位运算符（6 个）：& =，| =，>>=，<<=，~=，^=。

语法格式：变量 双目运算符 = 表达式;

```
例如：a + =i;         /* 等价于 a = a+i */
      b * =5;         /* 等价于 b = b*5 */
      y* =x+5;        /* 等价于 y =y*(x+5) */
      b/ =5;          /* 等价于 b =b/5 */
      x/ = ++y;       /* 等价于 x =x/(y ++) */
      a& =b;          /* 等价于 a =a&b */
      a% =b;          /* 等价于 a =a%b */
      a <<=b;         /* 等价于 a =a <<2 */
      a ~=2;          /* 等价于 a =~2 */
```

**注意：**与直接赋值运算符一样，复合赋值运算符的左边也必须是变量。

## 三、关系运算符及其表达式

关系运算实际上就是比较运算，就是对两个数据进行比较，判定两个数据是否符合给定的关系。C 语言提供 6 种关系运算符，见表 2－8。

**表 2－8　关系运算符及其含义**

| 类型 | 运算符（名称） | 运算符表达式 | 含义 |
| --- | --- | --- | --- |
| 双目 | < （小于） | 操作数 1 < 操作数 2 | 表达式成立，表达式的值为 1；否则，表达式的值为 0 |
|  | <= （小于或等于） | 操作数 1 <= 操作数 2 | 表达式成立，表达式的值为 1；否则，表达式的值为 0 |
|  | > （大于） | 操作数 1 > 操作数 2 | 表达式成立，表达式的值为 1；否则，表达式的值为 0 |
|  | >= （大于或等于） | 操作数 1 >= 操作数 2 | 表达式成立，表达式的值为 1；否则，表达式的值为 0 |
|  | == （等于） | 操作数 1 == 操作数 2 | 表达式成立，表达式的值为 1；否则，表达式的值为 0 |
|  | ! = （不等于） | 操作数 1! = 操作数 2 | 表达式成立，表达式的值为 1；否则，表达式的值为 0 |

**注意**：在 C 语言中，“ == ” 是关系运算符，而 “ = ” 是直接赋值运算符。

关系运算的结果是一个逻辑值，只有两种可能：要么关系成立，为“真”；要么关系不成立，为“假”。由于 C 语言没有逻辑型数据，所以用 1 代表“真”，用 0 代表“假”。因此，所有 C 语言的关系表达式的运算结果实质上是数值（1 或者 0）。

例如：下面的式子都是正确的关系表达式。

```
0 <=0        /* 表达式的值为 1 */
3.0 ==3      /* 表达式的值为 1 */
5! ='5'      /* 由表达式的值为 1 */
'A' > 'a'    /* 表达式的值为 0 */
```

位运算符和逻辑运算符

**说明**：对于字符型数据，将其转化为字符的 ASCII 码，再进行大小比较。

## 四、位运算符及其表达式

位运算是指对二进制数据进行的运算。C 语言提供 6 种位运算符，见表 2－9。

**表 2－9　位运算符及其含义**

| 类型 | 运算符（名称） | 运算符表达式 | 含义 |
| --- | --- | --- | --- |
| 单目 | ~ （取反） | ~ 操作数 | 对参与运算的操作数的各二进制位按位求反 |

续表

| 类型 | 运算符（名称） | 运算符表达式 | 含义 |
|---|---|---|---|
| 双目 | &（按位与） | 操作数 1& 操作数 2 | 对参与运算的两操作数各对应的二进制位进行与运算 |
| | \|（按位或） | 操作数 1 \| 操作数 2 | 对参与运算的两操作数各对应的二进制位进行或运算 |
| | ^（按位异或） | 操作数 1^操作数 2 | 参与运算的两操作数各对应的二进制位相异或，当两对应的二进位制相异时，结果为 1 |
| | <<（左移） | 操作数 1 << 操作数 2 | 把“ << ”左边的操作数的各二进制位全部左移若干位，由“ << ”右边的操作数指定移动的位数，高位丢弃，低位补 0 |
| | >>（右移） | 操作数 1 << 操作数 2 | 把“ >> ”左边的操作数的各二进制位全部右移若干位，“ >> ”右边的操作数指定移动的位数 |

1. 按位与运算符（&）

例如：9&5 可写算式如下。

 00001001　　　　(9 的二进制补码)
&00000101　　　　(5 的二进制补码)
 00000001　　　　(1 的二进制补码)

可见，表达式 9&5 的值为 1。

按位与运算的应用如下。

1）清零

若想将一个存储单元清零，即使其全部二进制位为 0，只要找一个二进制数，其中各个位符合以下条件：原来的数中为 1 的位，新数中相应位为 0，然后两者进行按位与运算，即可达到清零的目的。

若原数为 43，即 00101011，另找一个数，设它为 148，即 10010100，对两者进行按位与运算。

 00101011
&10010100
 00000000

2）取一个数中的某些指定位

若有一个整数 a（2 字节），想要取其中的低字节，只需要将 a 与 8 个 1 按位与即可。

 a 00101100　10101100
&b 00000000　11111111
 c 00000000　10101100

3）保留指定位

与一个数进行按位与运算，则此数在该位取 1。

若有一数84，即01010100，想把其中从左边算起的第3，4，5，7，8位保留下来，运算如下。

```
  a 01010100
& b 00111011
    00010000
```

即a = 84，b = 59，a&b = 16。

2. 按位或运算符（|）

例如：9 | 5可写成算式如下。

```
  00001001
| 00000101
  00001101    （十进制为13）
```

可见9 | 5 = 13。

3. 按位异或运算符（^）

例如：9^5可写成算式如下。

```
  00001001
^ 00000101
  00001100    （十进制为12）
```

按位异或运算的应用如下。

1）使特定位翻转

假设有二进制数01111010，想使其低4位翻转，即1变0，0变1，可以将其与00001111进行按位异或运算，即

```
  01111010
^ 00001111
  01110101
```

运算结果的低4位正好是原数低4位的翻转。可见，要使哪几位翻转就将与其进行按位异或运算的该几位置为1即可。

2）与0相异或，保留原值

例如：012^00 = 012。

```
  00001010
^ 00000000
  00001010
```

因为原数中的1与0进行异或运算得1，0与0进行异或运算得0，故保留原数。

4. 求反运算符（~）

例如：~9的运算如下。

~(0000000000001001)

结果为：1111111111110110。

5. 左移运算符（<<）

例如：a <<4是指把a的各二进制位向左移动4位。假设a = 00000011（十进制为3），

左移4位后为00110000（十进制为48）。

左移1位相当于该数乘以2，左移2位相当于该数乘以2×2=4，如15<<2=60，即乘4。此结论只适用于该数左移时被溢出舍弃的高位中不包含1的情况。

假设以一个字节（8位）存储一个整数，若a为无符号整型变量，则a=64时，左移1位时溢出的是0，而左移2位时溢出的高位中包含1。

6. 右移运算符（>>）

例如：a=15，a>>2表示把00001111右移为00000011（十进制为3）。

应该说明的是，对于有符号数，在右移时，符号位将随同移动。当有符号数为正数时，最高位补0，为有符号数负数时，符号位为1，最高位补0或补1取决于编译系统的规定，Turbo C和很多编译系统规定为补1。

## 五、逻辑、三目运算符及其表达式

用逻辑运算符将关系表达式或逻辑量连接起来的式子就是逻辑表达式。其中，逻辑量就是值为“真”或“假”的数据。C语言规定，所有的“非0”数据判定为“真”，只有“0”判定为“假”。

1. 逻辑运算符

C语言提供了以下3种逻辑运算符。

(1)!（逻辑非）：条件为真，运算后为假；条件为假，运算后为真。

(2) &&（逻辑与）：相当于日常生活中的“而且”“并且”，只在两个条件同时成立时才为真。

(3) ||（逻辑或）：相当于日常生活中的“或”。两个条件中只要有一个条件成立即为真。

其中，“&&”和“||”为双目运算符，“!”为单目运算符。

2. 逻辑表达式

!表达式

表达式1 && 表达式2

表达式1 ||表达式2

表2-10所示为逻辑运算的真值表。用它表示当a和b的值为不同组合时，各种逻辑运算所得到的值。

**表2-10　逻辑运算的真值表**

| a | b | !a | !b | a&&b | a\|\|b |
|---|---|---|---|---|---|
| 1 | 1 | 0 | 0 | 1 | 1 |
| 1 | 0 | 0 | 1 | 0 | 1 |
| 0 | 1 | 1 | 0 | 0 | 1 |
| 0 | 0 | 1 | 1 | 0 | 0 |

例如，下面的式子都是正确的逻辑表达式。

x>=0&&x<= 100　（描述x的取值范是[0,100],注意不能表示为:0<=x<= 100）

ch >='A'&&ch <='Z'(描述 ch 是大写字母)

!9.5　　　/*表达式值为0*/(因为9.5是非0数,所以按“真”处理)

'0'||0　　/*表达式值为1*/(因为字符'0'的ASCII值为非0数,所以按“真”处理)

'0'&&0　/*表达式值为0*/

3. 三目运算符

三目运算符是指有3个操作数的运算符。

语法格式：<表达式1> ? <表达式2> :<表达式3>;

其含义是：先求表达式1的值，如果为真，则把表达式2的值作为整个表达式的值；否则，将表达式3的值作为整个表达式的值。其中，表达式1~3可以是任意合法的表达式。

例如：

```
int  x,y;
   x = 50;
   y =x >70? 100:0;  //当 x 的值为 50 时, y 的值为 0
```

当x =50时，x >70为假（0），所以整个表达式的值取表达式3的值0，再将整个表达式的值0分配给变量y。如果x =80，则x >70为真（1），y将被赋值100。

## 六、逗号、求字节运算符及其表达式

1. 逗号运算符及其表达式

逗号运算符就是我们常用的逗号“,”操作符，又称为“顺序求值运算符”。通过逗号运算可以将多个表达式连接起来，构成逗号表达式。

逗号表达式的一般形式如下：

表达式1,表达式2,表达式3,…,表达式n;

运算规则：先求表达式1的值，然后求表达式2的值，依次类推，直到求出最后一个表达n的值。整个逗号表达式的值是最后一个表达式n的值。

例如：逗号表达式“m +7,2 * a,7%2”的值为1。

通常情况下，使用逗号表达式不是为了取得和使用这个逗号表达式的最终结果值，其目的是分别按照顺序求得每个表达式的结果值。

**注意：**并不是任何地方出现的逗号都是逗号运算符。很多情况下，逗号仅用作分隔符。例如，定义int a,b,c;中的逗号是用作分隔符，而不是逗号运算符。

2. 求字节运算符及其表达式

求字节运算符（sizeof）用于求字节数运算。它是一个单目运算符，其一般形式为：

sizeof（数据类型名|变量名|常量）

功能：返回某数据类型、某变量或者某常量在内存中的字节数。

例如：用sizeof求各数据类型、常量、变量的字节数。

程序代码：

```
#include <stdio.h>
void main()
```

```
{
float x;
printf("%d\n",sizeof(short));     /* 输出字节数 2 */
printf("%d\n",sizeof(x));         /* 输出字节数 4 */
printf("%d\n",sizeof('x'));       /* 输出字节数 1 */
printf("%d\n",sizeof(2));         /* 输出字节数 4 */
printf("%d\n",sizeof(2 +3.14));   /* 输出字节数 8 */
}
```

## 七、数据类型转换和运算符的优先级

1. 数据类型转换

在 C 语言中，整型、实型和字符型数据可以混合运算（因为字符型数据与整型数据可以通用）。

如果一个运算符两侧的操作数的数据类型不同，则系统按“先转换，后运算”的原则，首先将数据自动转换成同一类型，然后在同一类型数据间进行运算。数据类型的转换规则如图 2-8 所示。

**提示**：横向向左的箭头表示必须的转换，char 和 short 类型必需转换成 int 类型，float 类型必须转换成 double 类型；纵向向上的箭头表示不同类型的转换方向，把表示范围小的类型值转换成表示范围大的类型值。

例如，int 类型与 double 类型数据进行混合运算，则先将 int 类型数据转换成 double 类型数据，然后在两个同类型的数据间进行运算，结果为 double 类型。

**注意**：箭头方向只表示数据类型由低到高转换，不要理解为 int 类型先转换成 unsigned 类型，再转换成 long 类型，最后转换成 double 类型。

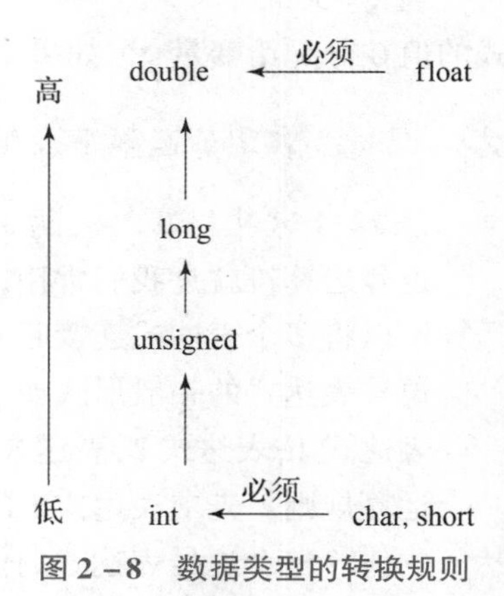

图 2-8　数据类型的转换规则

1）自动类型转换

若操作数属于不同的数据类型，则运算时通常会将这些操作数转换为同一类型。

例如：
```
void main(){
    char ch;
    int i;
    float f;
    double d;
    XXX result = (ch/i) + (f * d) - (f + i);   // XXX 应是 double 类型
}
```

2）强制类型转换

语法格式：（要转换的类型）变量或数值

例如：
```
int a =5,b =3;
float d = (float)(a/b);
float c = ((float)a)/b;
```

```
printf("%f\n",c); //1.666667
printf("%f\n",d); //1.000000
```

2. 运算符的优先级和结合性

当遇到一个复杂表达式时，需要确定先执行哪种运算，此时就需要考虑运算符的优先级和结合性。

例如：对于表达式“z = x + y - g * h * (t/20) + 65 - r% 2”，要确定运算顺序，需要知道运算符的优先级和结合性，可根据表2-11自行判断表达式的运算顺序。

**表2-11　运算符的优先级和结合性**

| 优先级 | | 运算符 | 描述 | 结合性 | 说明 |
|---|---|---|---|---|---|
| 高 | 1 | () | 圆括号 | — | 括号优先 |
| ↓ | 2 | -(取负运算)、++(自增运算符)、--(自减运算符) | 算术运算符 | 右结合性 | 单目运算符 |
| | | (要转换的类型) | 强制类型转换 | | |
| | | ! | 逻辑非运算符 | | |
| | | sizeof | 求字节运算符 | | |
| | | ~(按位取反) | 位运算符 | | |
| | 3 | *(乘法)、/(除法)、%(求余) | 算术运算符 | 左结合性 | 双目运算符 |
| | 4 | +(加法)、-(减法) | | | |
| | 5 | <<(左移)、>>(右移) | 位运算符 | 左结合性 | 双目运算符 |
| | 6 | <(小于)、<=(小于等于)、>(大于)、>=(大于等于) | 关系运算符 | 左结合性 | 双目运算符 |
| | 7 | ==(等于)、!=(不等于) | | | |
| | 8 | &(按位与) | 位运算符 | 左结合性 | 双目运算符 |
| | 9 | ^(按位异或) | | | |
| | 10 | \|(按位或) | | | |
| | 11 | &&(逻辑与) | 逻辑运算符 | 左结合性 | 双目运算符 |
| | 12 | \|\|(逻辑或) | | | |
| | 13 | ?: | 条件运算符 | 右结合性 | 三目运算符 |
| | 14 | =、+=、*=、/=、%=、-= | 赋值运算符 | 右结合性 | 双目运算符 |
| 低 | 15 | , | 逗号运算符 | 左结合性 | — |

**注意**：C语言中各运算符的结合性有左结合性（自左至右）、右结合性（自右至左）两种。多数运算符具有左结合性，单目、三目、赋值运算符具有右结合性。

运算符与表达式的使用——任务实施

## 任务实施

（1）编写程序，将变量a和b的值交换并输出。

①任务说明。利用输入函数 scanf( )，用户输入两个整数放到变量 a 和 b 中，用一个中间变量 temp 交换 a 和 b 的值。

②实现思路。

a. 声明 3 个 int 类型的变量 a，b，temp 并赋初值：“a = 3，b = 2，temp = 0;”。

b. 首先将 a 的值赋给 temp，再将 b 的值赋给 a，最后将 temp 的值赋给 b。

c. 将交换后的 a 与 b 的值输出到控制台。

③程序清单。

```
#include <stdio.h>
void main(){
    int a=0, b=0,temp=0;
    printf("请输入两个整数:");
    scanf("%d%d",&a,&b);
    printf("交换前:a=%d,b=%d\n",a,b);
    temp=a;
    a=b;
    b=temp;
    printf("交换后:a=%d,b=%d\n",a,b);
}
```

④程序运行结果如图 2 -9 所示。

```
请输入两个整数: 2 3
交换前: a=2,b=3
交换后: a=3,b=2
Press any key to continue
```

图 2 -9　程序运行结果

（2）编写程序，用户输入 3 个整数，求出 3 个整数中的最大数并输出。

①任务说明。利用 scanf( )函数输入 3 个整数，存入 3 个变量，用三目运算符“?:”求出 3 个整数中的最大数并输出。

②实现思路。

a. 声明变量：“int num1 = 0，num2 = 0，num3 = 0，max = 0;”。

b. 提示用户输入 3 个整数。

c. 接收用户的输入：“scanf("%d，%d，%d"，&a，&b，&c);”。

d. 求出 num1 和 num2 中的较大数赋给 max：“max = num1 > num2？ num1 ：num2;”。

e. 求出 max 和 num3 中的较大数：“max = max > num3？ max： num3;”。

f. 输出 max 的值。

③程序清单。

```
#include <stdio.h>
void main(){
    int num1,num2,num3;
    int max;
    printf("请输入3个整数:");
    scanf("%d%d%d",&num1,&num2,&num3);
```

```
    max = num1 > num2 ? num1:num2;
    max = max > num3 ? max:num3;
    printf("三个数中的最大数是:%d\n",max);
}
```

④程序运行结果如图2-10所示。

```
请输入3个整数: 1 3 2
三个数中的最大数是: 3
Press any key to continue
```

图2-10　程序运行结果

# 任务3　数据类型、运算符、表达式上机操作

## 一、操作目的

(1) 熟悉C语言变量的命名规则。
(2) 掌握基本数据类型的定义及使用方法。
(3) 熟练使用运算符和表达式。
(4) 掌握数据类型转换的规则。

## 二、操作要求

(1) 按操作任务要求分析程序的运行结果。
(2) 上机调试并运行程序。
(3) 完成上机操作报告。

## 三、操作内容

**操作任务1**　分析下面程序的运行结果。

程序如下:

```
#include <stdio.h>
main(){
int i =9;
printf("%d\n",++i);
printf("%d\n",--i);
printf("%d\n",i++);
printf("%d\n",i--);
printf("%d\n",-i++);
printf("%d\n",-i--);
printf("n");
}
```

**操作任务2**　分析下面程序的运行结果。

程序如下：

```
#include <stdio.h>
void main(){
int a =1,b =0,c =1,x1,x2;
x1 = ++a&&b&& ++a;
x2 = --c||a||b++;
printf("x1 = %d,x = %d\n",x1,x2);
printf("a = %d,b = %d,c = %d\n",a,b,c);
}
```

**操作任务 3** 写出下面数据类型转换程序的运行结果并分析程序功能。

程序如下：

```
#include <stdio.h>
#include <stdio.h>
void main(){
int x,y =10,z =128;
char c;
float f1 =5.4f,f2 = -2.2f,f3;
x =(int)f1;
f2 =(float)y;
c =z;
f3 =(float)(x +y)/20;
printf("f1 = %f,x = %d\n",f1,x);
printf("f2 = %f,y = %d\n",f2,y);
printf("z = %d,c = %d\n",z,c);
printf("f3 = %f\n",f3);
}
```

## 四、操作过程

（1）打开 Visual C ++6.0 或 Dev – C ++5.11 集成环境。

（2）新建“.c”程序文件。

（3）编写操作任务的 C 语言程序源代码。

（4）选择“组建”菜单下的“编译”→“组建”→“执行”命令，输出结果。

操作任务 1 的程序运行结果如图 2 – 11 所示。

图 2 – 11　操作任务 1 的程序运行结果

操作任务 2 的程序运行结果如图 2 – 12 所示。

```
x1=0,x=1
a=2,b=0,c=0
Press any key to continue
```

图 2 – 12　操作任务 2 的程序运行结果

操作任务 3 的程序运行结果如图 2－13 所示。

图 2－13　操作任务 3 的程序运行结果

## 五、程序分析

（1）写出上机操作中出现的错误及解决方法和步骤。

（2）完成 3 个操作任务程序的上机调试并验证结果。

（3）分析说明程序中语句的功能作用。

# 项目评价 2

| 班级：________<br>小组：________<br>姓名：________ | | | 指导教师：________<br>日　　期：________ | | | | |
|---|---|---|---|---|---|---|---|
| 评价项目 | 评价标准 | 评价依据 | 评价方式 | | | 权重 | 得分小计 |
| | | | 学生自评 20% | 小组互评 30% | 教师评价 50% | | |
| 职业素养 | 1. 遵守企业的规章制度、劳动纪律；<br>2. 按时按质完成工作任务；<br>3. 积极主动地承担工作任务，勤学好问；<br>4. 保证人身安全与设备安全 | 1. 出勤；<br>2. 工作态度；<br>3. 劳动纪律；<br>4. 团队协作精神 | | | | 0.3 | |
| 专业能力 | 1. 熟练掌握常量和变量的定义和使用方法；<br>2. 学会各种数据类型之间的转换方法；<br>3. 熟悉算术运算符、关系运算符、逻辑运算符、赋值运算符和逗号运算符及由它们构成的表达式的用法 | 1. 上机操作的准确性和规范性；<br>2. 专业技能任务完成情况 | | | | 0.5 | |
| 创新能力 | 1. 在任务完成过程中能提出自己的有一定见解的方案；<br>2. 对教学提出建议，具有创造性 | 1. 方案的可行性及意义；<br>2. 建议的可行性 | | | | 0.2 | |
| 合计 | | | | | | | |

# 项目 2 能力训练

## 一、填空题

1. 若 x 和 n 都是 int 类型变量，且 x 的初值为 12，n 的初值为 5，则计算表达式“x% =(n%=2)”后，x 的值为________。

2. 若 x 为 double 类型变量，则计算“x = 2.6， ++ x”后，表达式的值为________，变量 x 的值为________。

3. C 语言中的标识符可分为________、________和预定义标识符 3 类。

4. 字符串"ABC" 在内存中占用的字节数是________。

5. C 语言程序中定义的变量代表内存中的一个________。

6. 设 a，b，c 为整数，且 a = 2，b = 3，c = 4，则执行完语句“a * = 16( ++ ) - ( ++c);”后，a 的值是________。

7. 若 a 为 int 类型，并且其值为 5，则计算表达式“a + = a - = a * a”后，a 的值是________。

8. 设 x，y，t 均为 int 类型变量，则执行语句“x = y = 2; t = ++ x || ++ y;”后，y 的值为________。

9. 设有语句“int a = 3;”，则执行语句“a + = a - = a * = a;”后，变量 a 的值是________。

10. 当计算机用 2 字节存放一个整数时，其中能存放的最大（十进制）整数是________，最小（十进制）整数是________。

## 二、选择题

1. C 语言中基本的数据类型包括（　　）。

A. 整型、实型、逻辑型　　B. 整型、实型、字符型

C. 整型、字符型、逻辑型　　D. 整型、实型、逻辑型、字符型

2. 以下选项中，不正确的浮点型常量是（　　）。

A. 160　　B. 0.12　　C. 2e4.2　　D. 0.0

3. 以下选项中，不合法的八进制数是（　　）。

A. 019　　B. 02　　C. 01　　D. 067

4. 以下描述中，不属于 C 语言中的数据类型的是（　　）。

A. signed short int　　B. unsigned long int

C. unsigned int　　D. long float

5. 下面程序的输出结果是（　　）。

```
main(){
int x =177
printf("%d\n",x);
}
```

A. 177　　B. 261　　C. -61　　D. 61

6. 表达式“18/4 * sqrt(4.0)/8”的值的数据类型是（　　）。

A. int　　B. float　　C. double　　D. 不确定

7. 下列常量中，不是C语言的常量的是（　　）。

A. 0xb3　　B. 2.3e－2　　C. 3e3　　D. 0428

8. 在C语言中，数字038是（　　）。

A. 非法数据　　B. 八进制数

C. 十六进制数　　D. 十进制数

9. 若已正确定义x和y为double类型，则表达式“x=1，y=x+3/2”的值是（　　）。

A. 1　　B. 2　　C. 2.0　　D. 2.5

10. 在C语言中，关于运算符的优先级的正确的描述是（　　）。

A. 逻辑运算符的优先级高于算术运算符，算术运算符的优先级高于关系运算符

B. 算术运算符的优先级高于关系运算符，关系运算符的优先级高于逻辑运算符（！除外）

C. 算术运算符的优先级高于逻辑运算符。逻辑运算符的优先级高于关系运算符（！除外）

D. 关系运算符的优先级高于算术运算符，算术运算符的优先级高于逻辑运算符（！除外）

**三、简答题**

1. 有如下语句“int a=1，b=2，c=3；a=b－c；b++；c--；a++；”，则a，b，c的值各是多少？

2. 在C语言中，要求操作数必须是整型的运算符是什么？

3. 关系运算符有哪些？逻辑运算符有哪些？

4. 设有语句“int a=15 * 10>15？100:200；”，则a的值是多少？

5. 字符常量和字符串常量有什么区别？

**四、编程题**

1. 从键盘上输入2个int类型数据，比较其大小，并输出其中较小的数。

2. 从键盘上输入任意一个float类型数据，然后将该数据保留两位小数输出。

3. 从键盘上输入任意一个小写字母，然后将该小写字母转换为对应的大写字母输出，并同时输出该大写字母的ASCII码值。

4. 编写程序，交换两个变量的值。

5. 编写程序，利用函数sqrt()，求从键盘输入的任意正整数的平方根。

# 项目3

# 顺序结构程序设计

【项目描述】

在C语言中，程序结构分为顺序结构、选择结构和循环结构。顺序结构是最简单的，也是最基本的程序结构，其特点是按语句书写的顺序依次执行。本项主要介绍C语言中的语句类型、程序结构、赋值语句、字符输入/输出函数等。

【知识目标】

（1）知道算法的概念和特性。

（2）掌握使用传统流程图和N-S流程图表示算法的方法。

（3）理解顺序结构程序的执行过程。

（4）掌握顺序结构程序的编写方法。

【技能目标】

（1）学会正确绘制传统流程图和N-S流程图的方法。

（2）能够熟练使用C语言的基本程序顺序结构编写程序。

（3）学会字符输入函数getchar()与字符输出函数putchar()的使用方法。

（4）能够根据要求编写简单顺序结构程序。

（5）能够正确分析顺序结构程序的语句功能。

## 任务1 C语言程序算法

【任务描述】

学会对要解决的问题进行算法设计，即先对问题进行分析，并设计出算法，用算法的某种表示方法进行描述。本任务完成求1+2+3+…+1 000之和的C语言程序的编写。

【任务目标】

（1）掌握算法的描述方法。

（2）知道结构化程序设计方法的基本思路。

（3）能够用传统流程图和N-S流程图描述算法，并将其转化为C语言源程序。

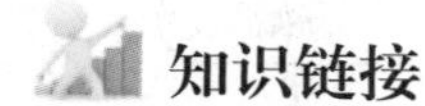

## 知识链接

### 一、算法的概念

算法是指为了解决某个特定问题所采取的确定且有限的步骤。在计算机科学中，算法是指描述用计算机解决某个特定问题的过程。计算机算法可分为数值运算算法和非数值运算算法两大类。常用的算法有递归法、枚举法、查找法、排序法，这些将在后续的项目任务中详细介绍。

### 二、算法的特性

（1）有穷性。一个算法所包含的操作应该是有限的。

（2）确定性。算法中的每一条指令必须有确切的含义，不能有二义性。

（3）可行性。算法中的操作都可以通过可以实现的基本运算执行有限次后实现。

（4）有零个或多个输入。

（5）有一个或多个输出。

### 三、算法的描述

算法可以用不同的方法表示，常用的表示方法有自然语言、传统流程图、结构化流程图（N－S 流程图）等。

1. 用自然语言表示算法

除了很简单的问题，一般不用自然语言表示算法。

2. 用传统流程图表示算法

传统流程图包括表示相应操作的框、带箭头的流程线、框内和框外必要的文字说明几个部分，如图 3－1 所示。

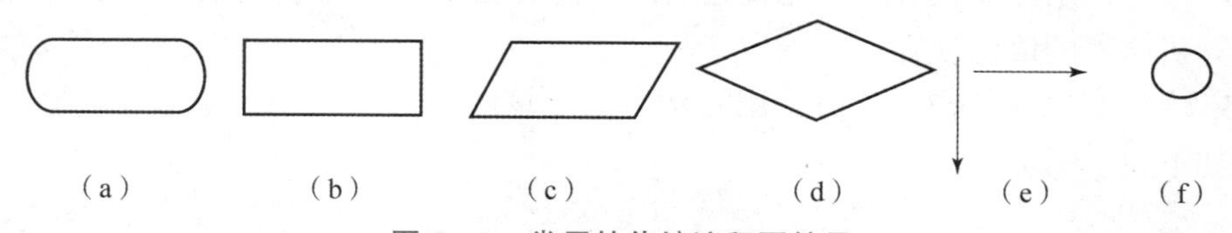


图 3－1　常用的传统流程图符号

（a）起止框；（b）处理框；（c）输入/输出框；（d）判断框；（e）流程线；（f）连接点

**【例 3.1】**　将求 5！的算法用传统流程图表示。

求 5！的算法的传统流程图如图 3－2 所示。

3. 用 N－S 流程图表示算法

N－S 流程图又称为结构化流程图，于 1973 年由美国学者 I. Nasi 和 B. Shneideran 提出。与传统流程图不同的是，N－S 流程图不用带箭头的流程线来表示程序流程的方向，而采用一系列矩形框来表示各种操作，全部算法写在一个大矩形框内，在大矩形框内还可以包含其他从属于它的小矩形框，这些矩形框一个接一个地从上向下排列，程序流程的方向总是从上向下。N－S 流程图比较适合表达 3 种基本结构（顺序、选择、循环），适用于结构化程序设计。

N－S流程图用图3－3所示的基本符号表示。

（1）顺序结构。顺序结构用图3－3（a）所示的形式表示。A和B两个操作组成一个顺序结构。

（2）选择结构。选择结构用图3－3（b）所示的表示。它与图3－3（a）对应。当条件p成立时执行操作A，当条件p不成立时执行操作B。注意：图3－3（b）是一个整体，代表一个基本结构。

（3）循环结构。“当”型循环结构用图3－3（c）所示的形式表示。图3－3（c）表示当条件p成立时，反复执行操作A，直到条件p不成立为止。“直到”型循环结构用图3－3（d）所示的形式表示。当条件p不成立时，反复执行操作A，直到条件p成立为止。“直到”型循环先执行循环体A，然后再判断条件p，所以循环体至少执行一次。

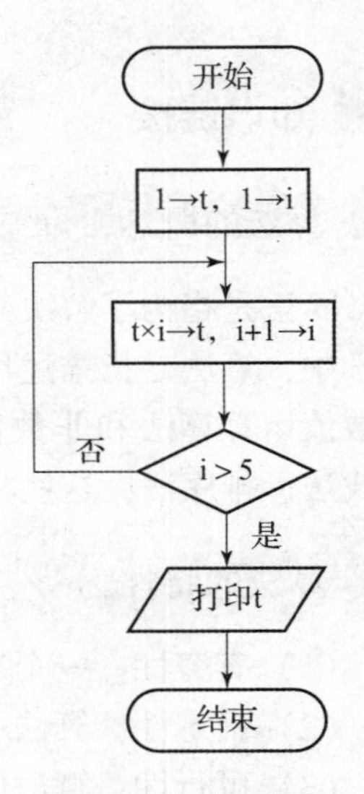


图3－2　求5！的算法的传统流程图

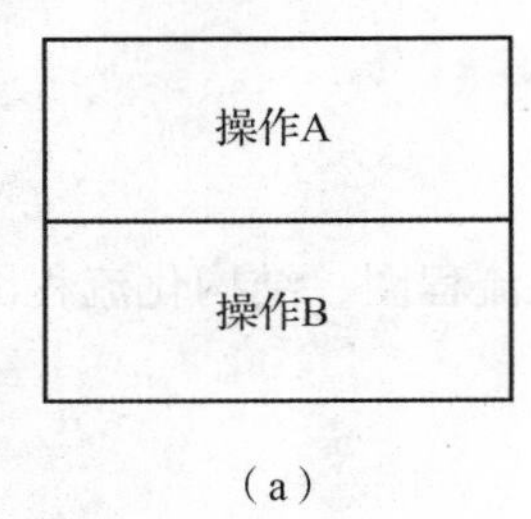


（a）

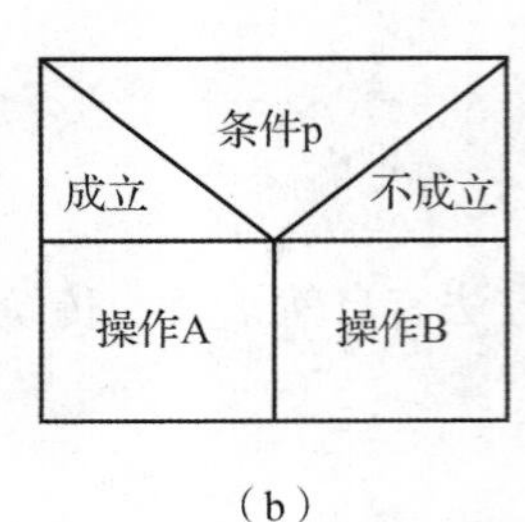


（b）

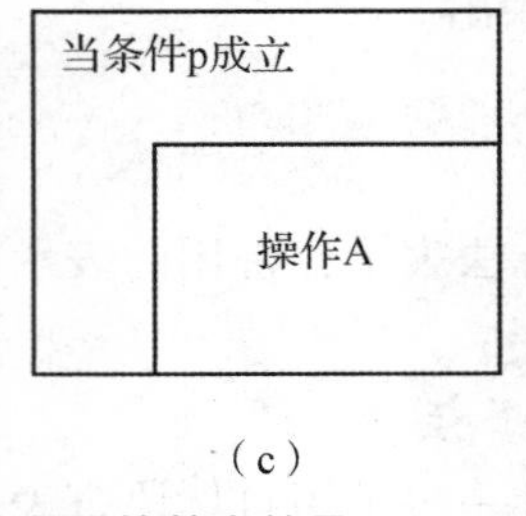


（c）

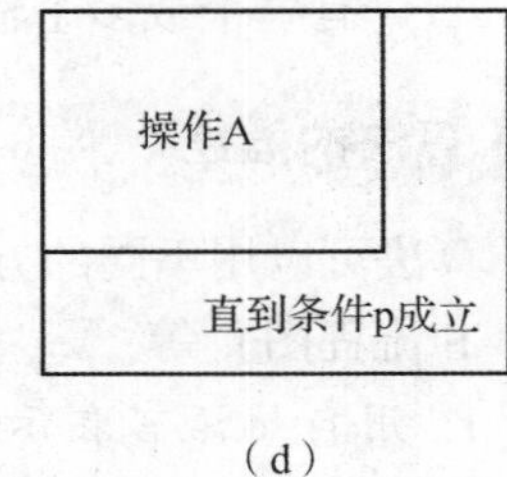


（d）

图3－3　N－S流程图的基本符号

（a）顺序结构；（b）选择结构；（c）循环结构（“当”型循环）；（d）循环结构（“直到”型循环）

4. 用计算机语言表示算法

我们的任务是用计算机解题，也就是用计算机实现算法，用计算机语言表示算法必须严格遵循计算机语言的语法规则。

**【例3.2】**　求1×2×3×4×5，用C语言表示算法。

程序如下：

```
#include <stdio.h>
void main(){
    int i,t;
    t=1;
    i=2;
    while(i<=5)
    {
    t=t*i;
    i=i+1;
    }
    printf("%d\n",t);
}
```

程序运行结果如图3－4所示。

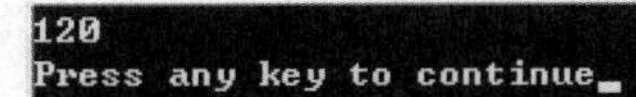


图3-4　程序运行结果

## 四、结构化程序设计方法

结构化程序设计强调程序设计风格和程序结构的规范化，提倡采用清晰的结构。结构化程序设计的基本思路是把一个复杂问题的解决过程分阶段进行。将每个阶段处理的问题都控制在人们容易理解和处理的范围内。具体来说，就是在分析问题时采用“自顶向下，逐步细化”的方法；设计解决方案时采用“模块化设计”的方法；编写程序时采用“结构化编码”的方法。

“自顶向下，逐步细化”是将问题的解决过程逐步具体化的一种思想方法。例如，要在一组数中找出其中的最大数，首先可以将问题的解决过程描述如下。

（1）输入一组数。

（2）找出其中的最大数。

（3）输出最大数。

以上3个步骤中，第（1）、（3）步比较简单，对第（2）步可以进一步细化。

①任取一数，假设它就是最大数。

②将该数与其余各数逐一比较。

③若发现有任何数大于假设的最大数，则取而代之。

再将以上过程进一步具体化，得到如下算法。

（1）输入一组数。

（2）找出其中的最大数。

①令 max = 第一个数。

②将第二个数到最后一个数的每一个数 x 依次取出。

③如果 x > max，则令 max = x。

（3）输出 max。

“模块化设计”就是将比较复杂的任务分解成若干个子任务，再将每个子任务分解成若干个小子任务，每个小子任务只完成一项简单的功能。在程序设计时，用一个个小模块来实现这些功能，每个小模块对应一个相对独立的子程序。对程序设计人员来说，这使编写程序变得不再困难。同时，同一软件可以由一组人员同时编写，分别进行调试，这大大提高了程序开发的效率。

“结构化编码”是指使用支持结构化程序设计的高级语言编写程序。C语言就是一种支持结构化程序设计的高级语言，它直接提供了3种基本结构的语句；提供了定义函数的功能，函数相当于独立的子程序；提供了丰富的数据类型。这些都为结构化程序设计提供了有力的工具。

顺序结构程序结构——任务实施

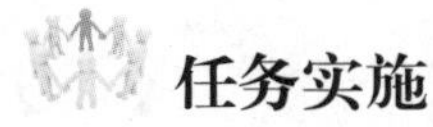

### 任务实施

求 1 + 2 + 3 + … + 1 000。

（1）任务说明。分别用传统流程图、N－S 流程图及自然语言描述算法，并将算法转化为 C 语言源程序。设变量 x 表示被加数，变量 y 表示加数。

（2）实现思路。

①声明变量："int x = 1, y = 2;"。

②利用语句"x = x + y;"将 x + y 的结果存放在变量 x 中。

③利用语句"y = y + 1;"将 y + 1 的结果存放在变量 y 中。

④若 y 小于或等于 1 000，则转到步骤 b. 继续执行，否则算法结束。

⑤输出 x 的值。

（3）算法的传统流程图、N－S 流程图如图 3－5 和图 3－6 所示。

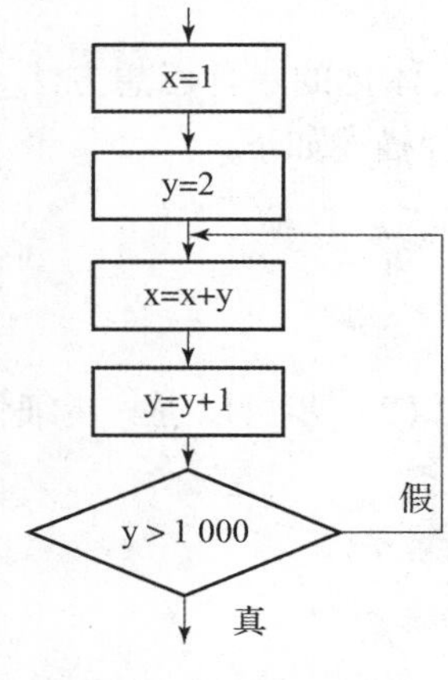


图 3－5　传统流程图

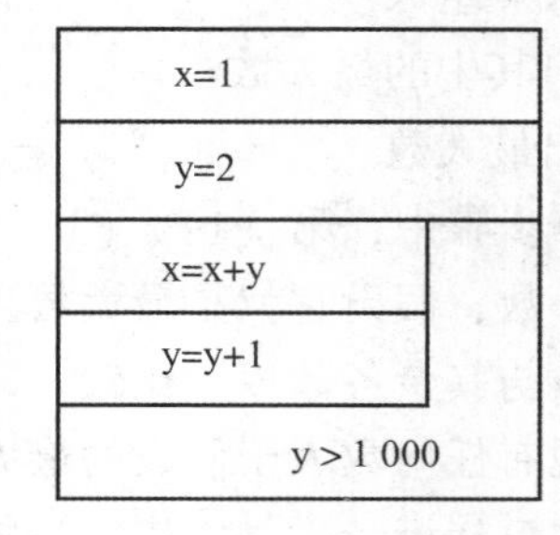


图 3－6　N－S 流程图

（4）程序清单。

```
#include <stdio.h>
void main(){
int x =1,y =2;
do{
x =x +y;
y =y +1;
}while(y <=1000);
printf("1 +2 +3 +... + 1000 = %d\n",x);
}
```

**注意：**这里使用了"直到"型循环结构（do…while 语句），do…while 语句的详细用法在后续项目任务中介绍。

（5）程序运行结果如图 3－7 所示。

```
1+2+3+... + 1000=500500
Press any key to continue
```

图 3－7　程序运行结果

# 任务 2 顺序结构程序

【任务描述】

顺序结构程序是最基本、最简单的程序。依据语法写出相应的语句，按照顺序执行即可。本任务完成输入一个大写字母，把它转换成相应的小写字母，然后输出在屏幕上的 C 语言程序。

【任务目标】

(1) 熟悉 3 类 9 种控制语句的英文名称。

(2) 能够熟练地使用字符输入/输出函数。

(3) 能够正确理解顺序结构程序的作用和特点。

(4) 能够初步掌握 C 语言中函数调用的格式和方法。

C 语言语句

## 知识链接

### 一、C 语言语句

在 C 语言中，语句的作用是向计算机系统发出操作命令，从而完成一定的操作任务。一个语句经编译后产生若干条机器指令。一个实际的程序应当包含若干语句。

1. 控制语句

控制语句完成一定的控制功能，从而实现程序的各种结构方式。C 语言有 9 种控制语句，可分为 3 类。

(1) 条件判断语句，例如 if 语句、switch 语句。

(2) 转向语句，例如 break 语句、continue 语句、goto 语句、return 语句。

(3) 循环语句，例如 while 语句、do...while 语句、for 语句。

2. 表达式语句

由表达式组成的语句称为表达式语句，其作用是计算表达式的值或改变变量的值。它的一般形式是“表达式;”，即在表达式的末尾加上分号。最典型的例子是由赋值表达式构成一个赋值语句，如“x = 5”是赋值表达式，而“x = 5;”是一个赋值语句。注意：分号是 C 语言中语句的标志，一个语句必须有分号，如果没有分号，则一定不是语句。表达式能构成语句是 C 语言的一个重要特色。

3. 函数调用语句

由一个函数调用加上一个分号构成函数调用语句，其作用是完成特定的功能。它的一般形式是：

```
函数名(参数列表);
```

例如：

```
printf("HELLO!\n");/*调用库函数,输出字符串*/
```

4. 复合语句

复合语句是用花括号将若干个语句组合在一起，又称为分程序，在语法上相当于一条语句。例如：

```
{i +=6;
printf("&d\n",i);}
```

**注意**：在复合语句中，最后一个语句的分号不能省略。

5. 空语句

只有一个分号的语句称为空语句。它的一般形式是：

```
;
```

空语句是什么也不执行的语句，常用于循环语句中的循环体，表示循环体什么都不做。例如：

```
while(getchar()!='\n')
;      /* 空语句 */
```

该循环的功能是：直到按 Enter 键才退出循环。这里的循环体是空语句。

C 语言允许一行写几个语句，也允许将一个语句拆开写为几行，书写格式无固定要求。

## 二、程序结构

1. 程序结构简介

程序结构

在 C 语言中，程序结构一般分为顺序结构、选择结构和循环结构。任何复杂的程序都是由这 3 种基本结构组成的。

**【例 3.3】** 简单的程序结构。

```
#include <stdio.h>
void main(){
int x,y,z;
x =112,y =213;
z =x +y;
printf("x +y =%d\n",z);
}
```

该程序的作用是求两个整数 x 和 y 的和 z。第 3 行是定义变量 x，y，z 为整型（int）变量。第 4 行是两个赋值语句，使 x，y 的值分别为 112 和 213。第 5 行也是赋值语句，使 z 的值等于 x + y。第 6 行是进行输出，输出变量 z 的值。程序运行结果如图 3 - 8 所示。

```
x+y=325
Press any key to continue
```

图 3 - 8　程序运行结果

**【例 3.4】** 由多个函数构成的程序结构。

```
#include <stdio.h>
void main(){
```

```
int x,y,z;
scanf("%d,%d",&x,&y);
z=max(x,y);
printf("max=%d\n",z);
}
int max(int a,int b){
int c;
if(a>b){c=a;            /*if 选择语句,若 a>b,则 c=a,否则 c=b*/
}else{ c=b;}           /*if 判断语句,将在项目 4 中详细介绍*/
return c;
}
```

本程序包含两个函数：主函数 main() 和被调用函数 max()。max() 函数的作用是将 a 和 b 中较大的数赋给变量 c，并通过返回语句 return 将 c 的值返回给主函数 main()。程序运行时，由 scanf() 函数从键盘上读取两个整型数据，如从键盘上输入 8，9，此时 x 被赋值 8，y 被赋值 9，然后执行第 5 行的语句，对 max() 函数进行调用，调用的结果是将较大的数 9 赋给变量 c，通过 return 语句将函数值赋给变量 z。第 6 行语句是输出 z 的值 9。程序运行结果如图 3－9 所示。

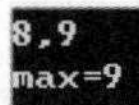


图 3－9　程序运行结果

2. 顺序结构

顺序结构是程序设计中最简单、最基本的结构，其特点是程序运行时，按语句书写的次序依次执行。顺序结构通常由简单语句、复合语句及输入/输出语句组成。

**【例 3.5】**　分析下面的程序结构。

```
#include <stdio.h>
void main()
{int a,b,c;
scanf("%d, %d", &a, &b);
c=a+b;
printf("\nc=%d\n",c);
}
```

上述程序显然是顺序结构，其语句按先后顺序依次执行。

从例 3.5 可以看出，顺序结构的程序框架如下：

```
#开头的编译预处理命令行
void main()  /* void 可以写上,也可以不写,本书全部写上*/
{
局部变量声明语句;
可执行语句序列;
}
```

3. 赋值语句

赋值语句是一个应用十分普遍且最简单的语句。赋值语句的一般形式为：

```
变量=表达式;
```

赋值语句的功能是将赋值号右边表达式的值计算出来，再赋给赋值号左边的变量，例如：

```
a=5+6;
```

该语句的作用是将表达式“5+6”（等于11）的值赋给变量a。

前面已经介绍过赋值表达式，要注意赋值表达式与赋值语句的不同点。

赋值表达式不能有分号“;”，而赋值语句中一定有分号“;”，这是它们最本质的区别。

赋值表达式中的赋值号“=”可以连用，而赋值语句中的赋值号“=”不能连用。例如：“a=b=c=1;”是赋值语句。左边第一个“=”是赋值语句中的赋值号，其含义是将该赋值号右边的表达式“b=c=1”的值1赋给变量a。认为这3个“=”都是赋值语句中的赋值号是错误的。

赋值表达式可以包括在其他表达式之中。例如：

```
if((x=y)<0)  a=x;
```

其中，“x=y”是赋值表达式。条件判断顺序是：先将y的值赋给x，然后判断表达式的值（也是x的值）是否小于0，若小于0，则执行“a=x;”。显然这样写是合法的，但如果写成：

```
if((x=y;)<0)  a=x;
```

就不正确了，因为在if条件中不能包含赋值语句。

## 三、字符输入与输出

### 1. 字符输入函数getchar()

字符函数

每调用getchar()函数一次，就从键盘接收一个字符。getchar()函数的调用形式如下：

```
ch=getchart();
```

getchar()函数是一个无参函数。调用getchar()函数时，后面的括号不能省略。getchar()函数从键盘接收一个字符作为它的返回值。

在输入时，空格、回车等都将作为字符读入，同时，只有在用户输入按Enter键时，读入操作才开始执行。

**【例3.6】** 以下程序先从键盘接收一个字符，然后显示在屏幕上。

```
#include <stdio.h>
void main(){
    char ch;
    ch=getchar();
    putchar(ch);
    putchar('\n');
}
```

在运行时，如果从键盘输入字符“B”并按Enter键，就会在屏幕上看到输出的字符“B”，如下所示。

```
B↙
B
```

程序运行结果如图 3－10 所示。

```
B
B
Press any key to continue_
```

图 3－10　程序运行结果

2. 字符输出函数 putchar( )

每调用 putchar( ) 函数一次，就向显示器输出一个字符。putchar( ) 函数的调用形式如下：

```
putchar(ch);
```

**注意：**

（1）putchar( ) 函数的参数 ch 可以是字符变量、字符常量（包括转义字符）、整型变量或者整型常量。

（2）putchar( ) 函数只能用于单个字符的输出，且一次只能输出一个字符。

例如：

```
char c1 = 'A';
int c2 = 65;
putchar(c1);     /* 输出字符变量 c1 的值 * /
putchar('A');     /* 输出字符常量'A' * /
putchar(c2);     /* 输出整型变量 c2 代表的字符'A',其 ASCII 码值是 65 * /
putchar(65);     /* 输出整型常量代表的字符'A'* /
putchar('\n');    /* 输出转义字符,表示换行 * /
```

前 4 条输出语句都输出大写字母 A，最后一条输出语句用来换行。

**【例 3.7】**　putchar( ) 函数的使用。

```
#include <stdio.h>
void main(){
char a,b,c,d;
a = 'g';b = 'o';c = 'o';d = 'd';
putchar(a); putchar(b); putchar(c); putchar(d);
//printf("\n");
putchar('\n');
}
```

程序运行结果如图 3－11 所示。

```
good
Press any key to continue_
```

图 3－11　程序运行结果

需要注意的是，程序中如果调用了 putchar( ) 函数或 getchar( ) 函数，则在程序的开头必加上“#include "stdio. h"”或“#include <stdio. h>”，否则程序编译时会报错。

另外还有两个和 getchar( ) 函数非常接近的函数 getch( ) 及 getche( )，它们的调用格式和

getchar( )函数完全一样，两者的区别如下。

（1）getch( )函数：读入一个字符，不需要按 Enter 键，不将读入的字符回显示屏幕上。

（2）getche( )函数：读入一个字符，不需要按 Enter 键，将读入的字符回显到屏幕上。

getchar( )函数也是从键盘上读入一个字符，并回显在屏幕上。它与 getch( )和 getche( )函数的区别在于 getchar( )函数等待输入，直到按 Enter 键才结束，按 Enter 键前的所有输入字符都会逐个显示在屏幕上，但只有第一个字符作为函数的返回值。

需要注意的是，程序中如果调用了 getch( )函数或 getche( )函数，则在程序的开头必须加上“#include "conio. h"”或“#include <conio. h>”，否则程序编译时会报错。

## 任务实施

顺序结构程序结构——任务实施二

编写程序，输入一个大写字母，把它转换成相应的小写字母，然后输出。

（1）任务说明。将大写字母转换成相应的小写字母。

（2）实现思路。

①声明一个字符变量 ch。

②利用 getchar( )函数从键盘上输入一个大写字母 C，保存到变量 ch 中。

③利用复合赋值表达式“ch += 32”将大写字母 C 的 ASCII 码十进制值 67 转换成小写字母 c 的 ASCII 码十进制值 99。

④将转换结果以小写字母的形式输出。

（3）程序清单。

```
#include<stdio.h>
void main(){
char ch;
printf("Input a capital:");
ch=getchar();
ch+=32;
printf("The lowercase is %c\n",ch);
}
```

（4）程序运行结果如图 3 - 12 所示。

```
Input a capital:C
The lowercase is c
Press any key to continue_
```

图 3 - 12　程序运行结果

# 任务 3　顺序结构程序设计上机操作

## 一、操作目的

（1）掌握 C 语言顺序结构程序的使用方法。

（2）掌握 C 语言中赋值表达式和赋值语句的使用方法。

(3) 掌握 getchar()、putchar()函数的用法，能正确使用各种输入/输出格式。

(4) 进一步熟悉 scanf()、printf()函数的使用方法。

## 二、操作要求

(1) 在 Visual C ++6.0 或 Dev – C ++5.11 集成环境中，熟练地进行 C 语言顺序结构程序的编写。

(2) 进一步熟练正确使用赋值语句、输入/输出函数等的方法，并对程序进行保存、编译。

(3) 能够对程序进行保存、编译、组建和执行。

## 三、操作内容

**操作任务1**　分析下面程序的运行结果。

程序如下：

```
#include <stdio.h>
void main(){
    int a;
    printf("请输入一个字符:");
    a=getchar();
    putchar(a);
    putchar('\n');
    printf("输入的字符是 %c,其对应的 ASCII 值是%d\n",a,a);
    }
```

**操作任务2**　从键盘输入三角形三条边的长，求三角形的面积。

程序如下：

```
#include <stdio.h>
#include <math.h>   /*使用数学函数时,在源文件中添加预编译命令"#include <math.h>"*/
void main(){
    double  a,b,c,s,area;
    printf("请输入三角形的三条边 a,b,c:");
    scanf("%lf,%lf,%lf",&a,&b,&c);
    s=1.0/2*(a+b+c);
    area=sqrt(s*(s-a)*(s-b)*(s-c)); /*三角形面积公式为 area=√s(s-a)(s-b)(s-c)*/
    printf("a=%.1f,b=%.1f,c=%.1f,s=%.1f\n",a,b,c,s);
    printf("三角形面积=%.1f\n",area);
    }
```

**操作任务3**　求 $ax^2+bx+c=0$ 方程的根。a，b，c 由键盘输入，设 $b^2-4ac>0$。

程序如下：

```
#include <stdio.h>
#include <math.h>                         /*程序中要调用求平方根函数 sqrt*/
void main(){
double a,b,c,disc,x1,x2,p,q;              /*disc 是判别式 sqrt(b*b-4ac)*/
printf("请输入三个数:\n");
scanf("a=%lf,b=%lf,c=%lf",&a,&b,&c);  /*输入双精度数要用格式声明"%lf"*/
```

```
disc=b*b-4*a*c;
p=-b/(2*a);
q=sqrt(disc)/(2* a);
x1=p+q;x2=p-q;                          /*求出方程的两个根*/
printf("x1=%5.2f\nx2=%5.2f\n",x1,x2); /*输出方程的两个根*/
}
```

## 四、操作过程

（1）打开 Visual C ++6.0 或 Dev－C ++5.11 集成环境。

（2）新建“.c”程序文件。

（3）编写操作任务的 C 语言程序源代码。

（4）选择“组建”菜单下的“编译”→“组建”→“执行”命令，输出结果。

操作任务 1 的程序运行结果如图 3－13 所示。

```
请输入一个字符：d
d
输入的字符是 d,其对应的ASCII值是100
Press any key to continue
```

图 3－13　操作任务 1 的程序运行结果

操作任务 2 的程序运行结果如图 3－14 所示。

```
请输入三角形的三条边a,b,c:3,4,5
a=3.0,b=4.0,c=5.0,s=6.0
三角形面积=6.0
Press any key to continue
```

图 3－14　操作任务 2 的程序运行结果

操作任务 3 的程序运行结果如图 3－15 所示。

```
请输入三个数:
a=2,b=5,c=3
x1=-1.00
x2=-1.50
Press any key to continue
```

图 3－15　操作任务 3 的程序运行结果

## 五、程序分析

（1）写出上机操作中出现的错误及解决的方法和步骤。

（2）完成 3 个技能操作任务程序的上机调试并验证结果。

（3）分析说明程序和程序中语句的功能作用。

# 项目评价 3

<table>
<tr><td colspan="2">班级：________<br>小组：________<br>姓名：________</td><td colspan="6">指导教师：________<br>日　　期：________</td></tr>
<tr><td rowspan="2">评价项目</td><td rowspan="2">评价标准</td><td rowspan="2">评价依据</td><td colspan="3">评价方式</td><td rowspan="2">权重</td><td rowspan="2">得分小计</td></tr>
<tr><td>学生自评 20%</td><td>小组互评 30%</td><td>教师评价 50%</td></tr>
<tr><td>职业素养</td><td>1. 遵守企业的规章制度、劳动纪律；<br>2. 按时按质完成工作任务；<br>3. 积极主动地承担工作任务，勤学好问；<br>4. 保证人身安全与设备安全</td><td>1. 出勤；<br>2. 工作态度；<br>3. 劳动纪律；<br>4. 团队协作精神</td><td></td><td></td><td></td><td>0.3</td><td></td></tr>
<tr><td>专业能力</td><td>1. 学会正确绘制传统流程图和 N－S 流程图的方法；<br>2. 能够熟练使用 C 语言基本语句顺序结构编写程序；<br>3. 学会字符输入函数 getchar( ) 与字符输入函数 putchar( ) 的使用的方法；<br>4. 能够根据要求编写顺序结构的程序；<br>5. 能够正确分析和说明顺序结构程序的语句功能</td><td>1. 上机操作的准确性和规范性；<br>2. 专业技能任务完成情况</td><td></td><td></td><td></td><td>0.5</td><td></td></tr>
<tr><td>创新能力</td><td>1. 在任务完成过程中能提出自己的有一定见解的方案；<br>2. 对教学提出建议，具有创造性</td><td>1. 方案的可行性及意义；<br>2. 建议的可行性</td><td></td><td></td><td></td><td>0.2</td><td></td></tr>
<tr><td>合计</td><td colspan="7"></td></tr>
</table>

# 项目 3 能力训练

## 一、填空题

1. 结构化程序由________、________、________3 种基本结构组成。

2. C 语言程序的最后用________结束。

3. 以下程序段的输出结果是________。

```
int x =017;
printf("x = %3d,x = %6d,x = %6o,x = %6x,x = %6u\n",x,x,x,x,x);
```

4. 以下程序的执行结果是________。

```
#include <stdio.h>
void main(){
int i =100;
printf("%d,%o,%x\n",i,i,i);
}
```

5. 以下程序的执行结果是________。

```
#include <stdio.h>
void main(){
'char C ='A';
printf("%d,%o,%x,%c\n",c,c,c,c);
}
```

6. 以下程序的执行结果是________。

```
int k =4,a =3,b =2,c =1;
printf("\n%d\n",k<a? k:c<b? c:a);
```

7. 已知字母 A 的 ASCII 码是 65，则以下程序的执行结果是________。

```
#include <stdio.h>
void main(){
char cl ='A',c2 ='Y";
printt("id, 8c\n",cl, c2);
}
```

8. 以下程序的执行结果是________。

```
main(){
  int x = 011
  printf("%d\n", ++x);
}
```

9. 若有以下定义，则变量 z 的值是________。

```
int x =10,y =3,z
z =(x%y,x/y);
```

10. 若已正确定义变量 x = 3. 26894，则以下语句的输出结果是________。

```
printf("%f\n",(int)(x*1000 +0.5)/(float)1000);
```

## 二、选择题

1. 有如下程序段：

```
int a1,a2;
char c1,c2;
scanf("%d%c%d%c", &a1, &c1,&a2,&c2);
```

若要求a1，a2，c1，c2的值分别为10，20，A，B，则正确的数据输入是（　　）。

A. 10A　20B↙　　B. 10 A　20 B↙

C. 10 A　20B↙　　D. 10A　20 B↙

2. 以下关于结构化程序设计的叙述中，正确的是（　　）。

A. 一个结构化程序必须同时由顺序、选择、循环3种结构组成

B. 结构化程序使用goto语句会很便捷

C. 在C语言中，程序的模块化是利用函数实现的

D. 由3种基本结构构成的程序只能解决小规模的问题

3. 有输入语句“scanf("a = %d,b = %d,c = %d", &a, &b, &c);”，为了使变量a的值为1，变量b的值为3，变量c的值为2，从键盘输入数据的正确形式是（　　）。

A. 132↙　　B. 1，3，2↙

C. a=1，b=3，c=2↙　　D. a=1　b=3 c=2↙

4. 以下选项中不是C语言语句的是（　　）。

A. ;　　B. {int i; i++; printf("%d\n",i);}

C. x=2，y=10　　D. {;}

5. 有如下定义语句，则不能正确执行的语句是（　　）。

float a=32.7;

A. printf("%3.2f\n",a);　　B. scanf("%3f",&a);

C. printf("%3f",a);　　D. scanf(“%3.2f",&a);

6. 以下程序段的运行结果是（　　）。

```
int a,b,d=241;
a=d/100%9;
b=(-1)&&(-1);
printf("%d,%d",a,b);
```

A. 6，1　　B. 2，1　　C. 6，0　　D. 2，0

7. 以下合法的赋值语句是（　　）。

A. --i;　　B. k=int(a+b);

C. a=18,b=18;　　D. a=b=12;

8. 若运行时给变量x输入12，则以下程序的运行结果是（　　）。

```
int x,y;
scanf("%d",&x);
y=x>12?x+10:x-12;
printf("%d\n",y);
```

A. 0　　B. 22　　C. 12　　D. 10

E. 1

9. 以下程序段的输出结果是（　　）。

```
int a=0,b=0,c=0;
c=(a-=a-5),(a=b,b+3);
printf("%d, %d,%d\n",a,b.c);
```

A. 3,0,－10　　B. 0,0,5　　C. －10,3,－10　　D. 3,0,3

10. 若从终端进行输入，给变量 a 赋值 123.19，则正确的输入语句是（　　）。

A. scanf("%f",a);　　B. scanf("%8.4f",&a);

C. scanf("%6.2f",&a);　　D. scanf("%f",&a);

## 三、简答题

1. 算法的概念和特性是什么？

2. 算法的描述方法有哪些？

3. C 语言中的语句有哪几类？

4. 怎样区分表达式和表达式语句？C 语言为什么要设置表达式语句？

5. 写出以下程序段的输出结果。

```
int i=16,j;
j=(i++)+i;
printf(%d\n,j);
i=15;
printf("%d, %d\n",++i,i);
```

## 四、编程题

1. 输入两个整数 1 500 和 350，求出它们的商和余数并输出。

2. 输入一个 3 位整数，把 3 个数字逆序组成一个新数并输出。

3. 从键盘输入长方形的长、宽、高，求长方形的体积和周长，用浮点型数据处理。

4. 从键盘输入 3 个数，求它们的平均值并输出，用浮点型数据处理。

5. 从键盘输入一个 5 位整数，分别求出个位数、十位数、百位数、千位数和万位数并输出。

# 项目4

# 选择结构程序设计

【项目描述】

选择结构程序的执行过程是在进行一定的选择后执行分支语句，而不是严格按照语句出现的物理顺序执行。编写选择结构程序的关键在于构造合适的条件，判定所给条件是否满足，从而决定程序执行哪些语句。本项目介绍 if 语句、switch 语句的基本结构和使用方法，并能进行选择结构程序设计。

【知识目标】

（1）掌握 if 语句的 3 种结构形式，实现选择结构程序设计。

（2）掌握用 switch 语句实现多分支选择结构的程序设计方法。

（3）掌握选择结构程序设计思想，并能正确分析程序的功能。

【技能目标】

（1）进一步熟练使用关系表达式和逻辑表达式。

（2）能够对 if 语句的 3 种结构形式进行熟练的运用并用它编程。

（3）能够正确运用 switch 语句编程。

## 任务 1　使用 if 语句编程

【任务描述】

掌握 if 语句的格式，能够正确使用 if 语句、if…else 语句、if…else…if 语句及 if 语句的嵌套。本任务使用 if 语句实现将一个学生成绩分数转换成不同等级信息输出的 C 语言程序。

【任务目标】

（1）掌握 if 语句的使用方法。

（2）能够使用 if 语句进行各种情况的分类。

（3）能够根据给定条件进行编程。

（4）能够正确使用 if 语句的嵌套。

## 知识链接

### 一、if 语句的 3 种结构形式

使用 if 语句可以构成选择结构。它根据给定的条件进行判断，以决定执行某个分支流程。

if 语句主要有 3 种结构形式。

1. 第一种结构形式（单分支 if 语句）

单分支 if 语句的一般格式为：

```
if(表达式) {语句组;}
```

功能：如果表达式的值为真，则执行其后的语句组，否则，不执行其后的语句组。

例如：

```
max = 0;
if(max < y) max = y;
```

if 语句第一种结构形式的执行过程如图 4-1 所示。

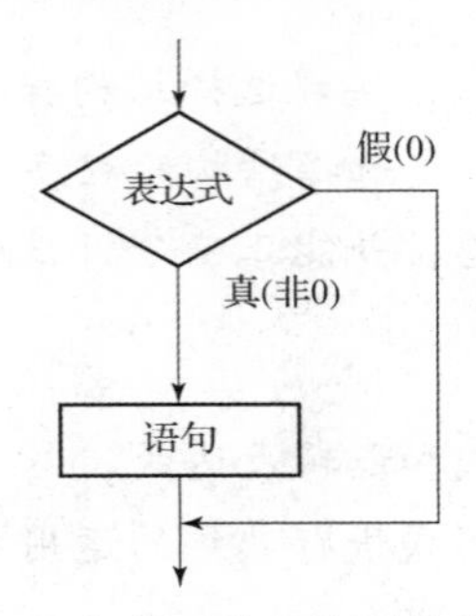


图 4-1　if 语句第一种结构形式的执行过程

if 语句第一种结构形式只表示条件成立时执行具体操作，而当条件不成立时，什么也不执行。其通常可以实现在满足一定条件的情况下需要执行的操作。

**【例 4.1】**　从键盘输入两个不相等的数，存入 a 和 b，判断 a 和 b 的大小，使 a 的值大于 b 的值。

程序如下：

```
#include <stdio.h>
void main(){
int a,b,t;
  scanf("%d%d",&a,&b);
  if(a<b)
  {
    t=a;a=b;b=t;
}
printf("%d,%d\n",a,b);
}
```

程序运行结果如图 4－2 所示。

```
5 12
12.5
Press any key to continue
```

图 4－2 程序运行结果

2. 第二种结构形式（if…else 语句）

if…else 语句的一般格式为：

```
if(表达式){
语句组 1;
}else{
语句组 2;
}
```

功能：如果表达式的值为真，则执行语句组 1，否则，执行语句组 2。

例如：

```
if(x<y)  max=y;else max=x;
```

if 语句第二种结构形式的执行过程如图 4－3 所示。

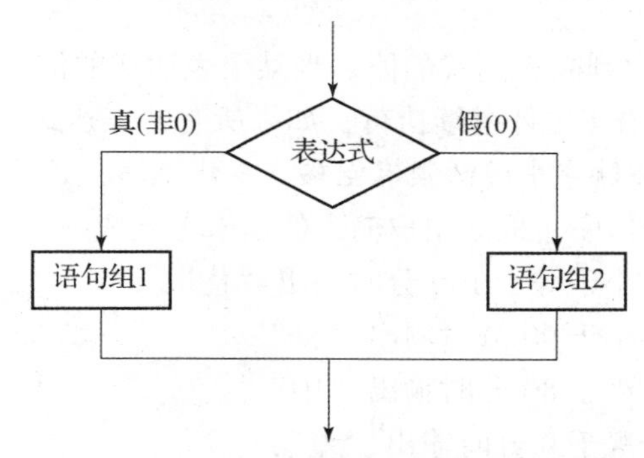


图 4－3 if 语句第二种结构形式的执行过程

【例 4.2】 判断一个数是偶数还是奇数。

程序如下：

```
#include <stdio.h>
void main(){
int num, res;
printf("请输入一个整数：");
scanf("%d",&num);
res = num%2;          /* 计算 num 除以 2 的余数 */
if(res ==0){          /* 能被 2 整除,为偶数 */
printf("%d 是偶数。\n", num);
}else {               /* 不能被 2 整除,为奇数 */
printf("%d 是奇数。\n",num);
}
}
```

程序运行结果如图 4－4 所示。

图 4-4　程序运行结果

3. 第三种结构形式（if…else…if 语句）

如果选择多个分支，可以采用 if…else…if 语句，其一般格式为：

```
if(表达式1){
  语句组1;
        }
else if(表达式2){
  语句组2;
        }
else if(表达式3){
  语句组3;
        }
…
else if(表达式m){
  语句组m;
        }
else{
  语句组n;
        }
```

功能：由上而下，依次判断表达式的值。当某个表达式的值为真时，就执行其对应的语句，然后跳到 if…else…if 语句之外继续执行；如果所有的表达式全为假，则执行语句组 n。

**注意**：else 和 if 两个关键字中间必须有空格，不能连写，最后的 else 语句块是可选的。

**【例 4.3】**　编写一个程序，根据用户输入的期末考试成绩，输出相应的成绩评定信息。

成绩大于等于 90 分，小于等于 100 分时输出“优”；

成绩大于等于 80 分，小于 90 分时输出“良”；

成绩大于等于 60 分，小于 80 分时输出“中”；

成绩小于 60 分，大于等于 0 分时输出“差”；

输入其他分数时输出“输入数据不合理!”。

程序如下：

```
#include <stdio.h>
void main(){
float grade;
printf("\n请输入期末考试成绩:\n");
scanf("%f",&grade);
if(grade >=90&&grade <=100){
printf("\n优");
}
else if((grade >=80)&&(grade <90)){
printf("\n良");
}
else if((grade >=60)&&(grade <80)){
printf("\n中");
}else if((grade >=0)&&(grade <60)){
printf("\n差");
```

```
}else{
printf("输入数据不合理！");
}
printf("\n");
}
```

程序运行结果如图4－5所示。

```
请输入期末考试成绩：
90.5

优
Press any key to continue
```

图4－5　程序运行结果

请读者自行输入其他成绩，验证输出结果。

结果分析如下。

通过上面的例题，可以对if语句的3种结构形式进行说明。

（1）if后面括号中的表达式是判断的条件，它不仅可以是逻辑表达式或关系表达式，还可以是其他表达式，如赋值表达式，或仅是一个变量。例如：

```
if(x=10)语句；
if(x)语句；
```

都是合法的语句。第一个语句中，“x＝10”表示条件为真，执行后面语句。第二个语句中，x是非0值时，表示条件为真，否则条件为假。

（2）在if语句中，条件表达式必须用括号括起来，在括号中不能加分号；if语句中的内嵌语句必须加分号；如果是复合语句，需要加上“{}”。

（3）在if…else…if语句中，else不能单独使用，需要和if配对使用，有多少个if，就有多少个else。

## 二、if语句的嵌套

当if语句中的语句又是if语句时，称为if语句的嵌套，其一般结构形式如下：

```
if(表达式){
if(表达式){ 语句1;}
else{ 语句2;}
}else{
if(表达式){ 语句3;}
else{语句4;}
}
```

可以看到，嵌套的if语句也是if…else形式，这将会出现多个if和else的情况，这时应该特别注意if和else的配对问题。例如：

```
if(表达式){
if(表达式){语句1;}
```

```
else{
if(表达式){ 语句2:}
else{  语句3;}
}
}
```

上面这段程序中，有 3 个 if、2 个 else，那么这 2 个 else 分别是和哪个 if 配对的呢？按照程序的书写格式来看，是希望第一个出现的 else 子句能和第一个出现的 if 配对，但实际上这个 else 是与第二个 if 配对的。C 语言规定：else 总是与它前面最近的一个没有配对的 if 配对。

因此，用加花括号“{ }”的方法来改变原来的配对关系，例如：

```
if(表达式)
{if(表达式)  语句1;}
else{
if(表达式){ 语句2;
}else { 语句3;}
```

这样，“{}”限定了内嵌 if 语句的范围，可以使第一个出现的 else 和第一个出现的 if 配对。

**【例 4.4】** 比较两个数的大小。

程序如下：

```
#include <stdio.h>
void main(){
int  a,b;
printf("\n请输入A和B的值:");
scanf("%d%d", &a, &b);
if(a! =b){
 if(a>b){
   printf(("A>B\n");
 }
 else{
   printf(("A<B\n");
 }
}else {
     printf(("A=B\n");
     }
}
```

程序运行结果如图 4－6 所示。

```
请输入A和B的值: 59 85
A<B
Press any key to continue
```

```
请输入A和B的值: 78 78
A=B
Press any key to continue
```

图 4－6　程序运行结果

## 任务实施

要求输入一个学生成绩分数，把该分数转换成A，B，C，D，E五个等级。

使用if语句编程——任务实施

（1）任务说明。编写程序，要求输入一个学生成绩分数，把该分数转换成A，B，C，D，E五个等级（用if...else语句来实现，注：输入的分数不要考虑超过100分和低于0分的情况，只要分数大于等于90分就是A等级）。

（2）实现思路。

①声明一个float类型的变量并赋初值："float a = 0;"。

②提示并接收用户的输入。

③接收用户的输入："scanf("%f",&a);"。

④判断a的范围从而选择某个成绩分数。

⑤输出判断结果。

（3）程序清单。

```
#include <stdio.h>
void main()
{
    float a;
    printf("请输入你的一个成绩分数:");
    scanf("%f",&a);
    if(a >=90){
        printf("A\n");
    }else if(a >=80 && a <90)
    {
        printf("B\n");
    }else if(a >=70 && a <80)
    {
        printf("C\n");
    }else if(a >=60 && a <70)
    {
        printf("D\n");
    }else{
        printf("E\n");
    }
}
```

（4）程序运行结果如图4－7所示。

```
请输入你的一个成绩分数：89.5
B
Press any key to continue
```

图4－7 程序运行结果

请读者自行输入不同的成绩分数并观察输出结果。

## 任务 2 使用 switch 语句编程

【任务描述】

学会多分支选择结构语句的使用方法，能够正确使用 switch 语句进行选择结构程序设计。本任务使用 switch 语句实现判断某个数是否是回文数的 C 语言程序。

【任务目标】

（1）熟练掌握 switch 语句的语法格式和使用方法。

（2）熟知 switch 语句表达式中的数据类型。

（3）能够使用 switch 语句中的 case 语句。

（4）正确掌握 break 和 default 语句的使用方法。

对于多分支选择的情况，可以使用嵌套的 if 语句处理，但如果分支较多，嵌套的 if 语句层数也较多，会使程序冗长，可读性降低。switch 语句又称为开关语句，专门用来处理多分支选择问题，比复合 if 语句及嵌套 if 语句更加方便灵活，而且程序的可读性也更高。

switch 语句的语法格式为：

```
switch(表达式)
{
case 常量表达式1:语句1;[break;]
case 常量表达式1:语句2;[break;]
…
case 常量表达式1:语句n;[break;]
default:语句n+1;
}
```

使用 switch 语句编程

switch 语句的执行过程：计算表达式的值，并逐个与 case 后的常量表达式的值比较，当表达式的值与某个常量表达式的值相等时，即执行 case 后的语句，然后不再进行判断，继续执行后面所有 case 后的语句，若表达式的值与所有 case 后的常量表达式均不相同，则执行 default 后的语句。switch 语句的执行过程如图 4-8 所示。

switch 语句的说明如下。

（1）switch 括号后面的表达式允许为任何类型，一般为整型或字符型等有序类型。

（2）当表达式的值与某个 case 后的常量表达式的值相等时，就执行此 case 后的语句。如果表达式的值与所有常量表达式都不匹配，就执行 default 后的语句（如果没有 default 就跳出 switch 语句，执行 switch 语句后的语句）。

（3）各个常量表达式的值必须互不相同，否则会出现矛盾。

（4）各个 case，default 出现的顺序不影响执行结果。

（5）执行完一个 case 后的语句后，若子句最后没有 break，流程控制转移到下一个 case 后的语句继续执行。此时，“case 常量表达式”只起到语句标号的作用，并不在此处进行条件判断。在执行一个分支后，可以使用 break 语句使流程跳出 switch 结构，即终止 switch 语句的执行（最后一个分支可以不用 break 语句）。

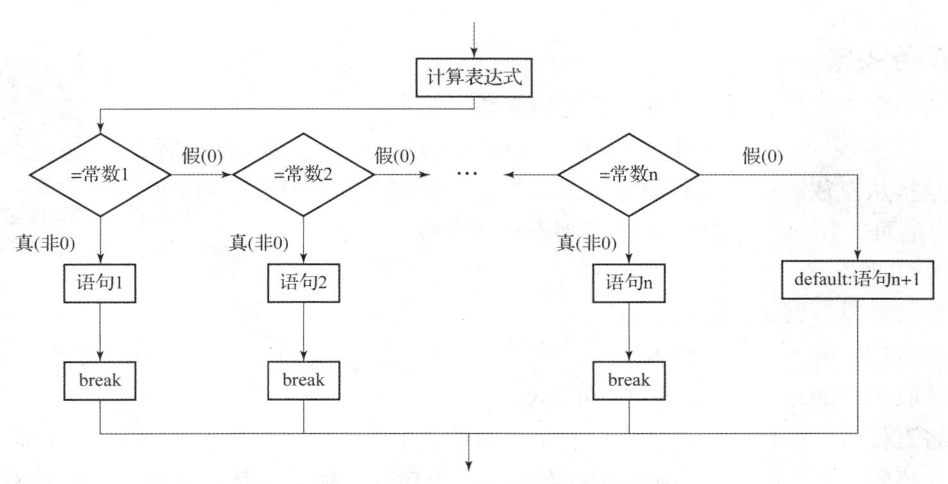


图4－8　switch语句的执行过程

**注意：** switch语句中本来不包含break语句，但switch语句不像if语句一样只要满足某一条件就可在执行相应的分支后自动结束选择。在switch语句中，当表达式的值与某个常量表达式的值相等时，就执行后面对应的语句，然后不再进行判断，继续执行后面所有的case分支语句。因此，需要在相应的case分支语句的最后加上break以帮助结束选择。

（6）case后如果有多条语句，不必用“{}”括起来。

（7）多个case可以共用一组执行语句（注意break的位置）。

（8）在关键字case和常量表达式之间一定要有空格。

**【例4.5】**　输入数字，数字在1~7范围内有效，输出该数字所相应的是星期几。

程序如下：

```
#include <stdio.h>
void main(){
int a;
printf("input a number:");
scanf("%d",&a);
switch(a){
case 1:printf("Monday\n"); break;
case 2:printf("Tuesday\n"); break;
case 3:printf("Wednesday\n"); break;
case 4:printf("Thursday\n"); break;
case 5:printf(Friday\n"); break;
case 6:printf("Saturday\n"); break;
case 7:printf("Sunday\n"); break;
default:printf("Error\n");
}
}
```

程序运行结果如图4－9所示。

图4－9　程序运行结果

## 任务实施

使用 switch 语句编程——任务实施

输入一个 5 位数，判断该数是否是回文数。

（1）任务说明。输入一个 5 位数，判断该数是否是回文数（所谓回文数，是指从左往右读和从右往左读的结果是一样的，如 12321，45354，22222 均是回文数，而 12345，43415 则不是回文数）。

（2）实现思路。

①定义变量："int a,b,c,d,x;"。

②提示用户输入一个 5 位数。

③接收用户的输入："scanf("%d",&x);"。

④将五位数的万位、千位、十位、个位的数值求出，依次存放在 a，b，c，d 中。

⑤先比较是否 a == d，再比较是否 b == c，若相等，则该数是回文数，否则该数不是回文数。

⑥输出结果。

（3）程序清单。

```
#include <stdio.h>
void main(){
    int a,b,c,d,f;
    int x;//(x=12321)
    printf("请输入一个五位数:");
    scanf("%d",&x);
    a=x/10000;
    b=x/1000%10;
    c=x/10%10;
    d=x%10;
    if(a==d)
    {
        if(b==c)
        {
            printf("你输入的%d是一个回文数\n",x);
        }else{
            printf("你输入的%d不是一个回文数\n",x);
        }
    }else
    {
        printf("你输入的%d不是一个回文数\n",x);
    }
}
```

（4）程序运行结果如图 4-10 所示。

```
请输入一个五位数：12321
你输入的12321是一个回文数
Press any key to continue_
```

图 4-10　程序运行结果

# 任务3　选择结构程序设计上机操作

## 一、操作目的

(1) 进一步熟悉C语言的关系运算符和逻辑运算符。
(2) 进一步熟悉C语言逻辑型数据的表示方法。
(3) 能够熟练地上机操作由if和switch语句构成的C语言程序。
(4) 能够熟练使用选择结构进行C语言程序设计。

## 二、操作要求

(1) 在Visual C++6.0或Dev-C++5.11集成环境中，熟练进行选择结构程序的编写。
(2) 进一步熟练使用关系运算、逻辑运算，以及if和switch语句。
(3) 熟练掌握break语句的使用方法。

## 三、操作内容

**操作任务1**　输入一个字符，判断字符的类型。

程序如下：

```
#include <stdio.h >
void main(){
char ch;
printf("请输入一个字符:\n");
ch=getchar();
if(ch>='a'&&ch<='z')           /*判断是否是小写字母*/
printf("lower\n");
else if(ch>='A'&&ch<='Z')     /*判断是否是大写字母*/
printf("upper\n");
else if(ch>=0&&ch<='9')       /*判断是否是数字*/
printf("digit\n");
else
printf("other\n");              /*其他字符*/
}
```

**操作任务2**　已知某公司员工的保底薪水为500元，某月所接工程的利润profit（整数）与利润提成的关系见表4-1，计算员工的当月薪水。

**表4-1　利润profit（整数）与利润提成的关系**

| 工程利润profit/元 | 提成比率/% |
| --- | --- |
| profit≤1 000 | 0 |
| 1 000 < profit≤2 000 | 10 |
| 2 000 < profit≤5 000 | 15 |

续表

| 工程利润 profit/元 | 提成比率/% |
| --- | --- |
| 5 000 < profit≤10 000 | 20 |
| 10 000 < profit | 25 |

程序如下：

```
#include <stdio.h>
void main(){
    long profit;                          /*所接工程的利润*/
    float ratio;                          /*提成比率*/
    float salary =500;                    /*薪水,初始值为保底薪水500元*/
    printf("Input profit: ");             /*提示输入所接工程的利润*/
    scanf("%ld",&profit);                 /*输入所接工程的利润*/
    if(profit <=1000)                     /*计算提成比率*/
      ratio =0;
    else if(profit <=2000)
      ratio =(float)0.10;
    else if(profit <=5000)
      ratio =(float)0.15;
    else if(profit <=10000)
      ratio =(float)0.20;
    else ratio =(float)0.25;
    salary += profit * ratio;             /*计算当月薪水*/
    printf("salary =%.2f \n",salary);    /*输出结果*/
    getchar();  /*等待输入任意字符后,程序才会结束退出,方便看输出结果*/
}
```

**操作任务3** 实现银行管理系统界面，提示“请输入您要办理的项目”后可以接收用户的输入。

程序如下：

```
#include <stdio.h>
void main(){
    int a;
    printf("\t\t************⊙**************\n");
    printf("\t\t*     欢迎进入中国银行     *\n");
    printf("\t\t************⊙**************\n\n");
    printf("\t\t请选择你要办理的手续:\n");
    printf("\t\t\t1、开户\n");
    printf("\t\t\t2、存款\n");
    printf("\t\t\t3、取款\n");
    printf("\t\t\t4、查询余额\n");
    printf("\t\t\t5、转账\n");
    printf("\t\t\t6、退出\n");
    printf("\t\t请输入你要办理的项目:");
    scanf("%d",&a);
    switch(a)
    {
    case 1:
        printf("你要办理的业务是:开户\n");
        break;
```

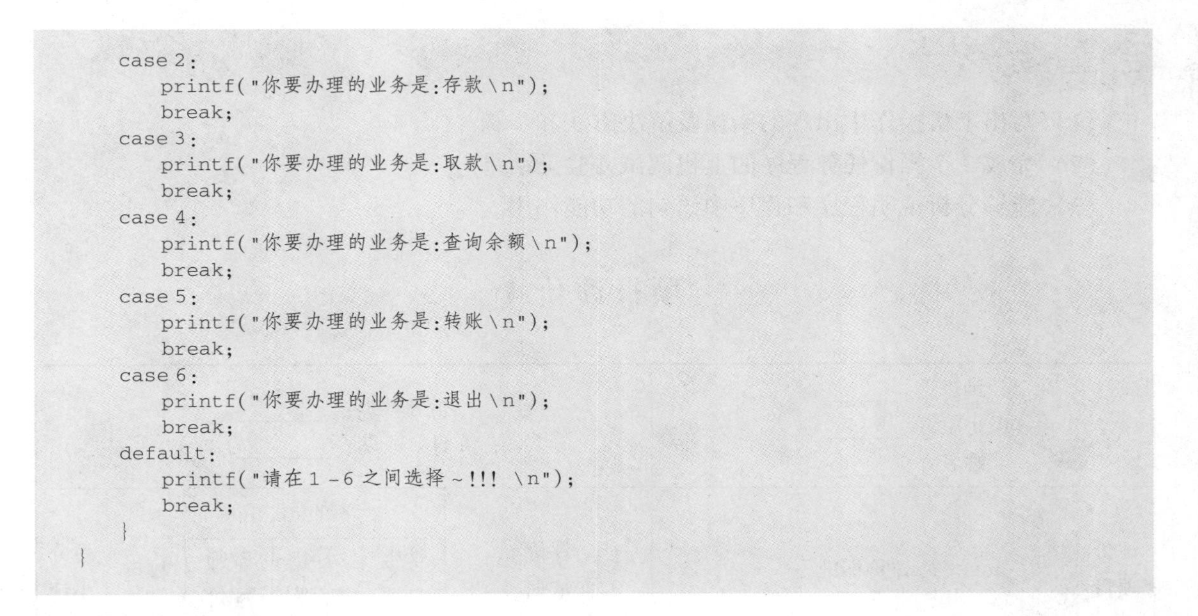

```
    case 2:
        printf("你要办理的业务是:存款\n");
        break;
    case 3:
        printf("你要办理的业务是:取款\n");
        break;
    case 4:
        printf("你要办理的业务是:查询余额\n");
        break;
    case 5:
        printf("你要办理的业务是:转账\n");
        break;
    case 6:
        printf("你要办理的业务是:退出\n");
        break;
    default:
        printf("请在 1-6 之间选择~!!! \n");
        break;
    }
}
```

## 四、操作过程

(1) 打开 Visual C++6.0 或 Dev-C++5.11 集成环境。

(2) 新建“.c”程序文件。

(3) 编写操作任务的 C 语言程序源代码。

(4) 选择“组建”菜单下的“编译”→“组建”→“执行”命令，输出结果。

操作任务 1 的程序的运行结果如图 4-11 所示。

```
请输入一个字符:
F
upper
Press any key to continue
```

图 4-11　程序运行结果

操作任务 2 的程序的运行结果如图 4-12 所示。

```
Input profit: 15000
salary=4250.00
Press any key to continue
```

图 4-12　程序运行结果

操作任务 3 的程序的运行结果如图 4-13 所示。

```
                    ************☉**************
                    *      欢迎进入中国银行      *
                    ************☉**************

                    请选择你要办理的手续:
                            1、开户
                            2、存款
                            3、取款
                            4、查询余额
                            5、转账
                            6、退出
                    请输入你要办理的项目: 3
你要办理的业务是: 取款
Press any key to continue
```

图 4-13　程序运行结果

## 五、程序分析

（1）写出上机操作中出现的错误及解决方法和步骤。

（2）完成 3 个操作任务程序的上机调试并验证结果。

（3）能够分析说明程序和程序中语句的功能作用。

# 项目评价 4

<table>
<tr><td colspan="2">班级：________<br>小组：________<br>姓名：________</td><td colspan="6">指导教师：________<br>日　　期：________</td></tr>
<tr><td rowspan="2">评价项目</td><td rowspan="2">评价标准</td><td rowspan="2">评价依据</td><td colspan="3">评价方式</td><td rowspan="2">权重</td><td rowspan="2">得分小计</td></tr>
<tr><td>学生自评 20%</td><td>小组互评 30%</td><td>教师评价 50%</td></tr>
<tr><td>职业素养</td><td>1. 遵守企业的规章制度、劳动纪律；<br>2. 按时按质完成工作任务；<br>3. 积极主动地承担工作任务，勤学好问；<br>4. 保证人身安全与设备安全</td><td>1. 出勤；<br>2. 工作态度；<br>3. 劳动纪律；<br>4. 团队协作精神</td><td></td><td></td><td></td><td>0.3</td><td></td></tr>
<tr><td>专业能力</td><td>1. 进一步熟练使用关系表达式和逻辑表达式；<br>2. 能对 if 语句的 3 种结构形式进行熟练的运用和编程；<br>3. 能够正确运用 switch 语句编写程序</td><td>1. 上机操作的准确性和规范性；<br>2. 专业技能任务完成情况</td><td></td><td></td><td></td><td>0.5</td><td></td></tr>
<tr><td>创新能力</td><td>1. 在任务完成过程中能提出自己的有一定见解的方案；<br>2. 对教学提出建议，具有创造性</td><td>1. 方案的可行性及意义；<br>2. 建议的可行性</td><td></td><td></td><td></td><td>0.2</td><td></td></tr>
<tr><td>合计</td><td colspan="7"></td></tr>
</table>

# 项目 4 能力训练

## 一、填空题

1. C 语言中规定，else 总是与________________的 if 组成配对关系。

2. C语言中，逻辑“真”等价于________________。

3. C语言的if语句中，用作判断的表达式为____________。

4. 设有语句“int x=2,y=3;”，则表达式“(y－x)?(!4?1:2):(0?3:4)”的值为________。

5. 得到整型变量a的十位数字的表达式为________。

6. 已知a=2.3,b=2,c=3.6，表达式“a>b&&c>a||a<b”的值是________。

7. 下列程序段的输出结果为________。

```
int a=1,b=2,c=3;
printf("%d\n",a=b==c);
```

8. 当a=11，b=22，c=32时，以下if语句执行后，a，b，c的值分别为________、________、________。

```
if(a>c)
b=a;a=c; c=b;
```

9. 语言编译系统在给出逻辑运算结果时，以______代表“真”，以______代表“假”；在判断一个量是否为“真”时，以______代表“假”，以______代表“真”。

10. 以下程序的输出结果是________。

```
main(){
   int x=1,y=0;
   if(x=y)
   printf("MYMMYMMYM");
   else
   printf("**%");
}
```

## 二、选择题

1. 设有语句“int m=10;”，则下列表达式的值不等于零的是（　　）。

A. m%2　　B. ~(m|m)

C. m==8　　D. 2/3

2. 设有语句“int x,yxz;”，则下列选项中能将x，y中较大者赋给变量的语句是（　　）。

A. if(x>y)z=y;　　B. if(x<y)z=x;

C. z= x>y? x:y　　D. z= x<y? x:y;

3. 设有语句“int x=10，y=3;”，则下列表达式的值为1的是（　　）。

A. !(y==x/3)　　B. y!=x%7

C. x>0&&y<0　　D. x!=y||x>y

4. 下列选项中，不能看作一个语句的是（　　）。

A. {;}　　B. if(b==0)m=1;n=2;

C. if(a>0);　　D. a=0,b=0,c=0;

5. 下列运算符中优先级最低的是（　　）。

A. ||　　B. !=　　C. <=　　D. +

6. 下面选项中，与 if(a)等价的是（　　）。

A. if(a=0)　　B. if(a!=0)　　C. if(a=0)　　D. if(a==1)

7. 设 a，b 和 c 都是 int 类型变量，且 a=3,b=4,c=5，则下列表达式中，值为 0 的表达式是（　　）。

A. a&&b　　B. a<=b

C. a||b+c&&. b-c　　D. !((a<b)&&! c||1)

8. 有以下程序，其输出结果是（　　）。

```
main(){
   int a=2,b=-1,c=2;
   if(a<b)
   if(b<0)c=0;
   else c+=1;
   printf(" &d\n",c);
```

A. 1　　B. 0　　C. 2　　D. 3

9. 若 m，n，k，a 均是整型变量，则下面的语句中，语法不合法的是（　　）。

A. if(n<m<k)a=0;　　B. =if(!m)a=0;

C. if(m=k)a=0;　　D. if(!0)a=0;

10. 以下关于 switch 语句和 break 语句的描述中，正确的是（　　）。

A. 在 switch 语句中必须使用 break 语句

B. 在 switch 语句中，可以根据需要使用或不使用 break 语句

C. break 语句只能用于 switch 语句中

D. break 语句是 switch 语句的一部分

## 三、简答题

1. 什么是算术运算？什么是关系运算？什么是逻辑运算？

2. C 语言中如何表示“真”和“假”？系统如何判断一个变量的“真”和“假”？

3. 进行选择结构程序设计的方法有哪几种？它们各有什么特点？其适用条件是什么？

4. 如何设置选择结构中的判断条件？

5. 在 switch 结构中，每个 if 语句都必须有配对的 else 语句吗？else 语句能单独使用吗？else 后面能有表达式吗？

## 四、编程题

1. 编写程序，输入 4 个整数 a，b，c，d，把这 4 个整数按照由小到大的顺序输出。

2. 编写程序，输入一位学生的生日（年：y0，月：m0，日：d0），并输入当前的日期（年：yl，月：m1，日：d1）；计算并输出该学生的实际年龄。

3. 编写程序，输入一个整数，判断它是奇数还是偶数，并将判断结果打印出来。

4. 设计简易计算器，根据输入的两个运算数和一个运算符进行相关的运算。

5. 编写程序，判断 2000 年、2008 年、2014 年、2022 年是否为闰年。

# 项目5

# C语言循环控制语句

【项目描述】

循环控制是指有规律地、重复不停地进行一项工作，它可以简化程序，节约内存，提高效率。本项目主要介绍C语言中循环结构程序的实现方法。循环结构有while循环，do…while循环和for循环3种。熟悉并掌握这3种循环结构的执行过程和编程方法，是设计复杂程序的基本技能。

【知识目标】

(1) 掌握while和do…while循环控制语句的语法格式和使用方法。

(2) 正确理解while和do…while循环结构的区别。

(3) 掌握break和continue语句在3种循环结构中的使用方法。

(4) 掌握for循环结构和for循环嵌套结构程序的设计与运用。

【技能目标】

(1) 能够正确使用while，do…while，for 3种循环结构进行数据累加和累乘。

(2) 能够正确画出3种循环结构的传统流程图和N－S流程图，并能说明循环控制执行的过程。

(3) 熟练掌握for循环嵌套的基本语法格式和使用方法。

(4) 正确使用break和continue语句在循环流程控制中的运用。

(5) 能够根据要求使用循环控制语句编程。

## 任务1 while和do…while循环控制语句

【任务描述】

学会while和do…while循环控制语句的语法格式和使用方法，能正确理解while和do…while循环控制语句的执行过程和区别。本任务实现在网上银行使用户可以多次选择不同业务的C语言程序。

【任务目标】

(1) 掌握循环结构的相关概念。

（2）掌握 while 和 do…while 循环控制语句的执行过程。

（3）熟悉 while 和 do…while 循环控制语句的传统流程图和 N－S 流程图。

（4）能够使用 while 和 do…while 循环控制语句编写累加求和程序。

while 和 do. . . while 循环语句

## 知识链接

### 一、循环概述

体育老师要求 A 同学沿着操场跑 10 圈，没跑完就继续跑，如果跑完了则可以停下来休息。这就是所谓循环，即重复做某件事情。需要多次重复执行一个或多个任务的问题可以使用循环来解决。

### 二、while 循环控制语句

1. while 循环控制语句的语法格式

```
while(表达式){
            循环语句;
        }
```

其中表达式是循环条件，语句块是循环体。while 循环控制语句称为“当型”循环语句。

2. while 循环控制语句的执行过程

计算 while 后小括号中表达式的值或判断表达式是否成立。当表达式的值为非零或为真时，执行一次循环体，执行完后再次判断表达式的值，若表达式的值为非零或为真，则继续执行循环体；否则，当表达式的值为零或为假时，退出循环，然后执行循环体以外的语句。当一开始表达式的值就为零或为假时，循环语句根本就不执行。while 循环控制语句的传统流程图和 N－S 流程图如图 5－1 所示。

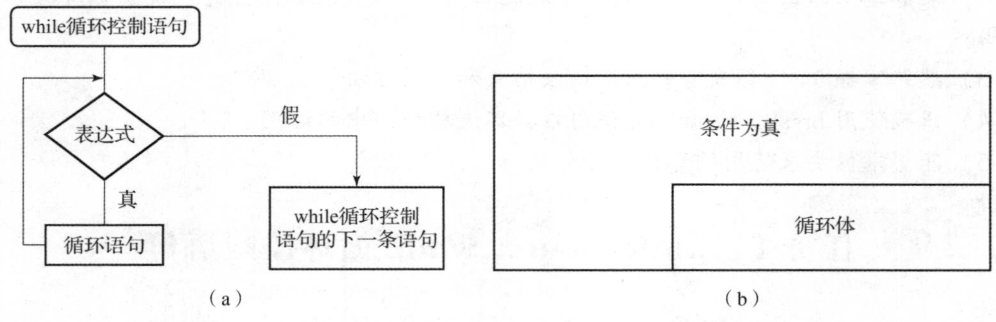


图 5－1　while 循环控制语句的传统流程图和 N－S 流程图

（a）传统流程图；（b）N－S 流程图

**提示：**

（1）while 循环控制语句先判断表达式，后执行循环语句。

（2）while 循环控制语句后的表达式同 if 语句后的表达式一样，可以是任何类型的表达式。

（3）while 循环结构常用于循环次数不固定，根据是否满足某个条件决定循环是否执行的情况。

（4）while 循环体中的循环语句多于一条时，必须用一对花括号“{}”括起来。

（5）在 while 循环体中必须有循环变量的更新操作，这样才有可能不满足循环条件而使循环终止，否则，表达式一直为非零或为真，循环永不停止，这就是死循环。

（6）循环次数的计算方法：[（终值－初值）/步长]+1。

**【例5.1】**

程序如下：

```
#include <stdio.h>
void main(){
    int num=1;.
    while(num<3){
        printf("*****\n");
        num++;
    }
}
```

程序运行结果如图5－2所示。

```
*****
*****
Press any key to continue
```

图5－2　程序运行结果

此程序首先将 num 的初始值设为1，下一步执行 while 循环控制语句。先检查循环条件，num 当前的值为1，小于3，循环条件测试结果为真，因此执行 while 循环体中的循环语句。第一次迭代完成之后，输出“*****”，num 的值变为2，然后再次检查循环条件，表达式为真，重复执行这个过程，直至表达式为假，退出 while 循环控制语句。

**【例5.2】**

程序如下：

```
#include <stdio.h>
void main(){
    int num=1,result=0;
while(num<=5){
    result=num*10;
    printf("%d *10 = %d \n",num,result);
    num++;
    }
}
```

程序运行结果如图5－3所示。

```
1*10 = 10
2*10 = 20
3*10 = 30
4*10 = 40
5*10 = 50
Press any key to continue
```

图5－3　程序运行结果

此程序首先将 num 的初始值设为 1，将 result 的初始值设为 0。下一步执行 while 循环控制语句，先检查循环条件，num 当前的值为 1，小于 5，循环条件测试结果为真，因此执行 while 循环体中的循环语句。算出 result 的值为 10，第一次迭代完成之后，输出 1 × 10 = 10，num 的值变为 2，然后再次检查循环条件。重复执行这个过程，直到 num 的值大于 5，退出 while 循环控制语句。

**【例 5.3】** 求 1，2，…，1 000 的和。

程序如下：

```
#include <stdio.h>
void main(){
    int i =1, sum =0;
    while(i <=1000){
    sum = sum + i;
    i ++;
    }
printf("1 ~1000 的和是: %d\n", sum);
}
```

程序运行结果如图 5－4 所示。

```
1~ 1000 的和是: 500500
Press any key to continue
```

图 5－4　程序运行结果

此程序首先将 i 的初始值设为 1，将 sum 的初始值设为 0。下一步执行 while 循环控制语句，先检查循环条件是否成立，如果成立，则进入循环体，执行循环体中的语句“sum = sum + i;”，再执行语句“i ++ ;”，此时 i = 1，然后循环回来，再次进行对“i <= 100”进行判断，为假则终止循环，为真则继续循环。如此反复，当 i = 101 时，循环终止。此时，sum 的值就是 1，2，3，…，1 000 的和。

## 三、do…while 循环控制语句

1. do…while 循环控制语句的语法格式

```
do{
     循环语句;
  } while(表达式);
```

2. do…while 循环控制语句的执行过程

（1）执行 do 后面循环体中的语句。

（2）计算 while 后小括号中表达式的值。当表达式的值为非零时，转去执行步骤（1），当表达式的值为零时，结束 do…while 循环控制语句。do…while 循环控制语句至少要执行一次循环语句。

do…while 循环控制语句的传统流程图和 N－S 流程图如图 5－5 所示。

**注意：**

（1）do…while 循环控制语句是先执行循环语句，后判断表达式。

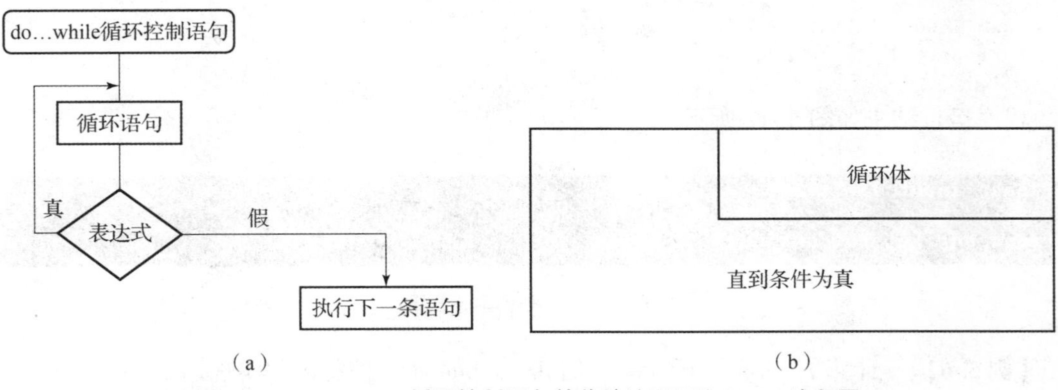


图5－5　do…while循环控制语句的传统流程图和N－S流程图

（a）传统流程图；（b）N－S流程图

（2）第一次循环条件为真时，while和do…while等价；第一次循环条件为假时，二者不同。

（3）if语句和while循环控制语句的表达式后面都没有分号，而do…while循环控制语句的表达式后面则必须加分号。

**【例5.4】**　按n键退出，退出后，打印一句话循环结束。

程序如下：

```
#include <stdio.h>
void main(){
char flag = '\0';
do{
printf("按n退出:");
fflush(stdin);
scanf("%c",&flag);
}while(flag! ='n');
printf("循环结束...\n");
}
```

程序运行结果如图5－6所示。

图5－6　程序运行结果

**【例5.5】**　求满足1＋1/2＋1/3＋…＋1/i＞limit的最小i值，limit的值由键盘输入。

程序如下：

```
#include <stdio.h>
void main(){
   int i =0;
   double sum =0.0, limit;
   printf("Please input limit:");
   scanf("%lf",&limit);
   do { i ++;sum + =1.0/i; }
```

```
    while(sum <= limit);      /* 循环继续条件 * /
    printf("i = %d\n",i); }
```

程序运行结果如图 5－7 所示。

```
Please input limit:2.3
i=6
Press any key to continue
```

图 5－7　程序运行结果

【例 5.6】　计算 1＋2＋⋯＋1 000，用 do...while 循环控制语句实现。

```
#include <stdio.h>
void main(){
int i =1, sum =0;      /* 先执行后判断条件 * /
do{
sum = sum + i ;
i ++;
}while(i <=1000);      /* 注意加分号 * /
printf("1 ~1000 的和是: %d\n",sum);
}
```

程序运行结果如图 5－8 所示。

```
1~ 1000 的和是: 500500
Press any key to continue
```

图 5－8　程序运行结果

3. 比较 while 和 do...while 循环控制语句

while 和 do...while 循环控制语句对比见表 5－1。

表 5－1　while 和 do...while 循环控制语句对比

| 语句 | 语法 | 特点 |
| --- | --- | --- |
| while 循环控制语句 | while（表达式）{<br>循环体;<br>} | 1. 先判断，后执行。如果一开始循环条件为假，则直接退出循环。<br>2. 没有分号 |
| do...while 循环控制语句 | do {<br>循环体;<br>} while（表达式）; | 1. 先执行，后判断。即使开始条件为假，循环体也至少执行一次。<br>2. 必须有分号 |

【例 5.7】

程序对比见表 5－2。

**表5-2　程序对比**

<table>
<tr><th>while 循环控制语句</th><th>do...while 循环控制语句</th></tr>
<tr><td>

```
#include <stdio.h>
void main(){
int i =10;
printf("循环前 i = % d\n", i);
/* 先判断后执行 * /
while(i <5){
printf("* * * * * \n"):
i ++;
}
printf("循环后 i = % d\n",i);
}
```

</td><td>

```
#include <stdio.h>
void main(){
int i =10;
printf("循环前 i = %d\n", i);
/* 先执行后判断 * /
do{
printf("* * * * * \n");
i ++;
}while(i <5);
printf("循环后 i = %d\n",i);
}
```

</td></tr>
</table>

**说明：**

（1）while 循环控制语句是先判断后执行。设置 i 的初始值为 10，大于 5，循环条件测试结果为假，所以一开始就不会执行循环体中的内容。循环结束，i 的值还是 10。程序运行结果如图 5-9 所示。

图 5-9　程序运行结果

（2）do...while 循环控制语句是先执行一次循环体中的内容，再判断是否进行下一次循环，初始时 i = 10，执行循环体中的内容，打印一排“ * ”号，执行语句“i ++;”后 i = 11，此时循环条件测试结果为假，则不执行下一次循环。程序运行结果如图 5-10 所示。

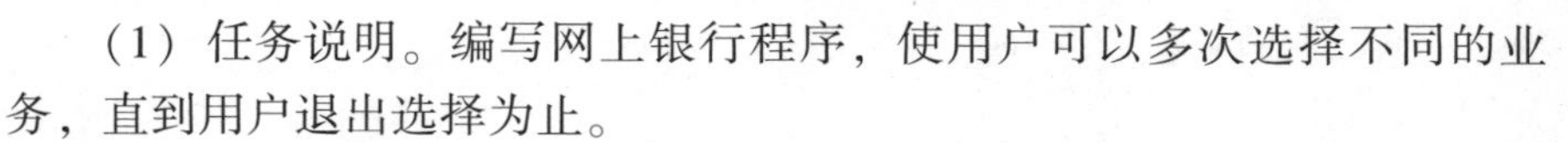


图 5-10　程序运行结果

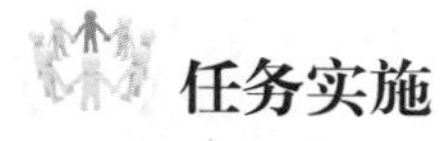

## 任务实施

while 和 do...while 循环语句——任务实施

编写网上银行程序，使用户可以多次选择不同的业务。

（1）任务说明。编写网上银行程序，使用户可以多次选择不同的业务，直到用户退出选择为止。

（2）实现思路。

①声明 int 和 char 类型的变量，并赋初值：“int op; char flag ='\0';”。

②书写界面部分，并提示用户输入。

③接收用户的输入：“scanf("%d", &op);”。

④根据用户输入的值判断用户所选择的业务，采用 switch…case 结构；

⑤采用 do…while 循环控制语句，判断是否按 N 键，如果按 N 键则停止循环，否则继续循环。

（3）程序清单。

```
#include <stdio.h>
void main()
{
    int op;
    char ch ='\0';
    do{
        printf("\t\t************ ⊙ ************** \n");
        printf("\t\t*     欢迎进入中国银行     * \n");
        printf("\t\t************ ⊙ ************** \n\n");
        printf("\t\t请选择你要办理的手续:\n");
        printf("\t\t\t1、开户\n");
        printf("\t\t\t2、存款\n");
        printf("\t\t\t3、取款\n");
        printf("\t\t\t4、查询余额\n");
        printf("\t\t\t5、转账\n");
        printf("\t\t\t6、退出\n");
        printf("\t\t请输入你要办理的项目:");
        scanf("%d",&op);
        switch(op)
        {
        case 1:
            printf("你要办理的业务是:开户\n");
            break;
        case 2:
            printf("你要办理的业务是:存款\n");
            break;
        case 3:
            printf("你要办理的业务是:取款\n");
            break;
        case 4:
            printf("你要办理的业务是:查询余额\n");
            break;
        case 5:
            printf("你要办理的业务是:转账\n");
            break;
        case 6:
            printf("你要办理的业务是:退出\n");
            break;
        default:
            printf("请在1-6之间选择~!!!\n");
            break;
        }
        printf("键入N退出~!任意键继续~!\n");
        flush(stdin);
        scanf("%c",&ch);
    }while(ch!='n');
    printf("退出程序~!谢谢使用~!\n");
}
```

（4）程序运行结果如图 5-11 所示。

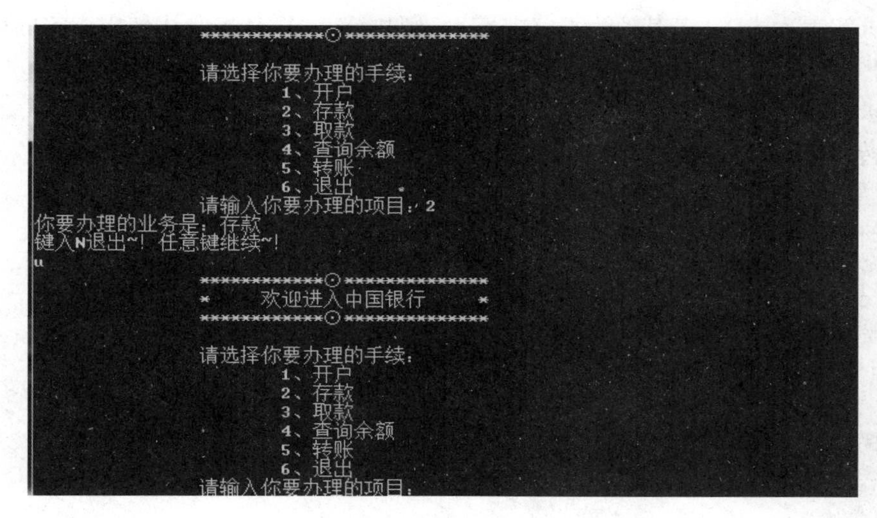


图5-11　程序运行结果

请读者自行验证选择办理其他业务时的程序运行结果。

## 任务2　for循环控制语句

【任务描述】

for循环控制语句是C语言中应用最频繁的控制重复指令的语句。for循环控制语句可以用于循环次数已经确定的情况，也可以用于循环次数不确定的情况。它可以完全代替while及do…while循环控制语句。本任务实现输出斐波那契序列（1，1，2，3，5，8，13，21，…）的前25项（要求每行输出5项）的C语言程序。

【任务目标】

（1）掌握for循环控制语句的语法格式。

（2）正确理解for循环控制语句的执行过程。

（3）能够使用for循环控制语句编程。

for循环基本结构

### 知识链接

#### 一、for循环控制语句的语法格式

```
for(<表达式1>;<表达式2>;<表达式3>){
            循环语句;
          }
```

#### 二、for循环控制语句的执行过程

（1）求解表达式1。

（2）求解表达式 2，若其值为真（非零），则执行 for 循环控制语句中指定的内嵌语句，然后执行下一步；若其值为假（零），则结束循环，转到第（5）步。

（3）求解表达式 3。

（4）转回第（2）步继续执行。

（5）循环结束，执行 for 循环控制语句的下一条语句。

for 循环控制语句的执行过程如图 5－12 所示。

**【例 5.8】** 计算 1～100 的累加和，用 for 循环控制语句实现。

```
#include <stdio.h>
void main(){
int i=0, sum=0;
for(i=1;i<=100;i++){
sum=sum+i;
}
printf("1~100 的和是：%d\n", sum);
}
```

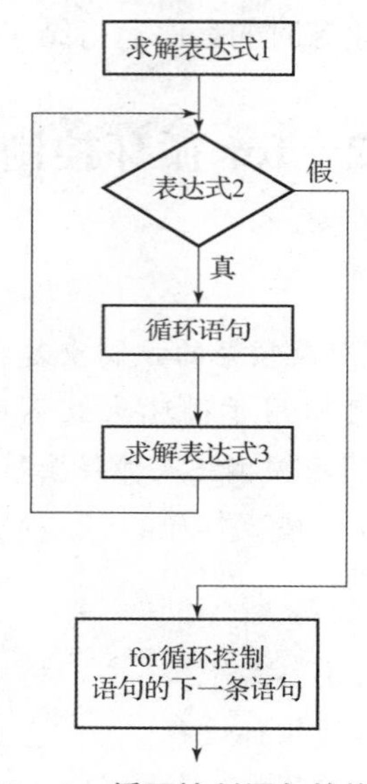


图 5－12　for 循环控制语句的执行过程

程序运行结果如图 5－13 所示。

```
1~ 100 的和是: 5050
Press any key to continue
```

图 5－13　程序运行结果

说明以下几点。

（1）表达式 1 用于设定初始值，有时为了对多个变量进行初始化，可以用逗号隔开设定。例如：

```
for(i=0, j=0;1<100;i++)
  {…}
```

（2）表达式2常用关系表达式或逻辑表达式，用于控制循环的条件。若表达式2的值为零，即假，则退出循环；如果表达式2的值为非零，即真，则执行循环语句，计算表达式2的值，进入下一轮循环。

（3）表达式3可以像表达式1一样，用逗号将多个表达式连接起来。例如：

```
for(i =0, j =0;i <100;1 ++,j ++)
{…}
```

（4）for循环控制语句的表达式1、表达式2、表达式3都可以省略，但是分号一定要保留。

省略表达式1，一般形式为：

```
for(;表达式2;表达式3)
{语句;}
```

表达式1用于设定初始值，如果省略表达式1，应在for循环控制语句之前给循环变量赋初值。

将例5.8修改为：

```
# include <stdio.h >
void main(){
int i, sum =0;
i =1;
for(;i <=1000;i ++)
sum + =i;        /* 循环体 * /
printf("1 +2 +3 +…+1000 = %d \n",sum);     /* 输出结果 * /
}
```

程序运行的结果如图5－14所示。

```
1+2+3+…+1000=500500
Press any key to continue
```

图5－14　程序运行结果

省略表达式2，一般形式为：

```
for(表达式1;;表达式3)
{语句; }
```

表达式2用于控制循环的条件，如果省略表达式2，即不判断循环条件，循环会无休止地进行下去，即在默认状态下，表达式2始终为真。这时就需要在for循环控制语句的循环体中设置相应的语句来结束循环。

for循环基本结构——任务实施

## 任务实施

编写程序，输出斐波那契序列（1，1，2，3，5，8，13，21，…）的前25项，要求每行输出5项。

（1）任务说明。斐波那契序列满足关系 $f_n = f_{n-1} + f_{n-2}$，前两项 $f_1 = 1$，$f_2 = 1$，以后各项都等于前两项之和。由于前两项已知，需要从第 3 项开始循环，判断条件是“i <= 25”。

（2）实现思路。

①声明变量：“int i；long f1 = 1，f2 = 1，next；”。

②确定循环的开始和结束条件：“i = 3；i <= 25；”。

③从第 3 项开始求斐波那契序列各项数值 next，并输出各项数值。

④使用“if(i%5 == 0)”判断语句，每次输出 5 项后换行，直到斐波那契序列的前 25 项输出完毕。

（3）程序清单。

```
#include <stdio.h>
void main(){
    int i;
    long f1 =1,f2 =1,next;
    printf("%8ld%8ld",f1,f2);
    for(i =3;i <=25;i ++)
    {
    next = f1 + f2;
    f1 = f2;
    f2 =next;
    printf("%8ld",next);
    if(i%5 ==0)
      printf("\n");
    }
}
```

（4）程序运行结果如图 5 – 15 所示。

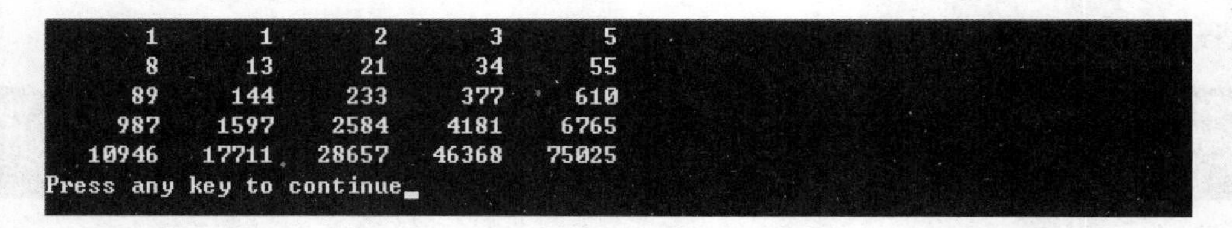


图 5 – 15　程序运行结果

## 任务 3　循环嵌套的使用

### 【任务描述】

循环嵌套用于较复杂的循环问题，for，while 和 do...while 循环控制语句可以相互嵌套、自由组合，各循环必须完整，相互之间绝不允许交叉。本任务使用循环嵌套完成输出九九乘法表和输出 1 ~ 100 中非 9 的倍数的数字的 C 语言程序的编写。

### 【任务目标】

（1）能够熟练正确地使用 break 和 continue 语句。

（2）掌握循环嵌套的基本结构。

（3）能够使用循环嵌套编写C语言程序。

## 一、循环嵌套

循环嵌套的使用

一个循环内又包含另一个循环，称为循环嵌套。内循环中还可以嵌套循环。循环按照其嵌套次数，分别称为二重循环、三重循环。一般将处于内部的循环称为内循环，将处于外部的循环称为外循环。

（1）一个循环体必须完整地嵌套在另一个循环体内，不能出现交叉现象。

（2）多重循环的执行顺序是：最内层先执行，由内向外逐步展开。

（3）3种循环控制语句构成的循环可以互相嵌套。

（4）并列循环允许使用相同的循环变量，但嵌套循环不允许。

（5）嵌套循环要使用缩进格式书写，以使程序层次分明，便于阅读和调试。

## 二、break语句

### 1. break语句的语法格式和功能

break语句用于跳出语句或跳出本层循环体，其语法格式如下：

```
break;
```

功能：强制跳出循环结构，转向执行循环语句的下一条语句。

### 2. 说明

（1）break语句可用于3种循环控制语句的任意一种以及switch语句。

（2）循环嵌套时，内层循环体中的break语句只跳转到本层循环结构之后，而不是跳到外层循环结构之后。

（3）break语句给循环控制语句提供了一个非正常出口，使循环结构有一个入口和两个出口，这是结构化程序设计所不允许的，因此不提倡使用。

**【例5.9】**　判断从键盘输入的自然数是否为素数。

程序如下：

```
#include <stdio.h>
#include <math.h>
void main(){
    int i,n,k,flag =1;
    printf(" Input a number( >1):");
    scanf("%d",&n);
    k = sqrt(n);
    for(i =2;i <=k;i ++)
      if(n%i ==0){
        flag =0;break;
      }
    if(flag)
       printf("%d is a prime number. \n",n);
    else
       printf("%d is not a prime number. \n",n);
    }
```

程序运行结果如图 5－16 所示。

```
Input a number(>1):7
7 is a prime number.
Press any key to continue
```

图 5－16　程序运行结果

**【例 5.10】**　在 129～325 之间找出 3 个 10 的倍数并输出。

程序如下：

```
#include <stdio.h>
void main(){
  int i=0, c=0;
  for(i=129;i<325;i++){ /*在129~325之间找10的倍数*/
    if(i%10==0){             /*条件成立则说明i是10的倍数*/
      printf("%d\n",i);     /*输出10的倍数*/
      c++;                   /*每找到1个计数器就加1*/
      if(c==3)               /*如果c=3则说明已经找到3个,不需要再找*/
        break;
      }
    }
}
```

程序运行结果如图 5－17 所示。

```
130
140
150
Press any key to continue
```

图 5－17　程序运行结果

**说明：**

（1）本程序中，循环的结束条件是找到 3 个满足条件的数，那时的值不论是多少都要跳出循环。

（2）首先将 i 的初始值设为 0，将 c 的初始值设为 0，执行 for 循环。

执行表达式 1 “i=129;”。

执行表达式 2 “i<325;”，条件测试结果为真，因此执行 for 循环体中的语句。

执行 “if(i%10==0)，此时 i=129，条件测试结果为假，则不执行 if 块中的语句。

执行表达式 3 “i++;”，i=130。

执行表达式 2 “i<325;”，条件测试结果为真，因此执行 for 循环体中的语句。

执行 “if(i%10==0)”，此时 i=130，条件测试结果为真（说明 i 是 10 的倍数）则执行 if 句。

c++后，c 的值为 1。

执行 “if(c==3)” 条件测试结果为假，则不执行 break 语句。

执行表达式 3 “i++”，i=131，如此反复。

直到 c==3 为真时，执行 break 语句，跳出 for 循环。

## 三、continue语句

continue语句的语法格式如下。

```
continue;
```

功能：跳过循环体中的其余语句。对于for循环控制语句，转向表达式3的计算；对于while和do...while循环控制语句，转向循环继续条件的判定。

break和continue语句对循环控制的影响如图5－18所示（注：exp2为“循环继续条件”表达式）。

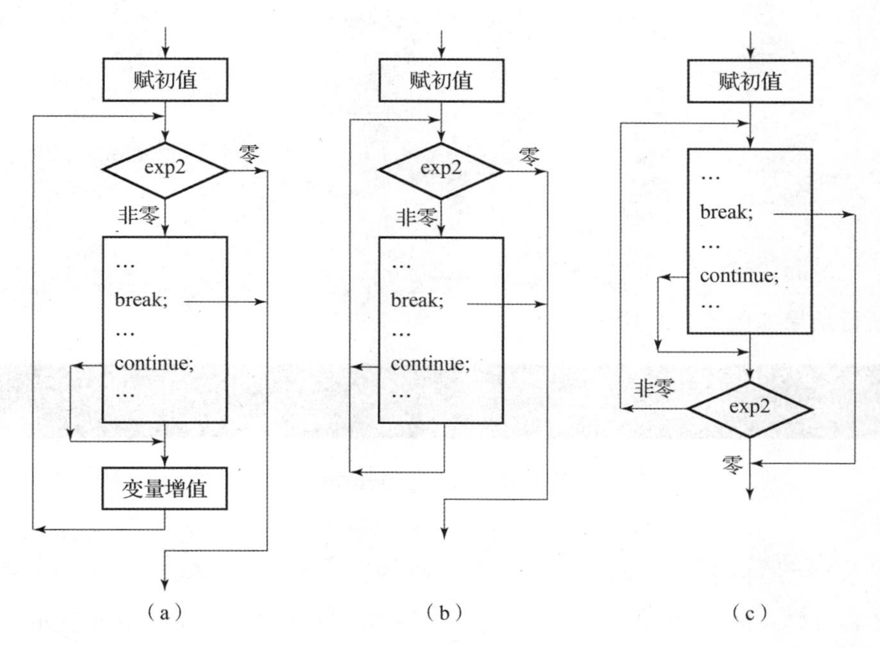


图5－18　break和continue语句对循环控制的影响

（a）for循环控制语句；（b）while循环控制语句；（c）do...while循环控制语句

**【例5.11】**　求整数1～100的累加和，但要求跳过所有个位为3的数。

程序如下：

```
#include <stdio.h>
void main(){
   int i =0,sum =0;
   for(i =1; i <=100;i ++){
     if(i%10 == 3){   /* 当个位数是3时跳过累加语句 */
       continue;
     }
     sum + = i;
   }
   printf("sum = %d\n", sum);
}
```

程序运行结果如图5－19所示。

```
sum = 4570
Press any key to continue
```

图 5-19 程序运行结果

**【例 5.12】** 打印 1~20 中不能被 5 整除的数。

程序如下：

```
#include <stdio.h>
void main(){
  int i;
  i =1;
  while(i <=20){
    if(i%5 ==0){
      i ++;
    continue ;
    }
  printf("%d",i);
  i ++;
  }
}
```

程序运行结果如图 5-20 所示。

```
1 2 3 4 6 7 8 9 11 12 13 14 16 17 18 19
Press any key to continue_
```

图 5-20 程序运行结果

## 四、嵌套 for 循环

时钟的秒针转一圈（60 个格），分针才走一小格（1 分钟）。分针相当于外层循环，秒针相当于内层循环。

嵌套 for 循环是指在某个 for 循环中又包含了一层 for 循环，其语法格式如下：

```
for(表达式1;表达式2;表达式3){      //外层循环
             for(表达式1;表达式2;表达式3){    //内层循环
                 ……
               }
             }
```

**说明：**

（1）外层循环循环一次，内层循环循环一周。

（2）执行流程。

①执行外层循环的表达式 1 只执行一次。

②执行外层循环的表达式 2，若为假，则终止整个循环，若为真，则执行内层循环。

a. 执行内层循环的表达式 1。

b. 执行内层循环的表达式 2，若为真，则执行内层循环中的语句。

c. 执行内层循环的表达式3。

d. 执行内层循环的表达式2，若为真，则执行内层循环中的语句。

如此反复，直到内层循环为假，终止内层循环。

③执行外层循环的表达式3。

④执行外层循环的表达式2，若为假，则终止整个循环，若为真，则执行内层循环。

执行内层循环的表达式1。

如此反复，直到外层循环的表达式2为假，终止整个循环。

（3）外层循环的表达式1只执行一次，内层循环的表达式1，每次进入都要重新执一次。

**【例5.13】**　一次输出一个“*”号，结果要求输出5行“**********”。

程序如下：

```
#include <stdio.h>
void main(){
     int i,j;
     for(i=0;i<5;i++){
       for(j=0;j<10;j++){
         printf("* ");
       }
     printf("\n");
    }
}
```

程序运行结果如图5-21所示。

```
* * * * * * * * * *
* * * * * * * * * *
* * * * * * * * * *
* * * * * * * * * *
* * * * * * * * * *
Press any key to continue_
```

图5-21　程序运行结果

**【例5.14】**　输出任意一个直角三角形。

程序如下：

```
#include <stdio.h>
void main(){
     int  i,j;
     for(i=0;i<10;i++){
       for(j=0;j<=i;j++){
           printf("*");
       }
       printf("\n");
    }
}
```

程序运行结果如图5-22所示。

图 5－22　程序运行结果

**注意：**

（1）外层循环控制行，内层循环控制列。

（2）每一行的列数都不相同，内层循环的表达式 2 “j <= i;” 中，j 的取值随着 i 变化。

## 任务实施

循环嵌套的使用——任务实施

（1）输出 1～100 中非 9 的倍数的数字。

①任务说明。编写程序，输出 1～100 中非 9 的倍数的数字（要求用 while 循环控制语句实现，每行输出 8 个数字）。

②实现思路。

a. 声明变量：“int i = 1, count = 0;”，其中 count 的作用是统计符合条件的数字的数量。

b. 确定循环的结束条件：“while (i <= 100);”。

c. 判断当前的循环变量 i 是否是 9 的倍数 [if(i%9 == 0)]，如果不是，则输出该数字，如果是，则使用 continue 语句跳过。

d. 判断当前的统计变量 count 是否是 8 的倍数[if(count%8 == 0)]，如果不是，则输出不换行，如果是，则输出换行。

③程序清单。

```
#include <stdio.h>
void main(){
    int i;
    int count = 0;
    for(i = 1;i <= 100;i ++){
        if(i%9 == 0){
        continue;              /* 终止 9 的倍数输出 */
        }
        printf("%d\t",i);
        count ++;             /* 计数器 */
        if(count%8 == 0){    /* 判断 8 个并输出 1 次 */
        printf("\n");
        }
    }
    printf("\n");
}
```

程序运行结果如图 5－23 所示。

```
1       2       3       4       5       6       7       8
10      11      12      13      14      15      16      17
19      20      21      22      23      24      25      26
28      29      30      31      32      33      34      35
37      38      39      40      41      42      43      44
46      47      48      49      50      51      52      53
55      56      57      58      59      60      61      62
64      65      66      67      68      69      70      71
73      74      75      76      77      78      79      80
82      83      84      85      86      87      88      89
91      92      93      94      95      96      97      98
100
Press any key to continue
```

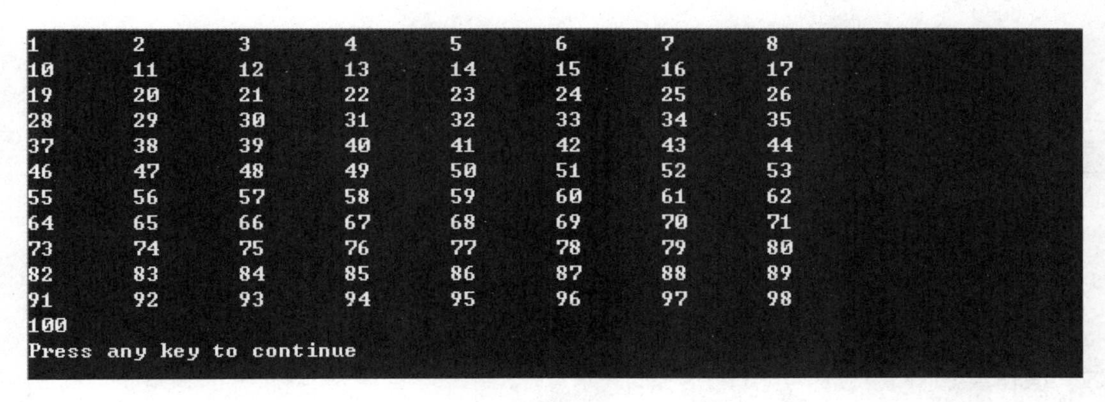

图 5－23　程序运行结果

（2）打印九九乘法表。

①任务说明。打印九九乘法表，用 for 循环嵌套实现。

②实现思路。

a. 使用 for 循环嵌套，外循环控制行，内循环控制列。

b. 在外循环控制行的 for 循环中声明变量（i = 1），确定循环的结束条件（i <= 9）。

c. 在内循环控制列的 for 循环中声明变量（j = 1），确定循环的结束条件（j <= i）。

d. 输出结果："printf("%d * %d = %d\t",i,j,i * j);"。

③程序清单。

```
#include <stdio.h>
void main(){     /* 嵌套 for 循环,外循环控制行,内循环控制列 */
                 /* 外层 for 循环 i <= 9,表示九九乘法表打印 9 行 */
    for(int i = 1;i <= 9;i ++){     /* 内循环表示每行打印几句乘法口诀 */
        for(int j = 1;j <= i;j ++){
        printf("%d * %d = %d\t",i,j,i * j);
        }
        printf("\n");
    }
}
```

程序运行结果如图 5－24 所示。

```
1*1=1
1*2=2   2*2=4
1*3=3   2*3=6   3*3=9
1*4=4   2*4=8   3*4=12  4*4=16
1*5=5   2*5=10  3*5=15  4*5=20  5*5=25
1*6=6   2*6=12  3*6=18  4*6=24  5*6=30  6*6=36
1*7=7   2*7=14  3*7=21  4*7=28  5*7=35  6*7=42  7*7=49
1*8=8   2*8=16  3*8=24  4*8=32  5*8=40  6*8=48  7*8=56  8*8=64
1*9=9   2*9=18  3*9=27  4*9=36  5*9=45  6*9=54  7*9=63  8*9=72  9*9=81
Press any key to continue
```

图 5－24　程序运行结果

# 任务 4　循环结构程序设计上机操作

## 一、操作目的

(1) 熟练掌握用 while，do...while 和 for 循环控制语句实现循环的方法。

(2) 能够在程序设计中用循环方法解决一些常用问题。

(3) 熟练地上机操作，对循环结构的 C 语言程序进行调试。

## 二、操作要求

(1) 在 Visual C ++6.0 或 Dev - C ++5.11 集成环境中，熟练地进行 C 语言循环结构程序的编写。

(2) 进一步熟练使用 while，do...while 语句和 for 循环控制语句。

(3) 进一步学习调试程序。

## 三、操作内容

**操作任务 1**　计算输入的 10 个整数中正数的个数及正数的平均值。

程序如下：

```
#include <stdio.h>
void main(){
int integer,sum =0,ave;
int i,n =0;
for(i =1;i <=10;i ++)
{ printf("integer:");
scanf("%d",&integer);
if(integer <=0)
{ printf("Fail:%d\n",integer);
    continue;}
sum = sum +integer;
n =n +1;}
ave = sum/n;
printf("n = %d,ave = %d\n",n,ave);
}
```

**操作任务 2**　输入一行字符，分别统计出其中英文大写字母、英文小写字母、空格、数字和其他字符的个数。

程序如下：

```
#include < stdio.h >
void main(){
char c;
int letters =0,space =0,digit,others =0;
printf("please input some characters:\n");
while((c =getchar())! ='\n'){
if(c >='a'&&c <='z'|| c >='A'&&c <='Z')
```

```
  letters ++;
else if(c =='')
space ++;
else if(c >='0'&&c <='9')
  digit ++;
else
others ++;}
printf("all in all:char = %d space = %d digit = %d others = %d\n",letters,space,digit,others);
}
```

**操作任务3**　求斐波那契序列的前20个数。该序列的生成方法为：$F_1=1$，$F_2=1$，$F_n=F_{n+1}+F_{n+2}(n\geqslant 3)$，即从第3个数开始，每个数等于前两个数之和。

程序如下：

```
#include <stdio.h>
void main(){
long int f1 =1,f2 =1;     /*定义并初始化序列的前两个数*/
int i;
for(i =1;i <=10;i ++)     /*1组2个数,10组20个数*/
{ printf("%12ld %12ld",f1,f2);   /*输出当前的两个数*/
if(i%3 ==0)printf("\n");       /*输出3次(6个数),换行*/
f1 + = f2;f2 + = f1;     /*计算后续两个数*/
}
printf("\n");
}
```

## 四、操作过程

(1) 打开 Visual C ++6.0 或 Dev - C ++5.11 集成环境。

(2) 新建“.c”程序文件。

(3) 编写操作任务的C语言程序源代码。

(4) 选择“组建”菜单下的“编译”→“组建”→“执行”命令，输出结果。

操作任务1的程序运行结果如图5－25所示。

```
integer:2 -1 3 4 5 6 -7 8 0 9
integer:Fail:-1
integer:integer:integer:integer:integer:Fail:-7
integer:integer:Fail:0
integer:n=7,ave=5
Press any key to continue_
```

图5－25　操作任务1的程序运行结果

操作任务2的程序运行结果如图5－26所示。

```
please input some characters:
ABCdef#$%  6788
all in all:char=6 space=2 digit=4 others=3
Press any key to continue
```

图5－26　操作任务2的程序运行结果

请用do...while循环控制语句编写操作任务2的程序，并上机调试程序。

操作任务3的程序运行结果如图5－27所示。

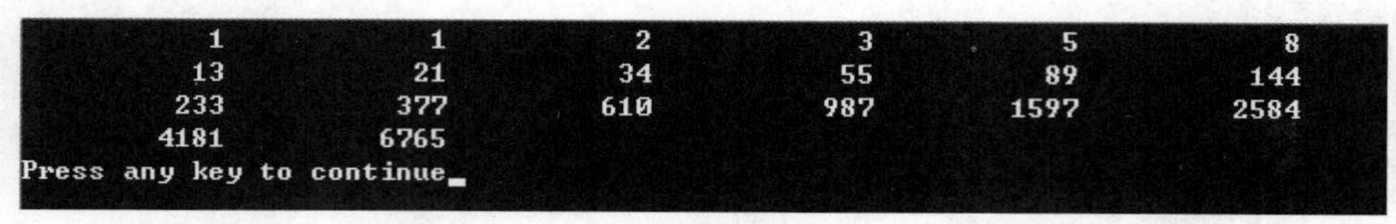


图5-27　操作任务3的程序运行结果

## 五、程序分析

（1）写出上机操作中出现的错误及解决方法和步骤。

（2）完成3个操作任务程序的上机调试并验证结果。

（3）能够分析说明程序和程序中语句的功能作用。

# 项目评价5

| 班级：______<br>小组：______<br>姓名：______ | | 指导教师：______<br>日　　期：______ | | | | | |
|---|---|---|---|---|---|---|---|
| 评价项目 | 评价标准 | 评价依据 | 评价方式 | | | 权重 | 得分小计 |
| | | | 学生自评20% | 小组互评30% | 教师评价50% | | |
| 职业素养 | 1. 遵守企业的规章制度、劳动纪律；<br>2. 按时按质完成工作任务；<br>3. 积极主动地承担工作任务，勤学好问；<br>4. 保证人身安全与设备安全 | 1. 出勤；<br>2. 工作态度；<br>3. 劳动纪律；<br>4. 团队协作精神 | | | | 0.3 | |
| 专业能力 | 1. 能够正确使用while，do…while，for 3种循环结构进行数据累加和累乘；<br>2. 能够正确画出3种循环结构的传统流程图和N-S流程图，并能说明循环控制执行的过程；<br>3. 熟练掌握for循环的嵌套基本语法格式和使用方法；<br>4. 能够正确使用break语句和continue语句并运用于循环的流程控制；<br>5. 能够根据要求使用循环控制语句编写程序 | 1. 上机操作的准确性和规范性；<br>2. 专业技能任务完成情况 | | | | 0.5 | |

续表

| 评价项目 | 评价标准 | 评价依据 | 评价方式 | | | 权重 | 得分小计 |
|---|---|---|---|---|---|---|---|
| | | | 学生自评20% | 小组互评30% | 教师评价50% | | |
| 创新能力 | 1. 在任务完成过程中能提出自己的有一定见解的方案；<br>2. 对教学提出建议，具有创造性 | 1. 方案的可行性及意义；<br>2. 建议的可行性 | | | | 0.2 | |
| 合计 | | | | | | | |

## 项目5能力训练

### 一、填空题

1. while语句中的表达式一般是________或逻辑表达式，只要表达式的值为________，即可继续循环，应该避免非人为的死循环。

2. continue语句只能用于________种循环语句，其作用是：不执行循环体中本语句之后的语句，重新________________的条件，继续下一轮循环体的执行。

3. 以下程序的输出结果是________。

```
void main(){
int x=2;
white(x--);
Printf("%d\n",x);
}
```

4. 以下程序的输出结果是________。

```
void main(){
int i,j;
for(i=1,j=10;i<=j;i=i+3,j=j-2)
printf(" %d,%d\n",i,j);
}
```

5. 以下程序段运行结束后，输出结果是________。

```
for(int i = 1; i<7; i++)
{
if(i%3 ==0)
{
break;
}
printf("%d", i);
}
```

6. 以下程序的运行结果是________。

```
void main(){
int i, sum;
for(i =1;i <-3;sum ++)
sum + =1;
printf("&d\n", sum);
}
```

7. 设 j 为 int 类型变量，则下面的 for 循环控制语句的执行结果是________。

```
for(j =10;j >3;j --)
{if(j%3)  j --;
--j; --j;
printf("%3d\n",j):}
```

8. 以下程序的运行结果是________。

```
void main(){
int x =23;
do{
printf("%d",x --);
}while(! x);
}
```

9. 以下程序的运行结果是________。

```
#include <stdio.h) >
void main{
int i;
for(i =4;i <=10;i ++)
{ if(i%3 ==0)continue;
cout << i;
}
}
```

10. 以下程序的运行结果是________。

```
int i =0,sum =1;
do{
sum + =i ++;
}while(i <5);
printf("%d\n",sum);
```

## 二、选择题

1. 语句“while（!e）;”中的条件“!e”等价于（　　）。

A. e =0　　B. e! =1　　C. e! =0　　D. e! =0

2. 下面有关 for 循环的正确描述是（　　）。

A. for 循环只能用于循环次数已经确定的情况

B. for 循环是先执行循环体语句，后判定表达式

C. 在 for 循环中，不能用 break 语句跳出循环体

D. for 循环体可以包含多条语句，但要用花括号括起来

3. C 语言中（　　）。

A. 不能使用 do…while 循环控制语句构成的循环

B. do…while 循环控制语句构成的循环必须用 break 语句才能退出

C. do…while 循环控制语句构成的循环中，当 while 循环控制语句中表达式的值为非零时结束循环

D. do…while 循环控制语句构成的循环中，当 while 循环控制语句中表达式的值为零时结束循环

4. C 语言中 while 和 do…while 循环的主要区别是（　　）。

A. do…while 循环的循环体至少无条件执行一次

B. while 循环的循环控制条件比 do…while 循环的循环控制条件严格

C. do…while 循环允许从外部转到循环体内

D. do…while 循环的循环体不能是复合语句

5. 以下程序段（　　）。

```
int x = -1;
do
{
x%*x;
}
while(!x);
```

A. 是死循环　　B. 循环执行两次

C. 循环执行一次　　D. 有语法错误

6. 若有定义" int x;i;"，则对于以下 for 循环控制语句，描述正确的是（　　）。

```
for(i =0,x =0;i <=9 && x! =876;i ++)
scanf("%d",&X);
```

A. 最多执行 10 次　　B. 最多执行 9 次

C. 是无限循环　　D. 循环体一次也不执行

7. 若有定义"int t =0;"，则对于循环"while(t =1){…}"，下列描述中正确的是（　　）。

A. 循环控制表达式的值为 0　　B. 循环控制表达式的值为 1

C. 循环控制表达式的值不合法　　D. 以上说法都不对

8. 在 C 语言程序中，若希望结束循环，则 do…while 循环控制语句构成的循环中的条件为（　　）。

A. 0　　B. 1　　C. 真　　D. 非

9. 以下 for 循环控制语句的执行次数是（　　）。

```
for(i =0,j =0;! j&&i <=5;i ++)j ++;
```

A. 5　　B. 6　　C. 1　　D. 死循环

10. 若 i 和 k 都是 int 类型变量，对于以下 for 循环控制语句的执行情况的叙述中正确的是（　　）。

```
for(i=0,k=-1;k=1;k++)printf("***** \n");
```

A. 循环体执行两次　　B. 循环体执行一次

C. 循环体一次也不执行　　D. 构成无限循环

三、简答题

1. if 语句中的条件表达式可以是任意合法的表达式吗？switch 语句中 break 语句的作用是什么？

2. while 循环控制语句和 do…while 循环控制语句完全一样吗？

3. 是否所有 for 循环控制语句都能用 goto 型循环来实现？

4. 3 种循环结构中的条件是循环进行的条件还是循环结束的条件？循环结构中 break 语句和 continue 语句的作用是什么？二者有何区别？

5. 以下代码段执行完毕后，变量 i 的值是多少？

```
int i=0;
for(i=0;i<100;i++)
{  printf("%d  ",i);
   if(i==10)
   {
       break;
   }
}
```

四、编程题

1. 编写程序，求 $1\times2\times3+3\times4\times5+\cdots+99\times100\times101$。

2. 编写程序，用户输入一个正整数，把它的各位数字前后颠倒，并输出颠倒后的结果。

3. 编写程序，求出 200～300 之间满足以下条件的数：3 个数字之积为 42，3 个数字之和为 12。

4. 编写一个程序，求 100～999 之间的水仙花数。

5. 编写一个程序，求 e 的值（$e=1+1/1!+1/2!+\cdots+1/n!$）。

# 项目6

## 数组的使用

【项目描述】

数组是相同类型数据的有序集合，使用数组可以有序存放一组相关的、类型相同的数据。本项目主要介绍一维数组、二维数组、多维数组及字符数组的定义、初始化，数组元素的引用方式，使用字符数组定义及处理数据的方法，数组的排序、查询等基本操作。

【知识目标】

（1）掌握数组的定义与引用的方法。

（2）掌握字符型数组的定义与引用的方法。

（3）掌握字符串的处理方法。

（4）掌握数组作为函数参数的使用方法。

【技能目标】

（1）能够掌握一维数组、二维数组及多维数组的定义及使用方法。

（2）理解字符数组与字符串的区别，掌握字符数组的处理方式。

（3）学会字符串处理函数的使用方法，并能说明其功能。

（4）能够熟练地使用数组进行程序设计，解决实际问题。

### 任务1 一维数组的使用

【任务描述】

掌握一维数组的语法格式，熟练掌握一维数组的初始化和引用的方法。本任务用一维数组实现求5个学生的综合成绩的C语言程序。

【任务目标】

（1）掌握一维数组的定义。

（2）掌握对一维数组元素的引用及初始化的方法。

（3）会使用数组编写C语言程序。

## 知识链接

### 一、一维数组的定义

一维数组通常是指由一个下标数组元素组成的数组，其定义形式如下：

使用一维数组

```
存储类型 数据类型 数组名[常量表达式]=(初始值)
```

例如：

```
Static float [10]
```

此语句定义了一个由 10 个元素组成的一维数组，数组名为 a，这 10 个元素分别为 a[0]，a[1]，…，a[9]，每个元素都是实数类型。

**说明：**

(1) 在数组定义格式中，存储类型是任选项，可以是 auto，static，extern 存储类型，但没有 register 类型。

(2) 数据类型可以是 int，float，char。

(3) 数组名符合标识符定义，但不能与其他变量同名。例如：“int b，b [7]” 是不对的。数组元素的下标是从 0 开始编号的，如定义 “static float[10]”，第一个元素为 a[0]，最后一个为 a[9]，而不是 a[10]，否则要产生数组越界。

(4) 常量表达式中可以包括常量和符号常量，不能包含变量。

下面的数组定义是合法的，因为 SIZE 已经在宏定义中说明了，在程序中作为符号常量。

```
#define SIZE 20 ;
char str [SIZE];
int m[10 * SIZE);
float x[2 * 5 +1];
```

下面 4 个数组的定义是非法的。

```
float aa[sizel];            /* 使用变量定义数组大小 * /
char w[size] +size2 +2];   /* 使用含变量的表达式定义数组大小 * /
int num[ -8];              /* 使用负数定义数组大小 * /
int bb(8);                 /* 数组名后使用了() * /
```

一维数组在内存中存储时，按下标递增的次序连续存储，对于 “int a[15];”，数组名 a 或 &a[0]是数组存储区域的首地址，即数组第一个元素的存储地址。

### 二、一维数组的初始化

数组可以在定义时初始化，给数组元素赋初值。

下面介绍数组初始化的几种常见形式。

(1) 为数组所有元素赋初值，此时数组定义中的数组长度可以省略。例如：

```
int a[5] ={1,2,3,4.5};
或 int a[ ] ={1,2,3,4.5};
```

（2）为数组部分元素赋初值，此时数组长度不能省略。例如：

```
int a[5] = {1,2};
a[0] =1,a[1] =2;
```

其余元素为编译系统指定的默认值0。

（3）为数组的所有元素赋初值0。例如：

```
int a[5] = {0};
```

**注意**：如果不进行初始化，如定义“int a[5];”，那么数组元素的值是随机的，而不要认为默认值是0。

**【例6.1】**　初始化一维数组。

程序如下：

```
#include <stdio.h>
void main(){
int i;
int Array[10] = {100,92,91,88,78,69, 60,55, 48,99};   /* 为数组元素赋初值 */
for(i =0;i <10;i + =1)              /* 输出数组中的元素 */
  printf("%5d", Array[i]);     /* 每个数占5个字符位且右对齐 */
printf("\n");
}
```

程序运行结果如图6－1所示。

```
  100   92   91   88   78   69   60   55   48   99
Press any key to continue
```

图6－1　程序运行结果

## 三、一维数组的引用

数组元素通常也称为下标变量。必须先定义数组，才能使用下标变量。在C语言中只能逐个使用下标变量，而不能一次引用整个数组。

引用数组元素的语法格式如下：

```
数组名[下标表达式]
```

例如，输出有10个元素的数组必须使用循环控制语句逐个输出各下标变量：

```
for(i =0;i <10;i + +)
printf("%d",a[i]);
```

而不能用一个语句输出整个数组。

**【例6.2】**　使数组元素a[0]～a[9]的值为0～9，然后逆序输出。

程序如下：

```
#include <stdio.h>
void main(){
```

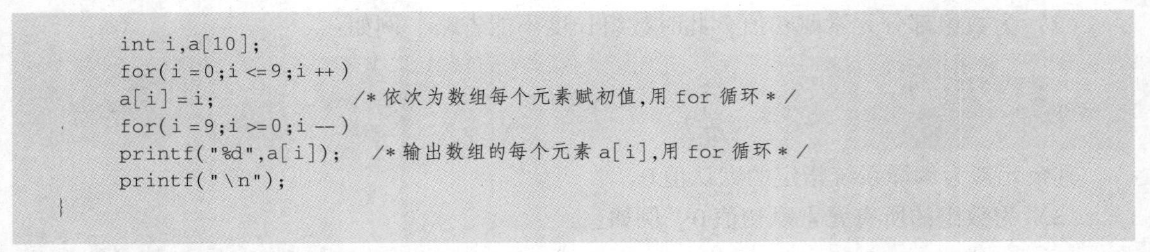

```
    int i,a[10];
    for(i =0;i <=9;i ++)
    a[i] =i;             /* 依次为数组每个元素赋初值,用 for 循环 * /
    for(i =9;i >=0;i --)
    printf("%d",a[i]);   /* 输出数组的每个元素 a[i],用 for 循环 * /
    printf("\n");
}
```

程序运行结果如图 6 –2。

```
9876543210
Press any key to continue
```

图 6 –2　程序运行结果

本程序中定义了一个数组，数组名是 a，有 10 个元素，每个元素的类型均为 int。这 10 个元素分别是 a[0]，a[1]，a[2]，a[3]，a[4]，…，a[8]，a[9]。

**【例 6.3】**　定义一个含有 30 个元素的整型数组，按顺序分别赋予从 2 开始的偶数，然后按每行 10 个数据的规则输出数组。

程序如下：

```
#include < stdio.h >
void main(){
    int a[30],i,k =2;
    for(i =0;i <30;i ++){
    a[i] =k;
    k + =2;
    printf("%4d",a[i]);
    if((i +1)%10 ==0)
    printf("\n");
    }
}
```

程序运行结果如图 6 –3 所示。

```
   2   4   6   8  10  12  14  16  18  20
  22  24  26  28  30  32  34  36  38  40
  42  44  46  48  50  52  54  56  58  60
Press any key to continue
```

图 6 –3　程序运行结果

使用一维数组——任务实施

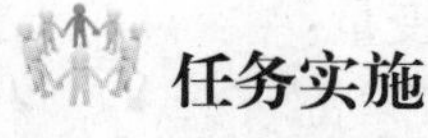

## 任务实施

求学生的综合成绩，现有 5 个学生，从键盘上输入他们的平时成绩、期终成绩、综合成绩。综合成绩 = 平时成绩 ×50% + 期终成绩 ×50%。

（1）任务说明。求 5 个学生的综合成绩。综合成绩 = 平时成绩 ×50% + 期终成绩 ×50%。这里用 3 个数组来保存综合成绩、平时成绩、期终成绩，用 for 循环实现。

（2）实现思路。

①定义变量和数组："int i;float a[5],float b[5],float c[5];"。

②提示用户输入 5 个学生的平时成绩，用 for 循环，并依次保存在数组 a 中。

③提示用户输入 5 个学生的期中成绩，用 for 循环，并依次保存在数组 b 中。

④用一个 for 循环计算每个学生的综合成绩，并依次保存在数组 c 中。

⑤输出最后的综合成绩结果。

（3）程序清单。

```
#include <stdio.h>
void main(){
  int i;
  float a[5],b[5],c[5];
  printf("输入平时成绩:");
  for(i=0;i<5;i++)
  scanf("%f",&a[i]);
  printf("输入期终成绩:");
  for(i=0;i<5;i++)
  scanf("%f",&b[i]);
  for(i=0;i<5;i++)
  c[i]=a[i]*0.5+b[i]*0.5;
  printf("输出综合成绩:");
  for(i=0;i<5;i++)
  printf("%5.1f",c[i]);
printf("\n");
getchar();
}
```

（4）程序运行结果如图 6-4 所示。

```
输入平时成绩:67 78 87 89 98
输入期终成绩:67 89 98 78 87
输出综合成绩: 67.0 83.5 92.5 83.5 92.5
Press any key to continue
```

图 6-4　程序运行结果

## 任务 2　二维数组的使用

**【任务描述】**

二维数组是具有两个下标的数组，在逻辑上可以把二维数组看成具有行和列的二维表格或矩阵。本任务使用二维数组，编写输出杨辉三角形的 C 语言程序。

**【任务目标】**

使用一维数组——任务实施

（1）掌握二维数组的定义。

（2）掌握二维数组的引用及初始化的方法。

（3）掌握多维数组的定义及引用的方法。

### 知识链接

### 一、二维数组的定义

二维数组也用统一的数组名来标识，第一个下标表示行，第二个下标表示列。下标与一维数组一样都是从 0 开始。

二维数组的语法格式如下：

```
类型名 数组名[常量表达式1][常量表达式2];
```

例如：

```
int a[2][3];
```

以上数组可以看成两个一维数组，即 a[0]，a [1]，见表 6－1。

**表 6－1　二维数组 a**

| 数组 a ⟹ | a[0] ⟹ | a[0][0] | a[0][1] | a[0][2] |
| --- | --- | --- | --- | --- |
| | a[1] ⟹ | a[1][0] | a[1][1] | a[1][2] |

二维数组 a 在内存中的存储形式见表 6－2。

**表 6－2　二维数组 a 的存储形式**

| a[0] | a[0][0] |
| --- | --- |
| | a[0][1] |
| | a[0][2] |
| a[1] | a[1][0] |
| | a[1][1] |
| | a[1][2] |

**提示：**

（1）二维数组中的每个数组元素都有两个下标，且必须分别放在单独的“[ ]”内。

（2）二维数组定义中的常量表达式 1 表示该数组具有的行数，常量表达式 2 表示该数组具有的列数，两个常量表达式的值之积是该数组具有的数组元素的个数。

（3）二维数组中的每个数组元素的数据类型均相同。二维数组的存放规律是“按行排列”。

（4）二维数组可以看作数组元素为一维数组的数组。

## 二、二维数组的初始化

二维数组初始化的几种常见形式如下。

（1）所赋初值个数与数组元素的个数相同。例如：

```
int a[3][4] = {{1,2,3.4},{5,6,7.8},{9,10,11,12}};
```

（2）按数组排列的顺序为各数组元素赋初值，将所有数据写在一个花括号内。例如：

```
int a[3][4] = {1,2,3,4,5,6,7,8,9,10.11,12};
```

（3）为二维数组的所有元素赋初值，二维数组第一维的长度可以省略。例如：

```
int a[ ][4] = {1,2,3,4.5,6,7,8};
```

或

```
int a[ ][4] = {{1,2,3,4},{5,6,7,8}};
```

（4）为部分数组元素赋初值，其他元素补0或'\0'。例如：

```
int a[2][4] = {{1,2},{5}};
```

## 三、二维数组的引用

引用二维数组的语法格式如下：

```
数组名[下标表达式1][下标表达式2]
```

**说明：**

（1）下标可以是整型常量或表达式。例如：

```
a[2][3],a[2 -1][2 *2 -1];
```

（2）数组元素可以出现在表达式中，也可以被赋值。例如：

```
b[1][2] = a[1][2]/3;
```

（3）在使用数组元素时，因为下标从0开始，所以要注意下标值应在已定义的数组大小范围内。

例如：

```
int a[3][5] ;
```

引用元素a[3][2]是错误的。

**【例6.4】**　将一个二维数组的行和列元素互换，存储到另一个二维数组中，如图6－5所示。

$$a=\begin{bmatrix}123\\456\end{bmatrix}\xrightarrow{\text{数组 a 的行、列元素互换并存储到数组 b 中}}\begin{bmatrix}14\\25\\36\end{bmatrix}$$

**图6－5　二维数组的行和列元素互换**

程序如下：

```
#include <stdio.h>
void main(){
int a[2][3] = {{1,2,3},{4,5,6}};    /* 定义二维数组 a */
int b[3][2],i,j ;                    /* 定义二维数组 b */
printf("数组 a:\n");
for(i =0;i <=1;i ++){
  for(j =0;j <=2;j ++){
```

```
    printf("%5d",a[i][j]);          /* 输出二维数组 a */
    b[j][i] = a[i][j] ;             /* 数组 a 的行和列元素互换,存到数组 b 中 */
   }
  printf("\n");
 }
 printf("数组 b:\n");
 for(i = 0;i <= 2;i ++){
  for(j = 0;j <= 1;j ++)
  printf("%5d",b[i][j]);            /* 输出二维数组 b */
  printf("\n");
 }
}
```

程序运行结果如图 6－6 所示。

**【例 6.5】** 有一个 3×4 的矩阵，编写程序，求出其中值最大的那个元素的值及其所在的行号和列号。

程序如下：

```
数组a:
    1    2    3
    4    5    6
数组b:
    1    4
    2    5
    3    6
Press any key to continue
```

图 6－6 程序运行结果

```
#include <stdio.h>
void main(){
int i,j,row = 0, colum = 0,max;
static int a[3][4] = {{1,2,3,4},{9,8,7,6},{ -10,10, -5,2}};
max = a[0][0];
for(i = 0;i <= 2;i ++)      /* 用两重循环遍历全部元素 */
  for(j = 0;j <= 3;j ++)
    if(a[i][j] > max)
    { max = a[i][j];
      row = i;
      colum = j;
      }
printf("max = %d,row = %d, colum = %d\n", max, row, colum);
}
```

程序运行结果如图 6－7 所示。

```
max=10,row=2, colum=1
Press any key to continue
```

图 6－7 程序运行结果

## 四、多维数组的定义和引用

在处理三维空间问题等其他复杂问题时，要使用三维及三维以上的数组，通常把三维及三维以上的数组称为多维数组。例如，描述三维图形的点坐标（x，y，z）就要用到三维数组。

定义三维数组的语法格式如下：

```
类型说明符 数组名[常量表达式1][常量表达式2][常量表达式3];
```

例如：

int a[5][5][5]；　/＊定义 a 是三维数组＊/

float b [2][6][10][ 5]；　/＊定义 b 是四维数组＊/

多维数组的使用与二维数组的使用大同小异，只要确定各维的下标值，就可以使用多维数组的元素。操作多维数组常需要用到多重循环。一般每一层循环控制一维下标。要注意下标的位置和取值范围。

三维数组与多维数组的定义与二维数组相似，如三维数组 float a[2][3][4]，它在内存中的存储顺序如图 6-8 所示。

a[0][0][0]→a[0][0][1]→a[0][0][2]→a[0][0][3]→
a[0][1][0]→a[0][1][1]→a[0][1][2]→a[0][1][3]→
a[0][2][0]→a[0][2][1]→a[0][2][2]→a[0][2][3]→
a[1][0][0]→a[1][0][1]→a[1][0][2]→a[1][0][3]→
a[1][1][0]→a[1][1][1]→a[1][1][2]→a[1][2][3]→
a[1][2][0]→a[1][2][1]→a[1][2][2]→a[1][2][3]

图 6-8　三维数组在内存中的存储顺序

另外要说明的是，数组在内存中占据一片连续的存储空间，如果多维数组的每维下标定义太大，可能造成大量存储空间浪费，从而严重影响程序的运行速度。例如，定义一个双精度数组 a[100][100][100]，则存储这一数组需要用 100×100×100×8 字节的连续存储空间，这是一块非常大的内存空间，极有可能使计算机内存不够用。

## 任务实施

使用二维数组

编写程序，打印杨辉三角形，如图 6-9 所示。

(1) 任务说明。第 1 列元素的值都为 1，主对角线上元素的值也都为 1，其他元素的值都是其前一行的前一列与前一行的本列的值相加，要求打印出前 10 行。

```
1
1  1
1  2  1
1  3  3  1
1  4  6  4  1
1  5  10 10 5  1
```

图 6-9　杨辉三角形

(2) 实现思路。

①定义变量和数组："int i,j;int a[10][10]；"。

②利用 for 循环把每行第一列和每行最后一例都赋值为 1，并保存到二维数组 a 中的相应位置。

③利用双重 for 循环从第三行开始求杨辉三角形中间各列的数，外层从 i=2 开始控制行数，内层从 j=1 开始控制列数。

④每行、每列的中间元素等于其上一行左边和上边两个元素之和(a[i][j]=a[i-1][j-1]+a[i-1][j];)，并保存到数组 a 的相应位置。

⑤利用双重 for 循环打印这个二维数组中的元素。

（3）程序清单。

```
#include <stdio.h>
#include <conio.h>
void main(){
int i,j;
int a[10][10];          /*定义一个10行10列的二维数组*/
printf("\n");
for(i=0;i<10;i++)    /*外层循环控制杨辉三角形的行数*/
{
a[i][0] =1;       /*每一行第一个元素都赋值为1,即第一列都为1,保存在数组a中*/
a[i][i] =1;   /*每一行的最后一例都赋值为1,即杨辉三角形对角线上都为1,保存在数组a中 */
}
for(i=2;i<10;i++)            /*从第三行开始求杨辉三角形中间各列的数 */
for(j=1;j<i;j++)             /*内层控制杨辉三角形的列数*/
a[i][j]=a[i-1][j-1]+a[i-1][j]; /*每个元素等于其上一行左边和上边两个元素之和,并保存*/
for(i=0;i<10;i++){              /*利用双重for循环打印这个二维数组中的元素*/
for(j=0;j<=i;j++)
printf("%5d",a[i][j]);
printf("\n");}
getchar();
}
```

（4）程序运行结果如图 6-10 所示。

```
  1
  1    1
  1    2    1
  1    3    3    1
  1    4    6    4    1
  1    5   10   10    5    1
  1    6   15   20   15    6    1
  1    7   21   35   35   21    7    1
  1    8   28   56   70   56   28    8    1
  1    9   36   84  126  126   84   36    9    1
```

图 6-10　程序运行结果

## 任务 3　字符数组与字符串的使用

### 【任务描述】

C 语言中没有专门存放字符串（string）的变量，字符串是存放在字符数组中的，且以'\0'作为结束标志。字符数组就是类型为 char 的数组，用于存储一串连续字符，字符数组中的每个数组元素存放的值都是单个字符，对这些单个字符连续操作就构成了字符数组。本任务输入一组字符串，以输入空串来结束输入，找出最大的字符串（设字符串长度不超过 80 个字符）。

【任务目标】

（1）能够熟练使用字符数组的定义格式。
（2）学会字符数组初始化的方法。
（3）掌握字符数组的输入和输出的方法。
（4）掌握字符串与字符数组的应用。

使用字符数组和字符串

## 知识链接

### 一、字符数组的定义

一维字符数组的定义格式如下：

```
char 数组名[常量表达式];
```

例如：

```
char a[10];
```

二维字符数组的定义格式如下：

```
char 数组名[常量表达式1][常量表达式2];
```

例如：

```
char b[5][6];
```

### 二、字符数组的初始化

字符数组的初始化有如下两种方式。

（1）用字符常量初始化字符数组。例如：

```
char ch[5]={'a','b','e','d','f'};
```

这里定义了包含5个字符的字符数组ch，同时可以缺省数组定义长度。对于二维字符数组，可以缺省行下标，但不能缺省列下标。例如：

```
char st[3][5]={{'c','h','i','n','a'},{'j','a','p','a','n'},{'k','o','e','a'}};
```

或

```
char st[][5]={{'c','h','i','n','a'},{'j','a','p','a','n'},{'k','o','e','a'}};
```

（2）用字符串常量初始化字符数组。例如：

```
char ch[5] = {"abcd"};
```

或者

```
char ch[5] = "abcd";
```

该初始化方式自动在末尾一个字符后加'\0'作为结束符。用字符串常量赋值比用字符常量赋值每行要多占一个字节。例如：

```
char st[3][6] = {"china", "japan", "korea"};
```

在初始化时，如果提供的字符个数多于字符数组元素的个数，则作为语法错误处理；如果字符个数小于字符数组元素个数，则多余的字符数组元素自动赋空格字符。

## 三、字符数组的引用

用字符数组的下标指定要引用的字符数组元素。

一维字符数组的引用格式如下：

```
数组名[下标]
```

二维字符数组的引用格式如下：

```
数组名[行下标][列下标]
```

**【例 6.6】** 输入一个字符串，并将它逆序输出。

程序如下：

```
#include <stdio.h>
void main(){
   char c[20];
   int i,j;
   i=0;
   scanf("%c",&c[0]);
   while((c[i]!='\n')&&(c[i]!=''))
    { i++;
     scanf("%c",&c[i]);
    }
for(j=i-1;j>=0;j--)
printf("%c",c[j]);
printf("\n")
}
```

程序运行结果如图 6-11 所示。

```
abcdef67
76fedcba
Press any key to continue
```

图 6-11　程序运行结果

**【例 6.7】** 使用二维字符数组输出字符串“MAIN”“BASE”（两个字符串换行输出）。

```
#include < stdio.h>
void main(){
char str[2][5]={"MAIN","BASE"};      /*初始化二维字符数组*/
int i=0,j=0;
printf("Output string:\n");
for(i=0;i<2; i++)
{
```

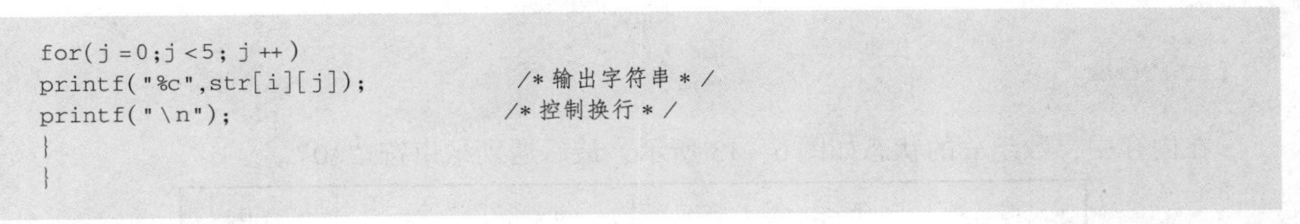

```
for(j =0;j <5; j ++)
printf("%c",str[i][j]);            /* 输出字符串 * /
printf("\n");                      /* 控制换行 * /
}
}
```

程序运行结果如图 6 – 12 所示。

```
Output string:
MAIN
BASE
Press any key to continue
```

图 6 – 12　程序运行结果

## 四、字符串

由于在 C 语言中字符串只有常量形式，没有变量形式，所以可以用字符数组来灵活处理字符串。因此，也有人将字符数组看作字符串变量。在 C 语言中，既可以使用字符串，也可以使用字符数组。

字符串的约定如下。

（1）字符数组加结束标志，这样的一维字符数组可看成字符变量。例如：

```
charc[10] = {'h','e','l','l','o','\0'}
```

（2）字符串常量，系统自动在其末尾加'\0'。

```
char e[10] = {"happy"};     /* 字符串末尾自动加'\0'* /
```

也可以是下面的形式：

```
char c[10] = "happy" ;
```

（3）字符串常量的值是地址。

若只有定义没有初始化，则不能用“ =”给字符数组赋值。可以调用 gets( ) 函数输入字符串或调用 strcpy( ) 函数将字符串赋值给字符数组，一定要注意'\0'是字符串的结束标志。

## 五、字符串的输入/输出

字符串的输入/输出可以有逐个字符输入/输出，以及整个字符串输入/输出两种方式。

### 1. 逐个字符输入/输出

在标准输入/输出函数 printf( ) 和 scanf( ) 中，用格式符"%c" 输入/输出一个字符。逐个输入字符结束后，系统不会自动在末尾添加'\0'，不能以字符串的形式输出，因此，输出时也用格式符“%c”逐个输出字符。

### 2. 整个字符串输入/输出

用格式符“%s”输入/输出字符串。

例如：

```
char c[] = {"China"};
printf("%s",c);
```

在内存中，数组 c 的状态如图 6－13 所示，最后遇到结束符“\0”。

| C | h | i | n | a | \0 |
|---|---|---|---|---|---|

图 6－13　数组 c 的状态

**注意：**

（1）用格式符“%s”输入字符串时，scanf()函数中的输入项为数组名，如“scanf("%s",c)”。

（2）若利用 scanf()函数输入多个字符串，则应以空格分隔。

例如：

```
char str1[5],str2[5],str3[5]
scanf("%s%s%s",str1,str2,str3);
```

输入数据：How are you?

在内存中，数组 str1，str2，str3 的状态如图 6－14 所示。

| H | o | w | \0 | |
|---|---|---|---|---|
| a | r | e | \0 | |
| y | o | u | ? | \0 |

图 6－14　内存中数组 str1，str2，str3 的状态

（3）由于 C 语言中规定 scanf()函数在输入数据时以空格、制表符 Tab 和 Enter 键来进行数据的分隔，因此，用格式符“%s”输入字符串时，不能有空格或制表符。如果输入了“Turbo C”，则只有字符串“Turbo”被存储到数组中，如果要输入含有空格的字符串，可以使用字符串处理函数 gets()。

（4）用格式符“%s”输入字符串时，系统自动在最后加上字符串结束标志'\0'，但'\0'并不输出。如果一个字符数组中包含一个以上'\0'，则只输出第一个'\0'前面的所有字符。

例如：执行语句“char str[ ] = "abcd\0efg\0";”输出的字符串为“abcd”。

**注意：**

scanf()函数中的输入项是字符数组名。下面的写法是错误的：

```
scanf("%s",&str);
```

因为 C 语言编译系统将数组名视为数组的起始地址，因此，在输入数据时，不需要再加地址符号“&”。

字符串处理函数

## 六、字符串处理函数

C 语言编译系统中，提供了很多有关字符串处理的库函数。下面介绍几个常用的字符串处理函数。使用字符和字符串输入/输出函数时，应在函数前加上头文件“stdio. h”；使用

其他字符串操作函数时，则应加上头文件“string. h”。

1. 字符串输出函数

字符串输出函数的语法格式如下：

```
puts(str);
```

功能：将一个字符串（以'\0'为结束标志）输出到终端。输出的字符串中可以包含转义字符。例如：

```
char str[] = {"China\nBei jing"};
puts(str);
```

输出：

```
China
 Bei jing
```

在输出时，将字符串结束标志'\0'转换成'\n'，即输出完字符串后换行。

说明：字符串可以是字符数组或字符串常量。

2. 字符串输入函数

字符串输入函数的语法格式如下：

```
gets(str);
```

功能：从终端输入一个字符串（可包含空格），以回车为输入结束标志，将接收到的字符依次赋给字符数组的各个元素，并自动在字符串末尾加结束标记'\0'。例如：

```
char str[20];
gets(str);
```

**【例 6.8】**　用 gets( ) 函数输入字符串，用 puts( ) 函数输出字符串。

程序如下：

```
#include < stdio.h >
void main(){
    char a[10],b[15];
    printf("Input string a and b:\n");
    gets(a);
    gets(b);
    puts(a);
    puts(b);
}
```

程序运行结果如图 6－15 所示。

```
Input string a and b:
Hello!
Hello World!
Hello!
Hello World!
Press any key to continue_
```

图 6－15　程序运行结果

3. 连接两个字符串函数

连接两个字符串函数的语法格式如下：

```
strcat(str1,str2);
```

功能：连接两个字符串中的字符，把字符串 str2 的字符连接到字符串 str1 的字符后面，结果将字符串 str2 放在字符串 str1 中，则调用函数后得到一个函数值——字符串 str1 的起始地址。

例如：

```
char str1[30] = {"people's republic of"}
char str2[ ] = {"china"};
printf("%s", strcat(str1,str2));
```

输出：

```
people's republic of china
```

**注意：**

（1）字符串 str1 必须足够大，以便能够容纳连接后的新字符串。

（2）连接前，两个字符串后面都有一个'\0'，连接时，将字符串 str1 后面的'\0'取消，只在新字符串的最后保留一个'\0'。

4. 字符串复制函数

字符串复制函数的语法格式如下：

```
strcpy(str1,str2);
```

功能：将字符串复制到字符数组中。

例如：

```
char str1[10],str2[ ] = {"china"};
strcpy(str1,str2);
```

执行后，strl 的内容为：

```
china\0\0\0\0\0
```

**说明：**

（1）字符数组必须足够大，以便能够容纳被复制的字符串。

（2）复制时，连同字符串后面的'\0'一起复制到字符数组中。

（3）不能用赋值语句将一个字符串常量或字符数组直接赋给一个字符数组，用赋值语句只能将一个字符赋给一个字符变量或字符数组元素。

（4）可以用 strcpy( ) 函数将字符串中前面的若干个字符复制到字符数组中。

例如：

```
strcpy(str1,str2,2);
```

执行后，将字符串 str2 中前面的 2 个字符复制到字符串 str1 中，然后加上一个'\0'。

5. 字符串比较函数

字符串比较函数的语法格式如下：

```
strcmp(str1,str2);
```

功能：比较字符串 str1 和字符串 str2 的大小。

按照 ASCII 码值的大小比较，将两个字符串自左至右逐个字符比较，直到出现不同的字符或遇到'\0'为止。如果全部字符相同，则认为相等；如果出现不同的字符，则以第一个不相同字符的比较结果为准。

（1） str1 == str2，函数值 = 0。

（2） str1 > str2，函数值 > 0。

（3） str1 < str2，函数值 < 0。

**注意：**

字符串比较函数的语法辨析如下。

错误语法：if(str1 == str2) printf("yes");

正确语法：if(strcmp(str1,str2) =0) printf("yes");

6. 测试字符串长度函数

测试字符串长度函数的语法格式如下：

```
strlen(字符数组名);
```

功能：测试字符串长度，函数值为字符串的实际长度，不包括'\0'。例如：

```
char str[10] = {"china"};
printf("%d",strlen(str);
```

结果为：

```
5
```

7. 字符串小写函数

字符串小写函数的语法格式如下：

```
strlwr(str);
```

功能：将字符串中的大写字母转换成小写字母。lwr 是 lowercase（小写）的缩写。

8. 字符串大写函数

字符串大写函数的语法格式如下：

```
strupr(str);
```

功能：将字符串中的小写字母转换成大写字母。upr 是 uppercate（大写）的缩写。

使用字符数组与字符串——任务实施

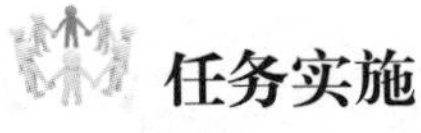

## 任务实施

输入一组字符串，以输入空串结束输入。找出最大的字符串（设字符串长度不超过80个字符)。

(1) 任务说明。判定数组中的每个元素与输入的数据是否一致，并输出是第几个元素。

(2) 实现思路。

①定义数组："char smax[80],s[80];"。

②用strcpy()函数设置smax数组为空（也可以设置smax[0]='\0'）。

③利用do…while循环控制语句循环输入不同的字符串，读取字符串，并设置循环条件(s[0]!='\0')。

④利用"if(strcmp(s, smax)>0)"判断两个字符数组中存储的字符串的大小，将大的字符串存储到smax数组中。

⑤利用字符串输出函数puts(smax)输出结果。

(3) 程序清单。

```
#include <stdio.h>
#include <string.h>
void main(){
    char smax[80],s[80];  /*定义s数组和smax数组*/
    strcpy(smax," ");     /*设置smax数组为空,也可以设置smax[0]='\0'*/
    do{
    printf("输入字符串:");
    gets(s);              /*读取字符串*/
    if(strcmp(s, smax)>0)
        strcpy(smax,s);   /*若s数组比smax数组大,则把s数组赋值给smax数组*/
    }while(s[0]!='\0');
    puts("最大的字符串是:");
    puts(smax);
}
```

(4) 程序运行结果如图6-16所示。

图6-16 程序运行结果

## 任务4 数组程序设计上机操作

### 一、操作目的

(1) 掌握一维数组和二维数组的定义。

(2) 学会使用一维数组和二维数组的赋值、引用方法。

（3）能够熟练使用数组进行 C 语言程序设计。

## 二、操作要求

（1）在 Visual C ++6.0 或 Deb – C ++5.11 集成环境中，熟练地进行选择结构 C 语言程序的编写。

（2）学会将某一类型的数据插入数组，使数组依然有序。

（3）熟练编写 5 行 ×5 列的魔方阵 C 语言程序。

（4）学会将字符数组和字符串按字母顺序排列输出的编程方法。

## 三、操作内容

**操作任务 1**　定义一维数组 a，存放 N 个从小到大的数据，从键盘输入一个整数 x，要求将 x 插入数组，使插入后的数组依然有序（插入排序）。

程序如下：

```
#include < stdio.h >
#define N 10
void main(){
  int a[N +1],i,x,j;
  for(i =0;i <N;i ++){
    scan("%d",&a[i]);
    print("%d ",a[i]);
    }
    print("\n Input x:");
    scan("%d",&x);
    for(i =0;i <N;i ++)
      if(a[i] >x){
        j = i;break;}
    for(i =N -1;i >=j;i - -)
      a[i +1] =a[i];
      a[j] =x;
      for(i =0;i <N +1;i ++)
        print("%d",a[i]);
        printf("\n");
}
```

**操作任务 2**　编写程序，实现一个 5 行 ×5 列的魔方阵。

程序如下：

```
#include < stdio.h >
void main(){
    int I,j;
    int x =1,y =3;                 /* 要求从第一行中间位置开始 * /
    int a[6][6] ={ 0};             /* 定义一个二维数组来储存魔方阵 * /
    for(i =1;i <25;i ++){          /* 魔方阵中共有 25 个数字 * /
    a[x][y] =i;                    /* 把此时的 i 存储到 a[x][y]位置 * /
    if(x = =1&&y ==5){             /* 如果该位置在右上角,则将下一个数字放在正下方 * /
      x ++;
      continue;                    /* 结束本次循环 * /
}
```

```
 if(x ==1)                              /* 如果该位置在第一行 * /
 x =5;                                  /* 则将下一个数字放在最后一行 * /
 else                                   /* 否则 * /
    x --;                               /* 将下一个数字放在上一行 * /
 if(y ==5)                              /* 如果该位置在最后一列
    y =1;                               /* 则将下一个数字放在第一列 * /
 else                                   /* 否则 * /
    y ++;                               /* 将下一个数字放在下一列 * /
 if(a[x][y]!=0){                        /* 判断经过上面步骤确定的位置上是否有非零数 * /
    x =x +2;                            /* 若表达式为真,则行数加 2 * /
    y =y -1;                            /* 列数减 1 * /
    }
 }
 for(i =1;i <=5;i ++){                  /* 输出二维数组
    for(j =1;j <=5;j ++){
      printf("%4d", a[i][j]);
      }
    printf("\n");                       /* 每输出一行就回车 * /
    }
 return 0;
 }
```

**操作任务 3**　输入五个城市名称，并按字母顺序排列输出。

程序如下：

```
#include <stdio.h >
#include <string.h >
void main(){
  char str[5][20];        /* 用来存放 5 个字符串,每个字符串有 20 个字符 * /
  char string[20];        /* 用来临时存储字符串 * /
int i;
  int j;.
  printf("请输入五个城市的名称:\n");
  for(i =0; i <5; i ++)         /* 输入五个城市的名称 * /
  gets(str[i]);
  for(i =0; i <5; i ++){
  for(j =i +1; j <5; j ++){
    if(strcmp(str[i],str[j]) >0){        /* 通过比较把最小的放前面 * /
    strcpy(string,str[j]);
  strcpy(str[j],str[i]);
  strcpy(str[i],string);
    }
  }
}
printf("排好序的五个城市名称为:\n");      /* 把排好序的城市名称输出 * /
for(i =0; i <5; i ++){
 puts(str[i]);
}
}
```

## 四、操作过程

（1）打开 Visual C ++6.0 或 Dev－C ++5.11 集成环境。

（2）新建“.c”程序文件。

（3）编写操作任务的 C 语言程序源代码。

（4）选择“组建”菜单下的“编译”→“组建”→“执行”命令，输出结果。

操作任务 1 的程序运行结果如图 6－17 所示。

```
5 8 22 45 35 67 76 56 98 100
5 8 22 45 35 67 76 56 98 100
 Input x:21
5 8 21 22 45 35 67 76 56 98 100
Press any key to continue
```

图 6－17　操作任务 1 的程序运行结果

操作任务 2 的程序运行结果如图 6－18 所示。

```
 17  24   1   8  15
 23   5   7  14  16
  4   6  13  20  22
 10  12  19  21   3
 11  18   0   2   9
Press any key to continue
```

图 6－18　操作任务 2 的程序运行结果

操作任务 3 的程序的运行结果如图 6－19 所示。

```
请输入五个城市的名称:
xiangyang
beijing
shanghai
wuhan
chongqing
排好序的五个城市名称为:
beijing
chongqing
shanghai
wuhan
xiangyang
Press any key to continue
```

图 6－19　操作任务 3 的程序的运行结果

## 五、程序分析

（1）写出上机操作中出现的错误及解决方法和步骤。

（2）完成 3 个操作任务程序的上机调试并验证结果。

（3）能够分析说明程序和程序中语句的功能作用。

# 项目评价 6

<table>
<tr><td colspan="3">班级：________<br>小组：________<br>姓名：________</td><td colspan="6">指导教师：________<br>日　　期：________</td></tr>
<tr><td rowspan="2">评价项目</td><td rowspan="2">评价标准</td><td rowspan="2">评价依据</td><td colspan="3">评价方式</td><td rowspan="2">权重</td><td rowspan="2">得分小计</td></tr>
<tr><td>学生自评 20%</td><td>小组互评 30%</td><td>教师评价 50%</td></tr>
<tr><td>职业素养</td><td>1. 遵守企业的规章制度、劳动纪律；<br>2. 按时按质完成工作任务；<br>3. 积极主动地承担工作任务，勤学好问；<br>4. 人身安全与设备安全</td><td>1. 出勤；<br>2. 工作态度；<br>3. 劳动纪律；<br>4. 团队协作精神</td><td></td><td></td><td></td><td>0.3</td><td></td></tr>
<tr><td>专业能力</td><td>1. 能够正确掌握一维数组、二维数组及多维数组的定义及应用；<br>2. 理解字符数组与字符串的区别，掌握字符数组处理方式；<br>3. 熟练掌握字符串处理函数的功能及使用方法；<br>4. 熟练使用数组进行程序设计，解决实际问题</td><td>1. 上机操作的准确性和规范性；<br>2. 专业技能任务完成情况</td><td></td><td></td><td></td><td>0.5</td><td></td></tr>
<tr><td>创新能力</td><td>1. 在任务完成过程中能提出自己的有一定见解的方案；<br>2. 对教学提出建议，具有创造性</td><td>1. 方案的可行性及意义；<br>2. 建议的可行性</td><td></td><td></td><td></td><td>0.2</td><td></td></tr>
<tr><td>合计</td><td colspan="7"></td></tr>
</table>

# 项目 6 能力训练

## 一、填空题

1. 若有定义“int a[ ][3] = {1,2,3,4,5,6,7};,”则数组 a 第一维的大小是________。

2. 下列语句的执行结果是________。

```
static char str[10] = "china";printf("%d", strlen(str));
```

3. 在C语言中，将字符串作为________处理。

4. 数组名的命名规则和变量名的命名规则相同，遵循________命名规则。

5. 设有定义“int a[10] = {1,2,3,4,5};”，则a[2]的值是__________，a[5]的值是__________。

6. 经过“int b[2][3] = { {3,7,8},{2}};”定义之后，b[1][2]的值是________。

7. 以下程序的输出结果是________。

```
  main()
{ int b[3][3] ={0,1,2,0,1,2,0,1,2},i,j,t =1;
  for(i =0;i <3;i ++)
  for(j = i;j <= i;j ++) t = t + b[i][b[j][j]];
  printf("%d\n",t);
  }
```

8. 以下程序的输出结果是________。

```
main()
{int a[4][4] ={{1,3,5},{2,4,6},{3,5,7}};
printf("%d%d%d%d\n",a[0][3],a[1][2],a[2][1],a[3][0]);
```

## 二、选择题

1. 下面能正确进行字符串赋值操作的语句是（　　）。

A. char s[5] = ("ABCDE"};　　B. char s[5] = {'a','b','c','d','e'};

C. char * s; s = "ABCDEF";　　D. char * s; scanf("%s",);

2. 若有定义“int a[10];”，则对数组元素的引用正确的是（　　）。

A. a[10]　　B. a[5]　　C. a[5]　　D. a[11]

3. 以下数组定义中，不正确的是（　　）。

A. int a[2][3];

B. int b[][3] = {0,1,2,3};

C. int c[100][100] = {0};

D. int d[3][] = {{1,2},{123},{1,2,3,4};

4. 设有数组定义“char array[ ] = "China";”，则数组array所占的空间为（　　）。

A. 4个字节　　B. 5个字节

C. 6个字节　　D. 7个字节

5. 以下选项中，不能正确赋值的是（　　）。

A. char s1[10]; s1 = "Cest";

B. char s2[] = {'C','t','e','s','t'};

C. char s3[20] = "Ctest";

D. char * s4 = "Ctest\n";

6. 以下4个数组定义中，（　　）是错误的。

A. int a[7];　　B. #defin eN5 long b[N];

C. char c[5];　　D. int n,d[n];

7. 对字符数组进行初始化，(　　) 形式是错误的。

A. char c1[ ] = {'1','2','3'};

B. char c2[ ] = 123;

C. char c3[ ] = { '1','2','3', '\0'};

D. char c4[ ] = "123";

8. 下列说法中，错误的是 (　　)。

A. 一个数组只允许存储同种类型的变量

B. 如果在对数组进行初始化时，给定的数据元素个数比数组元素个数少，则多余的数组元素会被自动初始化为最后一个给定数组元素的值

C. 数组的名称其实是数组在内存中的首地址

D. 当数组名作为参数被传递给某个函数时，原数组中元素的值可能被修改

9. 若有语句 "int a[8];"，则下述对数组 a 的描述中，正确的是 (　　)。

A. 定义了一个名称为 a 的一维整型数组，共有 8 个元素

B. 定义了一个数组 a，共有 9 个元素

C. 说明数组 a 的第 8 个元素为整型变量

D. 以上都不对

10. 若二维数组 a 有 m 列，则计算任一元素 a[i][j]在数组中位置的公式为 (　　) (假设 a[0][0]位于数组的第一个位置上)。

A. i * m + j　　　　B. j * m + i

C. i * m + j - 1　　　　D. i * m + j + 1

**三、简答题**

1. 什么是数组?

2. 数组中的每个元素有什么特点?

3. 如何定义一个 3 行、4 列的二维整型数组?

4. 有定义 "int a[10];"，如何用 for 循环将 0 ~ 20 之间的所有偶数依次存放在数组 a 中?

5. 如果定义一个整型变量 i，定义一个一维数组 (int a[i]) 是否可以? 引用一个数组变量a[i]是否可以?

**四、编程题**

1. 编写程序，计算某班级 C 语言课程的平均成绩和及格率 (假设班上有 10 个学生，用一个 for 循环实现)。

2. 编写程序，输入 10 个数到数组，然后倒序输出。

3. 编写程序，把 0 ~ 99 之间的数分奇数和偶数保存在 2 个数组中，并且将两个数组元素输出。要求：(1) 倒序输出；(2) 每行显示 8 个数。

4. 输入一组字符，要求分别统计出其中英文字母、数字、空格及其他字符的个数。

5. 回文字符串就是正读、反读都一样的字符串，如 "radar"。要求从键盘输入字符串，判断该字符串是否为回文字符串。

# 项目7

# 函数的使用

【项目描述】

C 语言程序是由函数组成的，即函数是 C 语言程序的基本模块。本项目主要介绍函数的定义、系统函数与自定义函数，如何传递参数和调用无参和有参函数，以及函数的嵌套调用与递归。通过对函数的学习，建立起模块化的编程思想与实现方法。

【知识目标】

（1）掌握函数定义的语法格式。
（2）熟悉常用的系统库函数。
（3）掌握函数的编写和调用方法。
（4）掌握函数的嵌套调用与递归调用方法。
（5）掌握函数间的参数传递、变量的作用域和生存期。
（6）掌握内部与外部函数的定义。

【技能目标】

（1）熟悉有参和无参函数的定义方法。
（2）学会函数的调用和使用方法。
（3）能够熟练地使用函数的返回语句（return）编程。
（4）能够使用函数的嵌套调用与递归调用编程。
（5）能够编写和阅读模块化结构的 C 语言程序。

## 任务1 函数的定义和调用

【任务描述】

熟悉系统库函数和自定义函数，学会有参和无参函数定义的语法格式，能正确使用 return 语句、进行函数调用和参数传递。本任务编写根据需要选择“计算三角形面积”“计算圆形面积”“计算长方形面积”“退出”命令的 C 语言程序。

【任务目标】

（1）掌握函数原型的声明方法。

(2) 掌握函数的定义和调用方法。

(3) 熟悉库函数的引用方式。

(4) 能够正确使用 return 语句。

(5) 能够熟练掌握主调函数向被调用函数传递参数的过程。

## 知识链接

### 一、函数

C 语言提供了丰富的库函数，还允许用户建立自己定义的函数，用户可以把自己编写的算法和功能编成一个个相对独立的函数，通过函数模块的调用实现各种功能。可以说 C 语言程序的全部工作都是由各种各样的函数来完成的，所以 C 语言又叫作函数式语言。当一个 C 语言源程序由多个函数构成时，必须有唯一的 main( ) 函数，程序总是从 main( ) 函数开始。

函数的定义

1. 函数的定义

一个完整的函数定义包括两部分内容：一是函数头，二是函数体。函数头包括函数类型、函数名和形式参数列表。函数体包括声明和语句两部分，具体完成函数功能的实现。

函数定义的一般语法格式为：

```
返回值的数据类型 函数名(数据类型 参数名1,数据类型 参数名2,…)
{
/*函数的功能代码部分*/
/*用 return 语句返回结果值*/
}
```

**说明：**

(1) 在上面的定义格式中，函数名、参数名 1、参数名 2 等是标识符，与前面学过函数名和变量名的命名方法是一样的。在同一个程序中，函数名必须唯一，形参只要在同一个程序中唯一即可。

(2) 返回值的数据类型即 int，float，double，char 等关键字，根据函数的具体功能及其要返回的数据的类型而定。每个参数名前面的数据类型也是关键字。特别地，“数据类型 参数名 1”或“数据类型 参数名 2”分别是一个参数的定义，参数定义之间用逗号“,”隔开。

(3) 函数的形式参数（以下简称“形参”）列表中可以是一个变量，也可以是多个变量。上面的格式就描述了一个具有多个参数的“带参数有返回值函数”。在函数中，返回值需要使用 return 语句。return 语句的一般语法格式为：

```
return 表达式;
```

在 return 语句中，表达式通常是计算结果或由结果构成的表达式，当然，也可以是用户想让函数返回的任意值，表达式的值与返回值的类型相同。

(4) 定义函数后，形参并没有具体的值，只有在被调用时才分配内存单元。在调用结束后，立刻释放所有分配的内存单元。因此，形参只在函数内部有效。函数可以没有形参，但括号不能省略。

（5）在C语言程序中，一个函数的位置任意，但函数的定义必须放在函数的外部，不能在函数内定义函数，即无论在主函数体内还是在子函数体内都不能再定义另一个函数，也就是不能嵌套定义，但可以嵌套调用。

（6）若函数的首部省略了函数返回值的类型定义，则默认函数返回值的类型为int。

（7）函数返回值类型在函数名前声明，若无返回值，类型定义为void（空）。

（8）除了返回值为int类型的函数外，函数必须先定义后调用。

（9）根据函数是否需要参数，可将函数分为无参函数和有参函数两种。

无参函数定义的一般语法格式如下：

```
类型名 函数名(void)        /* void 表示空类型 */
{
    函数体语句;
}
```

有参函数定义的一般语法格式如下：

```
类型名 函数名(类型名 参数名1,类型名 参数名2,…)
{
    函数体语句;
}
```

无参函数和有参函数若无返回值，则其首部的类型标识符用“void”表示无返回值。

2. 库函数

库函数是由C语言系统提供的，用户无须定义，也不必在程序中做类型说明，只需在程序最前面使用“#include”命令包含相关函数原型的头文件，就可以在C语言程序中直接调用。

C语言的库函数非常丰富，ANSI C提供了100多个库函数，Turto C提供了300多个库函数。常用的库函数如下。

（1）数学函数（头文件为“math. h”）：abs( )、fabs( )、sin( )、cos( )、tan( )、exp( )、sqrt( )、pow( )、log( )、log10。

（2）字符串处理函数（头文件为“string. h”）：strcmp( )、strcpy( )、strcat( )、strlen。

（3）字符处理函数（头文件为“ctype. h”）：isalpha( )、isdigit( )、islower( )、isupper( )、toupper( )、tolower( )。

（4）输入/输出函数（头文件为“stdio. h”）：getchar( )、putchar( )、gets( )、puts( )、fopen( )、fclose( )、fprintf( )、fscanf( )、fgetc( )、fputc( )、fgets( )、fputs( )、feof( )、rewind( )、fread( )、fwrite( )、fseek( )。

（5）动态存储分配函数（头文件为“stdlib. h”）：malloc( )、calloc( )、free( )、system( )、rand( )、exit( )。

**【例7.1】**　求1～10的平方根和立方。

程序如下：

```
#include <stdio.h>
#include <math.h>
```

```
void main(){
    int x=1;
    double sqrtNum,powNum;
    while(x <= 10){
    sqrtNum = sqrt(x);
    powNum = pow(x,3);
    printf("%d 的平方根:%3.2f\t%d 的立方:%5.0f \n",x,sqrtNum,x,powNum);
    x++;
    }
}
```

程序运行结果如图 7－1 所示。

```
1的平方根:1.00  1的立方:    1
2的平方根:1.41  2的立方:    8
3的平方根:1.73  3的立方:   27
4的平方根:2.00  4的立方:   64
5的平方根:2.24  5的立方:  125
6的平方根:2.45  6的立方:  216
7的平方根:2.65  7的立方:  343
8的平方根:2.83  8的立方:  512
9的平方根:3.00  9的立方:  729
10的平方根:3.16 10的立方: 1000
Press any key to continue
```

图 7－1　程序运行结果

**【例 7.2】**　使用系统函数 toupper( )和 tolower( )，进行字母大小写转换。

程序如下：

```
#include <stdio.h>
#include <ctype.h>
void main(){
char msg1,msg2,to_upper,to_lower;
printf("请输入一个小写字母：");
scanf("%c",&msg1);
to_upper=toupper(msg1);
printf("转换为大写：% c\n",to_upper);
printf("请输入一个大写字母：");
fflush(stdin);
scanf("%c",&msg2);
to_lower=tolower(msg2);
printf("转换为小写：%c\n",to_lower);\
}
```

程序运行结果如图 7－2 所示。

```
请输入一个小写字母:d
转换为大写: D
请输入一个大写字母: E
转换为小写: e
Press any key to continue
```

图 7－2　程序运行结果

3. 自定义函数

自定义函数是由用户根据实际需要编写的函数，专门用来满足用户的特定需求。

自定义函数定义的语法格式如下：

```
return_type function_name(datatype1 arg1,datatype2 arg2,…){
        /*函数体语句*/
        }
```

**说明：**

（1）return_ type 为返回值类型。

function_ name 为函数名。

datatype1，datatype2 为参数的数据类型。

arg1，arg2 为参数名。

（2）自定义函数必须遵循标识符的命名规则。

（3）返回值即函数的运行结果。返回值是有类型的。返回值可有可无，如果该函数没有返回值，则必须声明为 void。

（4）函数体语句又称为函数的实现，即函数的内部的运作细节，在程序中使用代码实现。

**【例 7.3】**

程序如下：

```
void displayDiscount(){
 float price, discount _amt;
 printf("请输入价格");
 scanf("%f", &price);
 discount_amt = 0.75 * price;
 print("折扣额为%f", discount _amt);
}
```

该函数名为 displayDiscount，无参数，使用 void 说明无返回值，函数体内的语句用于根据产品的价格求折扣后的价格。

**【例 7.4】**

程序如下：

```
void getMax(){
     double m,x,y;
     printf("请输入一个数:");
     scanf("%d",&x);
     print("请输入另一个数:");
     scanf("%d",&y);
     m=x>y? x:y;
     printf("最大值是: %d",m);
}
```

该函数名为 getMax，没有参数，返回值为 void 类型，即没有返回值。在函数体内实现了求两个数中较大的数，并将它输出的功能。

4. 函数的返回值

除了空类型（void）外，所有函数的函数值都是通过返回语句（return）返回的。

返回语句有以下两种形式：

```
return 表达式; /*或 return(表达式); */
return;
```

**说明：**

（1）表达式值的类型必须与函数定义类型一致，若不一致，则以函数值的类型为准，return 语句中的表达式自动进行类型转换。

（2）一个函数可以有多条 return 语句，一旦其中的某条 return 语句被执行，则立即结束该函数的执行，返回主调函数，所以函数最多只能返回一个值。

（3）当函数中没有 return 语句时，函数没有返回值，函数类型应当说明为 void，程序执行到函数末尾“}”处时返回主调函数。

**【例 7.5】** 分别计算 1 ~ 100 的累加和与 1 ~ 10 的累乘积。

程序如下：

```
#include <stdio.h>
void add(int k)
{ int i,s=0;
for(i=1;i<=k;i++)  s+=i;
printf("1+2+3+…+%d=%d\n",k,s);
return;}
void fact(int k)
{ int i,p=1;
for(i=1;i<=k;i++)p*=i;     /*p*=i->p=p*i*/
printf("%d!=%d\n",k,p);
return ;  }
void main()
{ int m=100,n=10;
add(m);
fact(n);
}
```

程序运行结果如图 7 - 3 所示。

```
1+2+3+…+100=5050
10!=3628800
Press any key to continue
```

图 7 - 3　程序运行结果

## 二、函数的调用格式

1. 函数调用的一般格式

函数的调用是程序控制从调用函数转到被调函数，执行被调用函数的函数体，直至执行完成函数体中的语句遇到 return 语句为止。

函数调用的一般格式为：

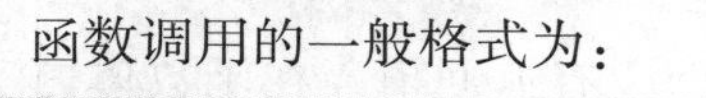

```
函数名(实参表列);
```

**说明：** 如果被调用函数是无参函数，则没有实参列表，但是括号不能省略。如果调用有参函数，实参的类型必须和形参的类型一致，各个实参之间用逗号分隔。

**【例 7.6】**

程序如下：

```
#include <stdio.h>
void printStar(){
    printf("*******\n");
}
void main(){
    printStar();
}
```

**注意：**本程序中定义了一个无参、无返回值的函数 printStar( )，在 main( ) 函数中，通过函数名调用 printStar( ) 函数。

**【例 7.7】**　调用函数，输出两个数中的较大数。

程序如下：

```
#include <stdio.h>
float max(float a,float b){
return a>b? a:b;
}
void main(){
float x,y,z;
printf(" input data:");
scanf("%f%f",&x,&y);
printf("max=%f\n", max(x,y));
}
```

程序运行结果如图 7-4 所示。

```
 input data:13 16
max=16.000000
Press any key to continue
```

图 7-4　程序运行结果

**说明：**

（1）调用函数时，函数名必须与所自定义的函数名完全一致。

（2）实参的个数必须与形参的个数一致。实参可以是表达式，在类型上应按位置与形参一一对应匹配。如果类型不匹配，C 语言编译程序按赋值兼容的规则进行转换，如果实参和形参的类型不赋值兼容，通常并不给出出错信息，并且程序仍然继续执行，只是得不到正确的结果。

（3）函数必须遵循“先定义，后调用”的原则，但类型为 int 或 char 的函数除外。

（4）如果实参列表中包括多个参数，对实参的求值顺序随系统而异。有的系统按自左向右的顺序求实参的值，有的系统则相反。

2. 函数的声明

在 C 语言中，除了主函数，对于用户自定义的函数，遵循“先定义，后调用”的原则。凡是未在调用前定义的函数，C 语言编译程序都默认其类型为 int。对于返回值为其他类型的函数，若把函数的定义放在调用语句之后，应该在调用之前对函数进行声明，否则会编译出错。

函数声明的一般格式如下：

```
返回值的数据类型 函数名(参数类型1 参数名1,参数类型2 参数名2,…);
```

**提示**：C 语言的库函数就是位于其他模块中的函数，为了正确调用，C 语言编译系统提供了相应的“.h”文件。“.h”文件包括多个函数声明，当源程序要使用库函数时，就应当包含相应的头文件。

例如：

```
float max(float, float);
```

或者

```
float max(float a,float b);
```

## 三、函数的调用方式

按函数在程序中出现的位置，函数的调用方式可分为以下 3 种。

1. 函数表达式

函数作为表达式的一项，出现在主调函数的表达式中，以函数返回值参与表达式的运算。这种方式要求函数有返回值。

2. 函数语句

C 语言中的函数可以只进行某些操作而不返回函数值，这时的函数调用可作为一条独立的语句，相当于其他语言中的子程序。这种方式要求函数无返回值。

例如，前面用到的库函数 printf( )、scanf( )等都是函数语句。

3. 函数实参

函数调用可以作为另一个函数调用的实际参数出现。这种情况是把被调用函数的返回值作为实参进行传送，因此要求被调用函数必须有返回值。

**【例 7.8】** 编写程序，从键盘输入两个数并输出其中的最大数。

程序如下：

```
#include <stdio.h>
float max(float x,float y);          /* max()函数说明 */
void tishi();                        /* tishi()函数说明 */
void main(){                         /* 主函数 */
float a,b;
float c;
tishi();                             /* 调用 tishi()函数 */
scanf("%f,%f",&a,&b);
c=max(a,b);                          /* 调用 max()函数 */
printf("max=%f\n",c);}
void tishi(){                        /* 定义 tishi()函数 */
printf("请输入两个实数!\n");
}
float max(float x,float y){          /* 定义 max()函数 */
float z;
if(x>y)
z=x;
else
z=y;
return z;
}
```

程序运行结果如图 7－5 所示。

图 7－5　程序运行结果

## 四、函数间的数据传递

*形参与实参的传递*

函数的参数分为形参和实参两种，作用是实现数据传递。形参在函数首部定义，必须是变量形式，只能在该函数体内使用。实参在主调函数的函数调用表达式中提供，可以是表达式形式。调用函数时，主调函数把实参的值复制一份，传递给被调用函数的形参变量，从而实现主调函数向被调用函数的参数传递。

（1）实参可以是常量、变量、表达式、函数等。无论实参是何种类型的量，在进行函数调用时，它们都必须具有确定的值，以便把这些值传递给形参。因此，应预先用赋值、输入等方法使实参获得确定的值。

（2）形参只有在被调用时，才分配存储单元，调用结束时，即刻释放所分配的存储单元。因此，形参只在该函数内有效。调用结束，返回主调函数后，则不能再使用该形参变量。

（3）实参对形参的数据传递是单向的值传递，即只能把实参的值传递给形参，而不能把形参的值反向传递给实参。

**【例 7.9】**　分析下列程序，写出程序运行结果，得出必要结论。

程序如下：

```
#include <stdio.h>
void swap(int x,int y){
  int t;
  t=x;
  x=y;
  y=t;
printf("\nx=%d,y=%d\n",x,y);
}
main(){
  int a=10,b=20;
  swap(a,b);
  printf("\na=%d,b=%d\n",a,b);
  }
```

程序运行结果如图 7－6 所示。

```
x=20, y= 10

a=10,b=20
Press any key to continue
```

图 7－6　程序运行结果

程序说明：

该程序实现了数据交换。main() 函数调用 swap() 函数时，将变量 a，b 的值传递给对应的形参 x，y。在 swap() 函数中，交换了形参 x，y 的值。由于在 C 语言中，参数中的数据只能由实参单向传递给形参，形参数据的变化并不影响对应实参的值，因此不能通过 swap( ) 函数将 main( )函数中的变量 a，b 的值进行交换。值传递方式的好处是减少了调用函数和被调用函数之间的数据依赖性，增强了函数自身的独立性。

**【例 7.10】** 编写程序，通过调用函数 float abs_sum(float a, float b)，求任意两个实数的绝对值的和。

程序如下：

```
#include <stdio.h>
float abs_sum(float,float);    /*函数声明语句*/
void main(){
float x,y,z;
scanf("%f,%f",&x,&y);
z=abs_sum(x,y);    /*函数调用语句*/
printf("实数的绝对值 z=%f\n",z);
}
float abs_sum(float a,float b){    /*函数定义*/
  if(a<0)
  a=-a;
  if(b<0)
  b=-b;
return a+b;
}
```

程序运行结果如图 7-7 所示。

```
7.5,-12.5
实数的绝对值z=20.000000
Press any key to continue
```

图 7-7　程序运行结果

## 任务实施

函数的定义和调用——任务实施

编写程序，根据需要选择“计算三角形面积”“计算圆形面积”“计算长方形面积”“退出”命令。

（1）任务说明。根据需求选择“计算三角形面积”“计算圆形面积”“计算长方形面积”“退出”命令。

（2）实现思路。

①声明 void logo( )、void sjx( )、void yuan( )、void cfx( ) 4 个函数。

②声明变量：“int a;char ch='\0';”。用 do…while 循环实现 void logo( )函数的调用。

③提示用户输入需要选择的命令。判断 a 是否等于 0，若等于 0，则跳出循环，结束使用；若不等于 0，则用 switch...case 开关语句调用所选择的命令，并输出结果。

④再次按 Enter 键继续下一个命令的操作。

⑤编写子函数：菜单函数 void logo( )、计算三角形面积函数 void sjx( )、计算圆形面积函数 void yuan( )、计算长方形面函数 void cfx( )。

（3）程序清单。

```
#include <stdio.h>
#include <stdlib.h>    /*声明函数的原型*/
```

```
void logo();
void sjx();
void yuan();
void cfx();
void main(){
    int a;
    char ch ='\0';        /*'\0'表示转义字符,表示空的含义*/
    do{
        system("cls");   /*清屏*/
        logo();
        printf("\n\t请选择");
        scanf("%d",&a);
        if(a ==0){break;}
        switch(a){
        case 1: sjx(); break;
        case 2: yuan();break;
        case 3: cfx();break;
        default:
            printf("请在0 -3之间输入~!\n");
            break;
        }
        printf("请按Enter键继续~!\n");
        flush(stdin);    /*要用字符取值的时候,一定要先清空缓存*/
        scanf("%c",&ch);
    }while(1);
    printf("\t\t谢谢使用~!!!!!!\n");}
/*菜单函数*/
void logo(){
    printf("请根据需要选择:\n\n");
    printf("\t1、计算三角形面积\n");
    printf("\t2、计算圆形面积\n");
    printf("\t3、计算长方形面积\n");
    printf("\t0、退出\n");}
    /*计算三角形面积函数*/
void sjx(){
    float a,b,s;
    printf("请输入三角形的底和高:\n");
    scanf("%f%f",&a,&b);
    s =a*b/2;
    printf("三角形的面积为:%.2f\n",s);
}
/*计算圆形面积函数*/
void yuan(){
  float r,s;
    printf("请输入圆的半径:\n");
    scanf("%f",&r);
    s =r*r*3.14;
    printf("圆的面积为:%.2f\n",s);
}
/*计算长方形面积函数*/
void cfx(){
    float a,b,s;
    printf("请输入长方形的长和宽:\n");
    scanf("%f%f",&a,&b);
    s =a*b;
    printf("长方形的面积为:%.2f\n",s);
}
```

(4) 程序运行结果如图 7－8 所示。

图 7－8　程序运行结果

请读者自行验证其他命令时的程序运行结果。

## 任务 2　函数的嵌套调用和递归调用

### 【任务描述】

函数的嵌套调用就是在被调用函数中又调用其他函数，函数的递归调用就是函数直接或间接地调用自身。本任务编写用函数的递归调用猜年龄的 C 语言程序。

### 【任务目标】

(1) 熟练掌握函数的嵌套调用。
(2) 熟练掌握函数的递归调用。
(3) 会判断函数递归的结束条件。
(4) 能够正确理解函数递归的回推和递推过程。

函数的嵌套调用和递归调用

### 知识链接

### 一、函数的嵌套调用

C 语言中不允许进行嵌套的函数定义，因此各函数之间是平行的，不存在上一级函数和下一级函数的关系。但是，C 语言允许在一个函数的定义中出现对另一个函数的调用。这样就出现了函数的嵌套调用，即在被调用函数中又调用其他函数。这与其他语言的子程序嵌套的情形是类似的。

**【例 7.11】**　一个班的 10 个同学参加 C 语言程序设计考试，请用菜单的方式求该课程的平均分、最高分、最低分。

分析：本例中主函数的功能是设计一个菜单，由选择的菜单调用相应的函数。本程序中定义了求该课程的平均分、最高分、最低分的函数，还定义了隔线函数 gexian()。

程序如下：

```
#include <stdio.h>
void gexian(){                    /* 隔线函数 */
```

```
    printf("--------------------------------------------------------------------------------\n");
}
void average(float b[],int size){          /*求平均分函数*/
    int i=0;
    float temp=0.0;
    for(;i<size;i++)
    temp +=b[i];
    gexian();                       /*调用隔线函数*/
    int i=0;
      printf("平均分为:%f",temp/size);
}
void max(float b[],int size){         /*求最高分函数*/
    int i=1;
    float temp=b[0];
    for(;i<size;i++)
       if(temp<b[i])
         temp=b[i];
    gexian();
    printf("最高分是:%f",temp);
}
void min(float b[ ],int size){
    int i =1;
    float temp=b[0];
    for(;i<size;i++)
    if(temp>b[i])
    temp=b[i];
    gexian();
    printf("最低分是:%f",temp);
}
void main(){          /*求最低分函数*/
    float a[10];
    int i;
    gexian();
    printf("  c语言程序设计成绩统计\n");
    gexian();
    printf("1.统计c语言程序设计成绩的平均分\n");
    printf("2.统计c语言程序设计成绩的最高分\n");
    printf("3.统计c语言程序设计成绩的最低分\n");
    gexian();
    printf("请输入10位同学成绩:");
    for(i=0;i<10;i++)
      scanf("%f",&a[i]);
    printf("请输入1~3之间的一个数:");
    scanf("%d",&i);
    if(i==1)
    average(a,10);        /*调用求平均分函数*/
    if(i==2)
    max(a,10);          /*调用求最高分函数*/
    if(i=3)
    min(a,10);         /*调用求最低分函数*/
    getchar();
}
```

程序运行结果如图 7 – 9 所示。

例 7.11 中主函数调用了 average( )、max( )、min( )三个函数，而这三个函数又均调用了 gexian( )函数，这就是本任务要解决的问题——函数的嵌套调用。函数的嵌套调用关系如图 7 – 10 所示。

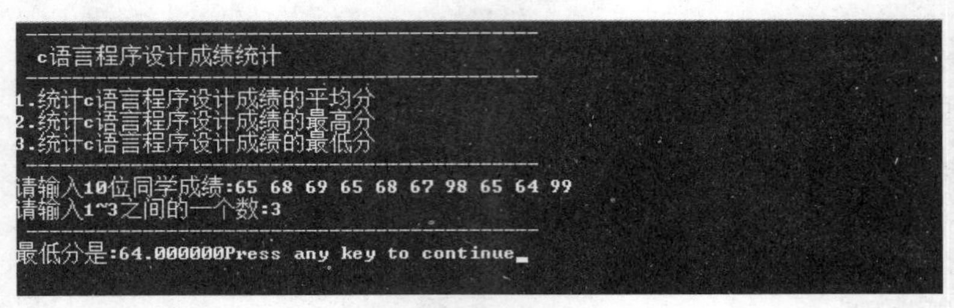


图 7 – 9　程序运行结果

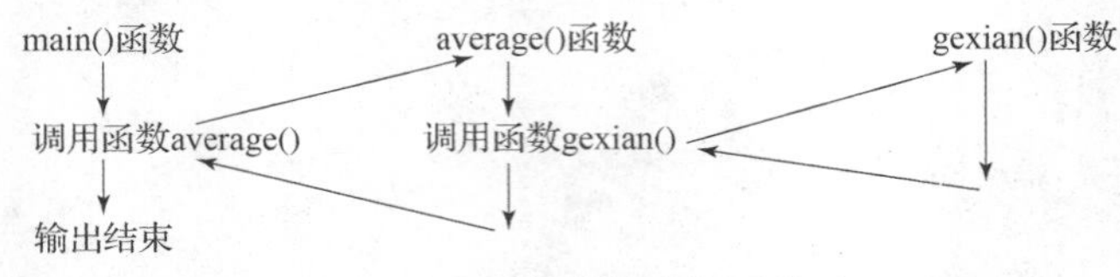


图 7 – 10　函数的嵌套调用关系

图 7 – 10 所示为两层嵌套的情形。其执行过程是：执行 main( )函数中调用 average( )函数的语句时，即转去执行 average( )函数；在 average( )函数中调用 gexian( )函数时，又转去执行 gexian( )函数；gexian( )函数执行完毕返回 average( )函数的断点继续执行；average( )函数执行完毕返回 main( )函数的断点继续执行。

## 二、函数的递归调用

函数直接或间接地调用自身叫作函数的递归调用，这种函数称为递归函数。C 语言允许函数的递归调用。在函数的递归调用中，主调函数又是被调用函数。执行递归函数将反复调用其自身，每调用一次就进入新的一层。

**说明：**

（1）C 语言编译系统对递归函数的自调用次数没有限制。

（2）每调用递归函数一次，就在内存堆栈区分配空间，用于存放函数变量、返回值等信息，所以递归次数过多，可能引起堆栈溢出。

函数的递归调用的两个阶段如下。

（1）递推阶段：将原问题不断地分解为新的子问题，逐渐从未知的方向向已知的方向推测，最终达到已知的条件，即递归结束条件，这时递推阶段结束。

（2）回归阶段：从已知条件出发，按照递推的逆过程，逐一求值回归，最终达到递推的开始处，结束回归阶段，完成递归调用。

**【例 7.12】**　用递归法求 n!。

分析：由于 $n! = n \times (n-1) \times (n-2) \times \cdots \times 1$，所以 $n! = n \times (n-1)!$。因此，可先求 $(n-1)!$，而要求 $(n-1)!$，又要先求 $(n-2)!$,……，最后递推到必须先求出 $1! = 1$，才可以得出其他阶乘。因此，$n = 1$ 就是这个递归函数的终止条件。

程序如下：

```
#include <stdio.h>
int fact(int);
void main(){
    int n;
    scanf("%d",&n);
    printf("%d!=%d\n",n,fact(n));
    getchar();}
int fact(int j){
    int sum;
    if(j==1)
    sum=1 ;
else
    sum=j * fact(j-1);
return sum;
}
```

程序运行结果如图7-11所示。

```
5
5!=120
Press any key to continue
```

图7-11 程序运行结果

函数嵌套调用和递归调用——任务实施

## 任务实施

编写程序，猜年龄。有5个人坐在一起，猜第五个人多少岁。第五个人说比第四个人大2岁。问第四个人岁数，他说比第三个人大2岁。问第三个人，他说比第二个人大2岁。问第二个人，他说比第一个人大2岁。最后问第一个人，他说是10岁。请问第五个人多少岁？

（1）任务说明。递归调用的执行和返回情况，可以借助图7-12来说明。

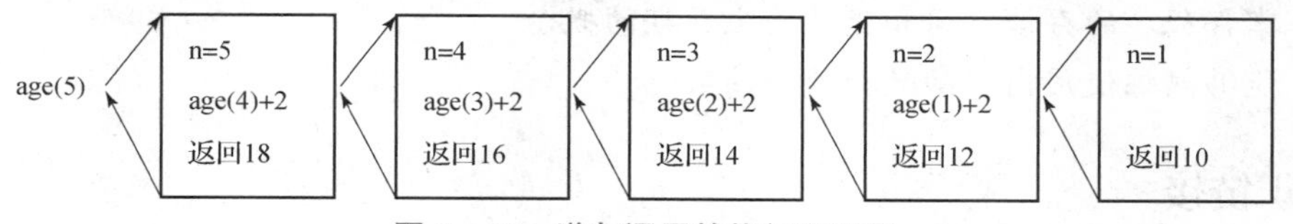


图7-12 递归调用的执行和返回

（2）实现思路。

①定义有参函数："int age(int n){};"。

②在函数int age(int n)中定义变量："int c;"。

③利用if...else语句，判断递归结束条件"n==1 c=10;"，n不等于1时，递归调用函数"age(int n);"。

④在主函数中打印输出调用子函数age，输出第五个人的年龄。

（3）程序清单。

```
#include < stdio.h >
int age(int n){
```

```
int c;
if(n ==1)c =10;
else c =age(n -1) +2;
return c;
}
void main(){
  printf("第 5 个人的年龄为:%d",age(5));
  getchar();
}
```

（4）程序运行结果如图 7－13 所示。

```
第5个人的年龄为:18
```

图 7－13　程序运行结果

## 任务 3　局部变量和全局变量

【任务描述】

局部变量是在函数内部或某个控制块中定义的变量，局部变量的有效范围只限于本函数内部，退出函数即自动失效，故也称为内部变量。全局变量是指在函数外部定义的变量，在同一文件中的所有函数都可以引用全局变量。本任务编写判断 n 是否为素数，若是素数，函数返回 1，否则返回 0 的 C 语言程序。

【任务目标】

（1）掌握局部变量和全局变量的定义。

（2）掌握变量的作用域的概念。

（3）掌握程序的存储空间和变量的生存期的概念。

（4）能够熟练使用内部函数和外部函数。

### 知识链接

### 一、程序的存储空间

一个 C 语言程序在运行中所用的存储空间通常包括以下 3 个部分。

1. 程序代码区

程序代码区主要用于存放执行程序的代码和静态变量。

2. 静态存储区

静态存储区存放程序的外部变量。

3. 动态存储区

程序运行时，系统为其分配一个动态存储区（堆栈），用于存放以下数据。

（1）函数调用时，保存调用点的现场，如寄存器中的值、返回点等。

（2）被调用函数的形参在该函数被调用时才为其分配存储空间，以存放调用函数时传给形参的值。

（3）存放 auto 类型数据或 register 类型数据。

（4）存放函数的返回值等。

图 7 – 14 所示为 C 语言程序在内存中的存储映像。

| 动态存储区（堆栈） |
|---|
| 静态存储区 |
| 程序代码区 |

图 7 – 14　C 语言程序在内存中的存储映像

局部变量

## 二、局部变量

1. *局部变量概述*

局部变量是在一定范围内有效的变量，也称为内部变量。

C 语言中，在以下位置定义的变量属于局部变量。

（1）在函数体内定义的变量，在本函数范围内有效，作用域仅限于函数体内。

（2）有参函数的形参也是局部变量，只在其所在的函数范围内有效。

（3）在复合语句内定义的变量，在本复合语句范围内有效，作用域仅限于复合语句内。

关于局部变量有以下几点说明。

（1）在不同的函数和不同的复合语句中可以定义（使用）同名变量。它们因为作用域不同，程序运行时在内存中占据不同的存储单元，各自代表不同的对象，所以它们互不干预。

（2）局部变量所在的函数被调用或执行时，系统临时给相应的局部变量分配存储单元，而且函数执行结束，系统立即释放这些存储单元。各个函数中的局部变量起作用的时刻是不同的。

2. *局部变量的作用域和生存期*

变量的作用域也称为可见性，是指变量能够访问的范围。变量的生存期是指变量从开始分配单元（或寄存器）到释放所分配的单元（或寄存器）的时间范围。

为了表示变量的存储位置、作用域和生存周期这 3 种属性，C 语言中将变量按存储类型分为 4 类：auto，register，extern，static。

4 种存储类型的性质见表 7 – 1。

表 7 – 1　4 种存储类型的性质

| 存储类型 | register | auto | extern | static |
|---|---|---|---|---|
| 存储位置 | 寄存器 | 内存 | | |
| 作用域 | 局部 | | 全局 | 局部或全局 |
| 生存期 | 动态存储 | | 静态存储 | |

1）auto 类型变量的作用域和生存期

auto 类型变量的一般格式如下。

```
[auto]数据类型 变量名[=初值],…;
```

例如：

```
auto float a=10;
```

（1）auto 类型变量的作用域。由定义位置起，到函数体（或复合语句）结束为止。

（2）auto 类型变量的生存期。由于 auto 类型变量属于动态存储类别，存储单元被分配在内存的动态存储区，所以在进入函数体（或复合语句）时生成，在退出函数体（或复合语句）时消失。

未赋初值的 auto 类型变量，其值不确定。每次进入函数体或复合语句，就赋一次指定的初值。

auto 类型变量的优点是各函数互不干扰，即使标识符同名也互不影响。

2）register 类型变量的作用域和生存期

register 类型变量也是动态存储类别，其值保留在 CPU 的寄存器中。例如：

```
register int x;
```

（1）register 类型变量的作用域。从定义位置起，到函数体（或复合语句）结束为止。

（2）register 类型变量的生存期。在进入函数体（或复合语句）时生成，在退出函数体（或复合语句）时消失。

register 类型变量的优点是程序运行时，访问存于寄存器内的值要比访问内存中的值快得多。因此，当程序对速度有较高要求时，把那些频繁引用的少数变量指定为 register 类型，有助于提高程序的运行速度。

3）static 类型变量的作用域和生存期

static 类型变量属于静态存储类别，其存储单元被分配在内存的静态存储区中。

（1）static 类型变量的作用域。从定义位置起，到函数体（或复合语句）结束为止。

（2）static 类型变量的生存期。在程序运行期间永久保存。

编译时为 static 类型变量赋初值（只一次），未赋初值则默认为 0，在程序运行期间不再赋初值（保留上次运行时得到的值）。

static 类型变量的优点是函数调用时保留局部变量值。

**【例 7.13】** static 类型变量的使用。

程序如下：

```
#include <stdio.h>
f(){
  int a=2;
  static int b,c=3;
  b=b+1;
  c=c+1;
  return a+b+c;
  }
void main(){
```

```
    int i;
    for(i =0;i <3;i ++)
  printf("%d ",f());
  printf("\n ");
}
```

程序运行结果如图7-15所示。

```
7 9 11
Press any key to continue
```

图7-15 程序运行结果

f()函数中b和c都是static类型变量，在编译时系统为它们开辟存储空间，并赋初值0和3。它们在整个程序执行期间都占用相同的内存空间，整个程序执行完毕后空间才释放。由于每次调用f()函数后不释放静态变量，所以，变量b和c中的值是前一次调用后的结果。

## 三、全局变量

1. 全局变量概述

全局变量是在函数之外（所有函数前、各个函数间、所有函数后）定义的变量，也称为外部变量。

全局变量

全局变量的作用域是从定义全局变量的位置起到本程序结束为止。

**说明：**全局变量可以和局部变量同名。若一个全局变量和某个函数中的局部变量同名，则全局变量将在该函数中被屏蔽，即在该函数内局部变量有效，全局变量不起作用。

**【例7.14】** 全局变量与局部变量同名。

程序如下：

```
#include <stdio.h>
int a =3,b =5;
max(int a,int b){
    int c;
    c =a >b? a:b;
    return c;
    }
    void main(){
    int a =8;
    printf("%d\n",max(a,b));
    }
```

程序运行结果如图7-16所示。

```
8
Press any key to continue
```

图7-16 程序运行结果

本程序中有两个全局变量 a 和 b。在 main( ) 函数中又定义局部变量 a = 8，在主函数中全局变量 a 被屏蔽，所以传递给 max( ) 函数参数 a 的值是 8，传递给参数 b 的值为全局变量 b 的值 5，输出的结果为 8。

2. 全局变量的作用域和生存期

全局变量只有静态一种类别。对于全局变量可以使用 extern 和 static 两种说明符，定义格式如下：

```
[extern][static]数据类型 变量名表;
```

没有特别指明存储类别的全局变量默认为 extern 类型。

1）全局变量的作用域

我们知道，在函数外部定义的变量为全局变量。全局变量的作用域是从定义变量的位置开始到本程序结束。

使用全局变量可以增加各个函数之间的数据传输渠道。由于函数调用只能带回一个返回值，因此有时利用全局变量增加与函数联系的渠道，使函数可以得到一个以上的返回值。

说明如下。

（1）应尽量少使用全局变量。

全局变量在程序全部执行过程中始终占用存储单元，降低了函数的独立性、通用性、可靠性、可移植性及清晰性，容易出错。

（2）若外部变量与局部变量同名，则外部变量被屏蔽。

2）全局变量的生存期

全局变量在程序运行期间永久性保存，编译时全局变量未赋初值，初值默认为 0。

全局变量的优点如下：由于全局变量在整个程序运行期间都占用内存空间，所以它始终保留要使用的数据（除非在某个函数中定义了同名局部变量，在这个函数中同名局部变量有效）。

**【例 7.15】** 有 4 个学生的 5 门课的成绩，要求输出其中的最高成绩以及它属于第几个学生的第几门课程。可以使用全局变量，通过全局变量从函数中得到所需要的值。

程序如下：

```
#include <stdio.h>
int Row,Column;          /*定义全局变量 Row 和 Column */
int main()
{float highest_score(float array[4][5]);
 float score[4][5] = {{61,73, 85.5,87,90},{72,84,66,88,78},
                     {75,87,93.5,81,96},{65, 85, 64,76,71}};
 printf("The highest score is %6.2f\n",highest_score(score));
 printf("Student No.is%d\nCourse No.is %d\n", Row, Column);
 return 0;
 }
float highest_score(float array[4][5])
{int i,j;
float max;
max = array[0][0];
for(i =0;i <4;i ++)
```

```
for(j=0;j<5;j++)
if(array[i][j]>max)
{max=array[i][j];
 Row=i;                    /*将行的序号赋给全局变量Row*/
 Column=j;                /*将列的序号赋给全局变量Column*/
}
return(max);
}
```

程序运行结果如图7-17所示。

```
The highest score is  96.00
Student No.is 2
Course No. is 4
Press any key to continue
```

图7-17　程序运行结果

## 四、内部函数和外部函数

函数本质上是全局的，因为一个函数需要被另外的函数调用。那么，当一个源程序由多个源文件组成时，在一个源文件中定义的函数，能否被其他源文件中的函数调用呢？根据函数能否被其他源文件中的函数调用，将函数分为内部函数和外部函数。

1. 内部函数

如果一个函数只能被本文件中其他函数调用，它称为内部函数。在定义内部函数时，在函数名和函数类型的前面加static，即

```
static 类型标识符 函数名(形参表);
```

例如：

```
static int fun(int a,int b);
```

内部函数又称为静态函数，因为它是用static声明的。使用内部函数可以使函数的作用域局限于它所在的文件，若在不同的文件中有同名的内部函数，则它们互不干扰，也就是将内部函数“屏蔽”于外界。这样不同的人可以分别编写不同的函数，而不必担心所用函数是否会与其他文件中的函数同名，通常把只能由同一文件使用的函数和外部变量放在一个文件中，在它们前面都冠以static以使之局部化，不能被其他文件引用。

2. 外部函数

(1) 如果在定义函数时，在函数首部的最左端加关键字extern，则此函数是外部函数，可供其他文件调用。

如函数首部可以写为：

```
extern int fun(int a, int b);
```

这样，函数fun()就可以被其他文件调用。C语言规定，如果在定义函数时省略extern，则默认该函数为外部函数。

（2）在需要调用此函数的文件中，用 extern 对函数进行声明，表示该函数是在其他文件中定义的外部函数。

【例 7.16】 下面的程序由 3 个文件组成："filel. c""file2. c""exe8 – 13. c"。在"filel. c""file2. c"文件中分别定义了两个外部函数，在"exe8 – 13. c"文件中可以分别调用这两个函数。

程序如下：

```
/* "file1.c"外部函数定义 * /
extern int add(int m,int n){
return(m + n);
}
/* "file2.c"外部函数定义 * /
extern int mod(int a,int b){
  return(a%b);
  }
#include < stdio.h >
extern int add(int m,int n);          /* 外部函数声明 * /
extern int mod(int a,int b);          /* 外部函数声明 * /
void main(){
int x,y,result1,result2, result;
printf("please input x andy: \n");
scanf("%d,%d",&x,&y);
result1 = add(x,y);              /* 调用"filel.c"文件中的外部函数 * /
printf("x + y = %d \n",result1);
if(result1 > 0)
result2 = mod(x,y);             /* 调用"file2.c"文件中的外部函数 * /
result  = result1 - result2;
printf("mod(x,y) = %d \n",result2);
printf("add(x + y) - mod(x,y) = %d \n",result);
}
```

程序运行结果如图 7 – 18 所示。

```
please input x andy:
6,8
x+y=14
mod(x,y)=6
add(x+y)-mod(x,y)= 8
Press any key to continue
```

图 7 – 18　程序运行结果

## 任务实施

局部变量和全局变量——任务实施

编写函数 isprime(int x)，用来判断 n 是否为素数，若 n 是素数，函数返回 1，否则返回 0。

（1）任务说明。用户输入一个整数 n，利用 if 判断语句，调用子函数 isprime(int x)，将返回值作为判断条件，函数返回 1，则该数是素数，否则，该数不是素数。

（2）实现思路。

①声明函数："int isprime(int x);"。

②编写函数 int isprime(int x)程序代码，用 return 语句确认返回值是0还是1。

③用户输入一个整数 n，用 if...else 语句判断并调用函数 int isprime(int x)。

④输出结果。

（3）程序清单。

```
#include <stdio.h>
int isprime(int x);
void main(){
    int n;
   printf("Please input a integer number:");
   scanf("%d",&n);
   if(isprime(n))
      printf("%d is a prime number\n",n);
   else
    printf("%d is not a prime number\n",n);
   }
   int isprime(int x){
      int i;
     for(i=2;i<x/2;i++)
       if(x%i==0) return 0;
     return 1;
     }
```

（4）程序运行结果如图7-19所示。

```
Please input a integer number:57
57 is not a prime number
Press any key to continue
```

图7-19　程序运行结果

# 任务4　函数程序设计上机操作

## 一、操作目的

（1）熟悉函数的定义、函数的声明及函数的调用方法。

（2）熟练掌握主调函数和被调用函数之间的参数传递方式。

（3）掌握变量的作用域和变量的存储属性在程序中的应用。

（4）能够在程序设计中用函数方法解决一些常见问题。

（5）熟练上机进行C语言程序中函数的调试。

## 二、操作要求

（1）在 Visual C++6.0 或 Dev-C++5.11 集成环境中，熟练地进行C语言函数程序的编写。

（2）能够用自定义函数方式编写一般应用程序。

（3）运用函数调用思想编写 C 语言程序。

（4）对操作任务程序进行编译、运行、修改。

## 三、操作内容

**操作任务 1**　实现收银系统，将该系统的 4 个功能菜单分别定义成函数，直到用户选择退出位置。

程序如下：

```
#include <stdio.h>
#include <stdlib.h>
void loadData();
void displayAll();
void queryByID();
void saleGoods();            /*收银*/
void main(){
int op =0;
char flag;
do{
system("cls");
printf("\t欢迎进入超市收银系统\n\n");
printf("\t1.录入商品信息\n");
printf("\t2.收银\n");
printf("\t3.查看所有商品信息\n");
printf("\t4.根据编号查询商品信息\n");
printf("请输入您要办理的项目:");
scanf("%d",&op);
switch(op){
case 1:
system("cls");
loadData();         /*调用 loadData()函数*/
break;
case 2:
system("cls");
saleGoods();
break;
case 3:
system("cls");
displayAll();
break;
case 4:
system("cls");
queryByID();
break;
default:
printf("您的操作不在我们的范围内!!\n");
break;}
printf("\n按 Enter 键回到主菜单:");
fflush(stdin);
```

```
scanf("%c",&flag);}
while(flag =='\n');
printf("\n");}
void saleGoods(){
printf("收银...功能有待完善\n");}
void displayAll(){
printf("显示所有商品信息...功能有待完善\n");}
void queryByID(){
printf("根据编号查询商品信息...功能有待完善\n");}
void loadData(){
int no;
char name;
float price = 0,salePrice =0;
printf("录入商品信息\n\n");
printf("请输入商品编号:");
scanf("%d", &no);
flush(stdin);
printf("请输入商品名称:");
scanf("%c",&name);
printf("请输入商品进价:");
scanf("%f",&price);
printf("请输入商品售价:");
scanf("%r", &salePrice);
printf("\n您刚才录入的信息为:\n");
printf("编号 名称 进价 售价\n");
printf("%d %c%f %f\n", no, name, price,salePrice);
}
```

**操作任务2**　一对兔子在出生两个月后，每个月能生出一对小兔子。现有一对刚出生的兔子，如果所有兔子都不死，那么一年后共有多少对兔子？编程解答该问题。

程序说明。这是一道典型的函数递归调用问题，下面针对求解兔子个数问题进行分析，month 表示月份数，可分为以下几种典型的情况。

（1）当 month 为 1 和 2 时，只有一对兔子。

（2）当 month =3 时，这对兔子又生出一对小兔子，共有两对兔子。

（3）当 month =4 时，第一对兔子生出小兔子，第二对兔子只出生了一个月，所以没有生出小兔子，共有三对兔子。

（4）当 month =5 时，已有的三对兔子中满两个月的兔子有两对，可以生出小兔子，加上满一个月的一对兔子，兔子的总数为五对。

（5）当 month =6 时，已有的五对兔子中满两个月的兔子有三对，可以生出小兔子，加上满一个月的两对兔子，兔子的总数为八对。

依此类推，可知这是一个递归问题，兔子的总数等于 month -1 个月的兔子数量和 month -2 个月的兔子数量的和。

程序如下：

```
#include <stdio.h>
#include <stdlib.h>
   #include <time.h>
   int getNum(int month){          /* 参数 month 表示月数 */
```

```
        if(month==1||month==2)      /* 如果仅经过 1 个月或 2 个月,那么兔子只有 1 对 */
        {
        return 1 ;
        }
     return getNum(month-2) + getNum(month-1);   /* month 个月的兔子数量是 month-1 个月的兔子数量和 month-2 个月的兔子数量的和 */
     }
   void main(){
   int month=12,num;
   num=getNum(month);     /* 调用函数,获取兔子数量 */
   printf("%d 个月后,兔子总数为%d\n",month, num);
   }
```

## 四、操作过程

（1）打开 Visual C ++6.0 或 Dev－C ++5.11 集成环境。

（2）新建“.c”程序文件。

（3）编写操作任务的 C 语言程序源代码。

（4）选择“组建”菜单下的“编译”→“组建”→“执行”命令，输出结果。

操作任务 1 的程序运行结果如图 7－20 所示。

图 7－20　操作任务 1 的程序运行结果

请读者自行验证要办理的其他项目。

操作任务 2 的程序运行结果如图 7－21 所示。

```
12个月后,兔子总数为144
Press any key to continue
```

图 7－21　操作任务 2 的程序运行结果

## 五、程序分析

（1）写出上机操作中出现的错误及解决方法和步骤。

（2）完成两个操作任务程序的上机调试并验证结果。

（3）能够分析说明程序和程序中语句的功能作用。

## 项目评价 7

班级：________
小组：________
姓名：________

指导教师：________
日　　期：________

| 评价项目 | 评价标准 | 评价依据 | 评价方式 | | | 权重 | 得分小计 |
| --- | --- | --- | --- | --- | --- | --- | --- |
| | | | 学生自评 20% | 小组互评 30% | 教师评价 50% | | |
| 职业素养 | 1. 遵守企业的规章制度、劳动纪律；<br>2. 按时按质完成工作任务；<br>3. 积极主动地承担工作任务，勤学好问；<br>4. 保证人身安全与设备安全 | 1. 出勤；<br>2. 工作态度；<br>3. 劳动纪律；<br>4. 团队协作精神 | | | | 0.3 | |
| 专业能力 | 1. 熟悉有参函数和无参函数的定义方法；<br>2. 学会函数的调用方法和使用方法；<br>3. 熟练使用函数的返回语句（return 语句）编程；<br>4. 能够使用函数的嵌套调用与递归调用编程；<br>5. 能够编写和阅读模块化结构的程序 | 1. 上机操作的准确性和规范性；<br>2. 专业技能任务完成情况 | | | | 0.5 | |
| 创新能力 | 1. 在任务完成过程中能提出自己的有一定见解的方案；<br>2. 对教学提出建议，具有创造性 | 1. 方案的可行性及意义；<br>2. 建议的可行性 | | | | 0.2 | |
| 合计 | | | | | | | |

## 项目 7 能力训练

### 一、填空题

1. 下面的函数调用语句中，fnNune( ) 函数的实参个数是________。

```
fnNune(f2(v1,v2),(v3,v4,v5),(v6,max(v7,v8)));
```

2. 数组名作为实参传递给函数时，传递的是________。

3. C 语言中形参的缺省存储类别是________。

4. 在一个 C 语言源程序文件中，如要定义一个只允许本源文件中所有的数使用的全局变量，则该变量需要使用的存储类别是________。

5. 变量从作用域的角度分为________。

6. 函数中的形参和调用时的实参都是数组名时，传递方式为________，它们都是变量时，传递方式为________。

7. 若自定义函数要求返回一个值，则应在该函数体中有一条语句，若自定义函数要求不返回一个值，则应在声明该函数时加一个________类型名。

8. 运行下面程序后的输出结果是________。

```
void fun(int x,int y);
main()
{ int a=1,b=2;
  fun(a,b);
    printf{"a=%d, b=%d\n",a,b); }
void fun(int x,int y)
{ x++; ++y;
printf("\nx=%d, y=%d\n",x,y);
```

9. 运行下面程序后的输出结果是________。

```
int f(int n)
{ int k=1;
  do { k* =n%10; n/=10;} while(n);
  return k; }
  main()
{ printf(%d\n",f(36)); }
```

10. 下面程序执行后的输出结果是________。

```
#include <stdio.h>
#define MA(x) x*(x+1)
void main(){
  int a=1,b=2;
   printf("%d\n",MA(1+a+b));
   }
```

## 二、选择题

1. 以下说法中正确的是（　　）。

A. C 语言程序总是从第一个定义的函数开始执行

B. 在 C 语言程序中，要调用的函数必须在 main( ) 函数中定义

C. C 语言程序总是从 main( ) 函数开始执行

D. C 语言程序中的 main( ) 函数必须放在程序的开始部分

2. 以下叙述中不正确的是（　　）。

A. 一个变量的作用域完全取决于变量定义语句的位置

B. 全局变量可以在函数以外的任何部位定义

C. 局部变量的生存期只限于本次函数调用，因此不可能将局部变量的运算结果保存至下一次函数调用

D. 将一个变量说明为static类别是为了限制其他编译单位的引用

3. 在C语言程序中，当调用函数时，下面说法中正确的是（　　）。

A. 实参和形参各占一个独立的存储单元

B. 实参和形参可以共用存储单元

C. 可以由用户指定实参和形参是否共用存储单元

D. 以上都不正确

4. C语言规定，程序中各函数之间（　　）。

A. 既允许直接递归调用，也允许间接递归调用

B. 既不允许直接递归调用，也不允许间接递归调用

C. 允许直接递归调用，不允许间接递归调用

D. 不允许直接递归调用，允许间接递归调用

5. 下列变量中，变量的生存期和作用域不一致的是（　　）。

A. 自动变量　　B. 定义在文件最前面的外部变量

C. 静态内部变量　　D. 寄存器变量

6. 若函数中有定义语句“int a;”，则（　　）。

A. 系统将自动给a赋初值0

B. a的值不确定

C. 系统将自动给a赋初值-1

D. a可以是任何值

7. 数组名作为实参传递给函数时，传递的是（　　）。

A. 该数组的长度　　B. 该数组的元素个数

C. 该数组的首地址　　D. 该数组中各元素的值

8. 下列叙述中，不正确的是（　　）。

A. 在不同的函数中可以使用相同名字的变量

B. 函数中的形参是局部变量

C. 在一个函数中定义的变量只在本函数范围内有效

D. 在一个函数的复合语句中定义的变量在本函数范围内有效

9. 下面程序运行后的输出结果为（　　）。

```
vold fun(int a, int b,int c)
{ a =456;b =567;c =670; }
  main()
{ int x =10,y =20, z =30;fun(x,y,z);
printf("%d, %d,%d\n",x,y,z);}
```

A. 30，20，10　　B. 10，20，30

C. 456，567，678　　　　D. 678，567，456

10. 下面程序运行后的输出结果为（　　）。

```
int x,y;
void f()
{ int a =18,b =16;x =x +a +b;y =y +a -b; }
main()
{ int a =9,b =8; x =a +b;y =a -b; f();
printf("%d, %d\n",x,y); }
```

A. 51，3　　B. 34，2　　C. 17，1　　D. 前面都不正确

三、简答题

1. C 语言的基本单位是什么？

2. 使用函数有哪些好处？

3. 实参的名字和形参的名字必须相同吗？数量必须相同吗？一个函数可以有多个返回值吗？

4. 被调函数中含有多条 return 语句时，能不能一次返回多个值？

5. 数组元素作参数和数组名作参数这两种调用方式有什么不同？

四、编程题

1. 用函数的递归调用求 1！+2！+3！+…+n！。

2. 用函数调用的方法求 f(k,n) = lk +…+nk，其中 k，n 从键盘输入。

3. 输入 4 个整数，找出其中最大的数，用函数的嵌套调用来处理。

4. 用函数的递归调用求 $s=2^2!+3^2!$。

# 项目8
# 指针的使用

【项目描述】

指针是C语言中非常重要的一种数据类型，是C语言的一大特色，也是C语言的精华所在。利用指针变量可以表示各种数据结构，能够很方便地操作数组和字符串。指针的概念比较复杂，使用非常灵活，运用好指针可以使程序简洁、紧凑、高效。本项目主要介绍指针的定义、引用，指针与数组和字符串的关系，指针与函数的关系，以及应用指针编写程序解决实际问题的方法。

【知识目标】

（1）正确地理解地址、指针与指针变量的概念。
（2）掌握指针变量的定义、初始化及指针的运算。
（3）掌握指针与数组、指针与函数、指针与字符串的关系。

【技能目标】

（1）能够熟练地使用指针实现数据排序。
（2）学会用指针实现字符数据的输出。
（3）掌握指向一维、二维数组的指针变量的定义与引用方法。
（4）能够正确地使用指针变量引用它所指向的字符数组和字符串。
（5）熟悉指针变量作为函数参数时的传递内容和过程。

## 任务1 认识指针

【任务描述】

指针就是地址，指针变量是专门用来存放指针（即地址）的变量。正确认识“指针”和“指针变量”这两个概念，是学会使用指针的前提。本任务编写从键盘输入两个整数a和b，按从小到大的顺序将a、b输出的C语言程序。

【任务目标】

（1）掌握地址、指针与指针变量的概念。
（2）学会指针的定义格式、初始化和赋值的方法。

(3) 熟练掌握取地址运算符和间接访问运算符的使用方法。

(4) 能够正确使用指针的加、减算术运算和关系运算。

(5) 能够正确理解空指针的概念。

(6) 能使用指针编写简单的 C 语言程序。

认识指针

## 知识链接

### 一、指针与指针变量

为了形象地描述内存单元的数据在存取过程中单元地址的变化情况，引入指针这一概念，指针就是地址。

一般地，如果在程序中定义了一个变量，则编译时系统会根据变量的类型给变量分配一定长度的字节数。实际上，内存中每个字节都有一个编码，这个编码就是该字节的地址。假设程序中已定义了两个整型变量 i，j；两个实型变量 a，b；两个字符型变量 c1，c2，编译分配示意如图 8 - 1 所示。整型变量 i 占内存用户数据区 2000，2001 两个字节；j 占 2002，2003 两个字节；实型变量 a 占 2004，2005，2006，2007 四个字节；b 占 2008，2009，2010，2011 四个字节。字符型变量 c1 占 2012 一个字节；c2 占 2013 一个字节。变量 i，j，a，b，c1，c2 的地址分别为 2000，2002，2004，2008，2012，2013。凡是存放在内存中的程序、数据和变量都有一个地址，用它们占用的那个存储单元的首字节的地址来表示。

| 地址 | 内存用户数据区 | 变量 |
|---|---|---|
| | … | |
| 2000 | 3 | i |
| 2002 | 4 | j |
| 2004 | 3.14159 | a |
| 2008 | 5.25 | b |
| 2012 | A | c1 |
| 2013 | B | c2 |
| | … | |
| 3000 | 2000 | p |
| | … | |

图 8 - 1　编译分配示意

由于通过地址能找到所需的变量单元，因此可以说地址“指向”该变量单元，从而在 C 语言中，将地址形象化地称为“指针”。如果有一个变量专门用来存放指针（即地址），则它称为指针变量。指针变量的值是指针（地址）。因此，要分清“指针”和“指针变量”这两概念。如图 8 - 1 所示，变量 i 的指针是 2000，p 是指针变量，它的值是指针（地址）2000。

### 二、定义并使用指针

在 C 语言中，允许用一个变量来存放指针，这种变量称为指针变量。一个指针变量的值就是某个内存单元的地址或称为某内存单元的指针。由于指针变量存放的可能是不同类型变量的地址，所以指针变量也可以分为不同的类型。

1. 指针变量的定义

定义指针变量的格式如下：

```
类型名 * 指针变量名 1, * 指针变量名 2,…
```

例如：

```
int *pt1, *pt2; /* 定义了两个指针变量pt1,pt2,基类型为整型,即指向的数据为整型 */
float *f;    /* 定义指针变量,基类型为浮点型,即指向的数据为浮点型 */
char *p   /* 定义指针变量p,基类型为字符型,即指向的数据为字符型 */
```

需要说明以下两点。

(1) C语言中的变量先定义后使用，指针变量也不例外，为了表示指针变量是存放地址的特殊变量，定义指针变量时在指针变量名前加“*”号。

(2) 指针变量存放地址值，计算机用2个字节表示一个地址，所以指针变量无论是什么类型，其本身在内存中占用的空间都是2个字节。

2. 指针变量的引用

指针变量一定要有确定的值以后才可以使用。禁止使用未初始化或未赋值的指针变量，因为此时的指针变量指向的内存空间是无法确定的，使用它可能导致系统崩溃。

1) 取地址运算符“&”

可以使用取地址运算符“&”获得变量的地址，格式如下：

```
&变量名
```

例如：

```
int a,*p;
p=&a;
```

以上两条语句也可以写成：

```
int a,*p=&a;
```

2) 间接访问运算符“*”

可以使用间接访问运算符获得指针变量所指单元中的值，格式如下：

```
*指针变量
```

**注意**：在定义变量时用“*”，表示定义了一个指针变量；在引用时用“*”，表示间接运算；若“*”左、右有两个操作数，则表示乘号。

**【例8.1】**　定义变量和指针，分别显示其值和引用值。

程序如下：

```
#include < stdio.h >
void main(){
int a =100,*p=&a;
printf("a的值为:%d,变量a的地址为:%d\n",a,&a);
printf("p的值为:%d,p所指的内容为:%d\n",p, *p);
}
```

程序运行结果如图8-2所示。

```
a的值为:100,变量a的地址为:1638212
p的值为:1638212,p所指的内容为:100
Press any key to continue
```

图8-2　程序运行结果

3. 指针变量的初始化

定义了指针变量后，就可以写入指向某种数据类型的变量的地址，或者说为指针变量赋初值。

设有指向整型变量的指针变量 p，如要把整型变量 a 的地址赋予 p，有以下两种方式。

1）指针变量初始化

```
int a;
int *p=&a;  /*取 a 的地址,初始化指针变量 p*/
```

2）赋值语句

```
int a;
int *p;
p=&a;
```

不允许把一个数赋予指针变量，故下面的赋值是错误的：

```
int *p;p=1000;
```

被赋值的指针变量前不能再加“*”说明符，如写为“*p= &a”也是错误的。

4. 指针变量的运算

指针变量可以进行某些运算，但其运算的种类是有限的。它只能进行赋值运算和部分算术运算及关系运算。

1）赋值运算

指针变量的赋值运算有以下几种形式。

（1）指针变量初始化赋值。例如：

```
int a, *pa =&a;
```

（2）把一个变量的地址赋予指针变量。例如：

```
int a,*pa;
pa=&a;  /*把整型变量 a 的地址赋予整型指针变量 pa*/
```

（3）把一个指针变量的值赋予另一个指针变量。例如：

```
int a, *pa=&a, *pb;
pb=pa;  /*把 a 的地址赋予整型指针变量 pb*/
```

由于 pa，pb 均为指向整型变量的指针变量，因此它们可以互相赋值。

（4）把数组的首地址赋予指针变量。例如：

```
int a[5],*pa; pa=a;  /*指针 a 被赋值为数组名(数组的首地址)*/
```

也可写为：

```
pa=&a[0];   /*&a[0]也代表数组 a 的首地址*/
```

（5）把字符串赋予字符型指针变量。例如：

```
char *pc;  pc="c language";  /*字符串常量的值代表字符串的首地址*/
```

也可用初始化赋值的方法写为：

```
char* pc="c language"
```

这里应说明的是，并不是把整个字符串装入指针变量，而是把存放该字符串的字符数组的首地址装入指针变量。

（6）把函数的入口地址赋予指向函数的指针变量。例如：

```
int(*pf)();pf=f;     /*f为函数名*/
```

2）加、减算术运算

对于地址的运算，只能进行整型数据的加、减运算。

规则：指针变量 p+ n 表示将指针指向的当前位置向前或向后移动 n 个数据单元。

指针变量算术运算的过程如下：

```
p=p+n;p=p-n
```

**注意**：p+n 不是加（减）n 个字节，而是加（减）n 个数据单元。

例如：

```
int a[5],*pa=a;     *(pa +3)=10;       /*实际是给a[3]赋值为10*/
double b[5],*pb=b; *(pb+3)=3.14;    /*实际是给b[3]赋值为3.14*/
```

假设 a 的地址为 1000，则 pa+3 的值为 $1000+3\times2=10006$（因为整型占用 2 个字节）。

假设 b 的地址为 2000，则 pb +3 的值为 $2000+3\times8=2024$（因为双精度型占用 8 个字节）。

3）两指针变量进行关系运算

指向同一数组的两指针变量进行关系运算可表示它们所指数组元素之间的关系。例如：

（1）p1=p2 表示 p1 和 p2 指向同一数组元素；

（2）p1>p2 表示 p1 处于高地址位置；

（3）p1<p2 表示 p2 处于低地址位置。

指针变量还可以与 0 比较。设 p 为指针变量，则 p==0 表明 p 是空指针。它不指向任何变量；p!=0 表示 p 不是空指针。

空指针是由对指针变量赋予 0 值而得到的。例如：

```
#define NULL  0
int *p=NULL;
```

对指针变量赋 0 值和不赋值是不同的。指针变量未赋值时，可以是任意值，是不能使用的，否则会造成意外错误。而指针变量赋 0 值后则可以使用，只是它不指向具体的变量而已（所谓“使用”就是取值、赋值和取内容，但这里的使用是指取得 p 的内容，即 *p，p 为 0，*p 的内容也没什么意义）。

【例 8.2】　一个班进行了 C 语言程序设计课程的考试，现要输入两个学生的成绩，并用指针方式输出。

程序如下：

```
#include < stdio.h >
void main(){
int * p1, * p2,a,b;
printf("请输入成绩:");
scanf("%d%d",&a,&b);
p1 = &a;
p2 = &b;
printf("输出成绩: ");
printf("a = %d,b = %d \n",a,b);
printf(" * p1 = %d, * p2  = %d \n", * p1, * p2);
}
```

程序运行结果如图 8-3 所示。

```
请输入成绩:72 88
输出成绩: a=72,b=88
*p1=72,*p2 =88
Press any key to continue
```

图 8-3　程序运行结果

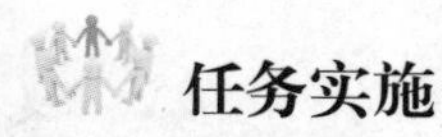

## 任务实施

认识指针——任务实施

编写程序，利用指针将两个整数 a 和 b 按从小到大的顺序输出。

(1) 任务说明。从键盘输入两个整数 a 和 b，按从小到大的顺序将 a 和 b 输出，要求利用指针操作，也即将小数存放在 a 中，将大数存放在 b 中，最后按顺序输出 a 和 b 的值，就可以实现要求。

(2) 实现思路。

①定义变量和指针："int a,b,t, * p1, * p2;"。

②将变量 a，b 地址值分别赋给指针变量 p1,p2。

③提示用户利用指针变量输入两个整数值，保存在变量 a，b 中。

④使用 if 判断语句，利用指针变量的指向操作交换 a，b 的值。

⑤输出 a，b 的值。

(3) 程序清单。

```
#include < stdio.h >
main(){
int a, b, * p1, * p2,t;
p1 = &a; p2 = &b;
printf("请输入两个整数: \n");
scanf("%d, %d",p1,p2); /* 利用指针变量输入 a,b 的值 */
if(a > b){t = * p1; * p1 = * p2; * p2 = t;} /* 利用指针变量的指向操作交换 a,b 的值 * /
printf("a = %d,b = %d \n",a,b);
}
```

(4) 程序运行结果如图 8-4 所示。

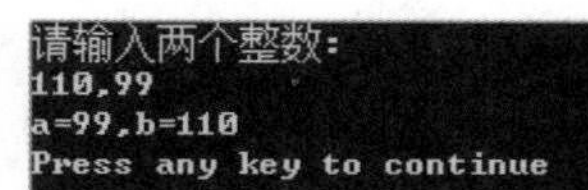

```
请输入两个整数:
110,99
a=99,b=110
Press any key to continue
```

图8-4　程序运行结果

# 任务2　指针与数组

【任务描述】

在C语言中，一维数组名代表一维数组首元素在内存单元中的地址。由于数组元素在内存中占用连续的内存单元，因此，可以用一个指针变量存放一维数组首元素的地址，并通过该指针变量的移动访问一维数组中的各个元素。本任务完成利用指针输出一维数组的各元素的C语言程序的编写。

【任务目标】

（1）掌握地址、指针与指针变量的概念。

（2）学会指针的定义格式、初始化和赋值的方法。

（3）熟练掌握取地址运算符、间接访问运算符的使用方法。

（4）能够正确使用指针的加、减算术运算和关系运算。

（5）能够正确理解空指针的概念。

（6）能够使用指针编写简单的C语言程序。

通过指针访问一维数组

## 知识链接

### 一、通过指针访问一维数组

1. 指向一维数组的指针

数组名就是数组的首地址。例如，有语句“int a［10］;”，则a等价于&a［0］。

若有以下定义和赋值：

```
int a[10],*p;
p=a
```

则将指针变量p指向数组的首元素。数组元素a［i］的地址可以用a+i来表示，也可以用p+i表示，指针与数组的关系如图8-5所示。

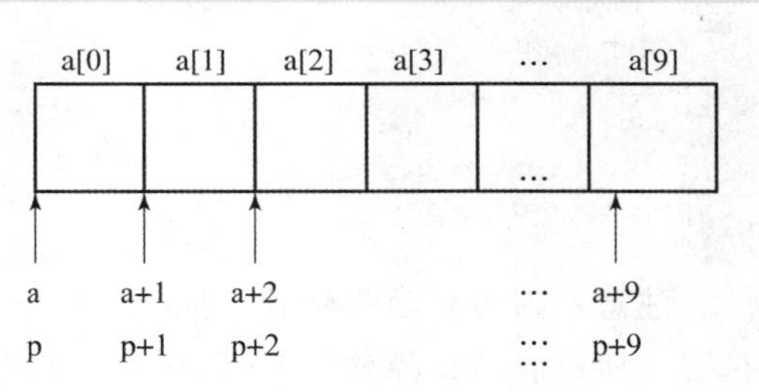


图8-5　指针与数组的关系

可见，p的值与&a［0］相等，p+1的值与&a［1］相等，……，p+i的值与&a［i］相等。

需要注意以下几点。

（1）p++是正确的，而a++是错误的，因为 a 是数组名，是常量。

（2）由于“ ++ ”与“ * ”同优先级，结合方向为自右向左，故 * p ++ 等价于 * (p ++ )。

（3） * (p ++ )与 * ( ++ p)的值不同。* (p ++ )等价于a[0]， * ( ++ p)等价于a[1]，但 p 的值均变成了 &a[1]，即 p 指向 a[1]。

（4）( * p) ++ 表示 p 所指向的元素值增 1。

（5）要注意指针变量 p 的当前值，例如，有语句“p = &a[2];”，则 * ( ++p)等价于a[3]。

2. 通过首地址引用数组元素

对数组元素的访问之前采用的是下标方式。既然数组名 a 就是数组的首地址，那么就可以使用“a + i”，通过 i 的变化依次访问数组元素。例如：

```
int a[5]; a + i;
```

一般访问形式如下：

```
/* 输入 */
for(i = 0;i < 5;i ++ )
scanf(" * d",a + i);
/* 输出 */
for(i = 0;i < 5;i ++ )
printf("%d", * (a + i));
```

3. 通过指针变量引用数组元素

要通过指针变量访问数组，就必须先将指针变量指向该数组。利用指针变量引用数组元素可以采用“不移动指针”或“移动指针”两种方法。例如：

```
int a[5], * p,i;
p = a;      /* 或 p = &a[0]; */
```

1）不移动指针

```
/* 输入 */
for(i = 0;i < 5;i ++ )
scanf("%d",p + i);
/* 输出 */
for(i = 0;i < 5;i ++ )
printf("%d ", * (p + i));
```

2）移动指针

```
/* 输入 */
for(p = a;p < a + 5;p ++ )
scanf(" %d",p);
/* 输出 */
for(p = a;p < a + 5;p +  + )
printf("%d", * p);
```

**注意：**因为移动指针时，执行完第一个 for 语句后，指针会指向最后一个元素的下一个位置，所以在输出操作的 for 循环中，又进行初始化（p = a），让指针指向首地址。

4. 用带下标的指针变量引用数组元素

若一个指针变量已经指向要访问的数组，则可以像通过普通数组下标访问一样，使用带下标的指针变量引用数组元素。例如：

```
int a[5],*p,i
p=a;  /* 或 p=&a[0]; */
/* 输入 */
for(i=0;i<5;i++)
scanf("%d",p+i);
/* 输出 */
for(i=0;i<5;i++)
printf("%d ",p[i]);
```

**【例 8.3】**　从键盘输入 10 个整数，找出其中最小的整数并显示出来。

程序如下：

```
#include<stdio.h>
void main(){
int a[10],min,i,*p;
p=a;
for(i=0;i<10;i++)
 scanf("%d",p++);
min=a[0] ;
for(p=a;p<a+10;p++)
 if(min>*p)
   min=*p;
printf("min=%d\n",min);
}
```

程序运行结果如图 8-6 所示。

```
6 -5 8 -20 9 1 -99 0 65 -5
min=-99
Press any key to continue
```

图 8-6　程序运行结果

## 二、使用数组名作函数参数

数组名可以作为函数的形参或实参。如果要将一个一维数组的首地址传递给函数，实参可以是数组名或存放数组首地址的指针变量。而形参可以为一个一维数组或基类型为数组元素的指针变量。下面通过例题来说明。

指针和数组

**【例 8.4】**　编写一个函数，求数组 a 中 n 个整数的最小值。

方法 1：形参为指针，实参为数组名。

程序如下：

```
#include<stdio.h>
int fmin(int *p, int n)
(int i,m;
  m=*p;
```

```
    for(i =0;i <n;i ++)
      if(m > *(p +i))
        m = *(p +1);
  return m ;
  }
  void main(){
  int a[10],min,i;
  for(i =0;i <10;i ++)
     scanf("%d",&a[i]);
   min = fmin(a,10);
  printf("min = %d",min);
  }
```

该程序在进行函数调用时，将实参 a 的值（即数组的起始地址）传递给形参 p，指针 p 获得了数组的起始地址，通过指针的移动求出数组中元素的最小值，如图 8－7 所示。

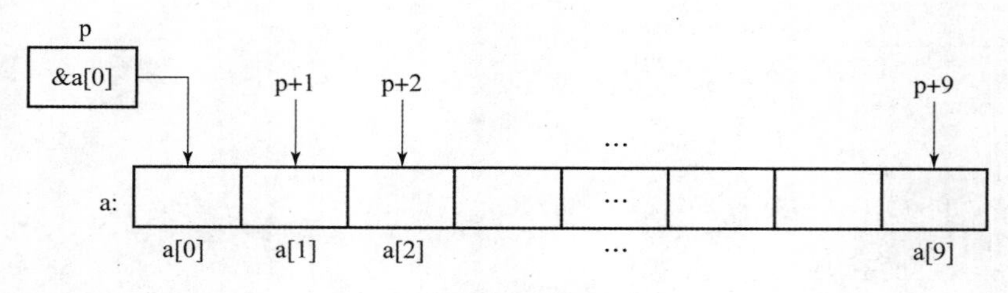


图 8－7　实参与形参对照

方法 2：实参和形参均为指向数组元素基类型的指针变量。

程序如下：

```
#include <stdio.h>
int fmin(int *p,int n){
int i,m;
     m = *p;
     for(i =0;i <n;i ++)
     if(m > *(p +i))
       m = *(p +i);
     returr m;
}
void main(){
int a[10],i, *p1,min;
for(i =0;i <10;i ++)
   scanf("%d",&a[i]);
p1 =a;.
min = fmin(p1,10);
printf("min = %d",min);
```

方法 3：实参和形参都是数组名。

程序如下：

```
#include <stdio.h>
int fmin(int b[ ],int n)
{ int i,m;
   m =b[0];
```

```
  for(i =0;i <n;i ++)
    if m >b[i])
      m =b[i];
  return n ;
}
void main()
{int a[10],min, i;
for(i =0;i <10;i ++).
  scanf("%d",&a[i]);
min = fmin(a,10);
printf("min = %d",min);
}
```

方法 4：实参为指向数组的指针变量，形参为数组。

程序如下：

```
int fmin(int b[ ],int n)
{ int i,m;
    m =b[0];
    for(i =0;i <n;i ++)
     if(m >b[i])
       m =b[i];
    return m;
  }
void main(){
int a[10],i, * p1,min;
for(i =0;i <10;i ++)
scanf("%d",&a[i]);
p1 =a;
min = fmin(p1,10);
printf("min = %d", min);
}
```

请读者自行验证方法 2、3、4 的程序运行结果。

**注意：**接受数组首地址的形参不论定义为数组还是定义为指针，C 语言编译时都会将其转化为指针处理。参数不能接受整个数组，只能得到数组的起始地址，因此，形参数组名是指针变量而不是指针常量，这样就可以对作为形参的数组名进行各种运算，如自加或自减，但主函数中定义的数组名是常量，是不可以进行自加或自减运算的。

## 三、指向多维数组的指针变量

### 1. 多维数组地址的表示方法

定义一个二维数组（int a[3][4];），其存放形式如图 8－8 所示。

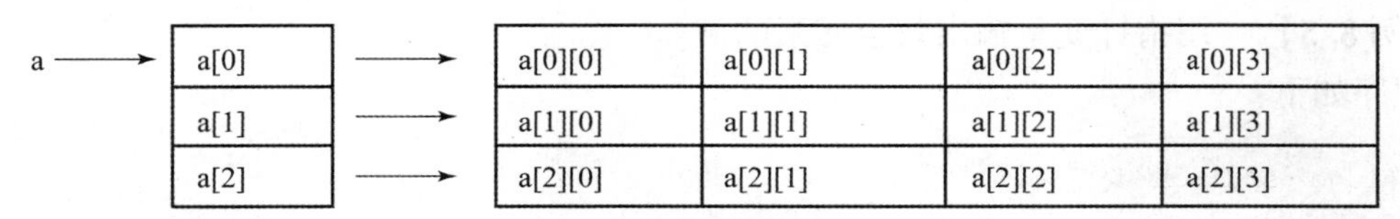


图 8－8　二维数组的存放方式

设数组 a 的首地址为 1000，C 语言允许把一个二维数组分解为多个一维数组来处理，因此数组 a 可分解为 3 个一维数组，即 a［0］，a［1］，a［2］。每个一维数组又含有 4 个元素。

例如，a[0]数组含有 a[0][0]，a[0][1]，a[0][2]，a[0][3]4 个元素。

数组及数组元素的地址表示如下。a 是二维数组名，也是二维数组 0 行的首地址，等于 1000。a[0]是第一个一维数组的数组名和首地址，因此也为 1000。*(a+0)或 *a 是与 a [0]等效的，它表示一维数组 a [0]中 0 号元素的首地址，也为 1000。&a[0][0]是二维数组 a 的第 0 行第 0 列元素的首地址，同样是 1000。因此，a[0]，*(a+0)，*a,&a[0][0]是相等的。

同理，a[1]是第二个一维数组的数组名和首地址，为 1008。&a[1][0]是二维数组 a 的第 1 行第 0 列元素的地址，也是 1008。因此 a[1]，*(a+1)，&a[1][0]是等同的。由此可得出：a[i]，*(a+i)，&a[i][0]是等同的。C 语言规定，这是一种地址计算方法，表示数组 a 第 i 行的首地址。由此可得出：a[i]，*(a+i)和 a+i 也都是等同的。

另外，a[0]也可以看成 a[0]+0，是一维数组 a[0]中 0 号元素的首地址，而 a[0]+1 则是 a[0]的 1 号元素的首地址，由此可得出：a[i]+j 则是一维数组 a[i]的 j 号元素的首地址，它等于 &a[i][j]。由 a[i]=*(a+i)得 a[i]+j=*(a+i)+j。*(a+i)+j 是二维数组 a 的第 i 行第 j 列元素的首地址，由此可得出：a[i][j]的值等同于 *(*(a+i)+j)。

2. 多维数组的指针变量

把二维数组 a 分解为一维数组 a[0]，a[1]，a[2]之后，设 p 为指向二维数组的指针变量，可定义为“int(*p)[4];”，它表示 p 是一个指针变量，指向一个拥有 4 个元素的数组（p 是一个二级指针，可以赋值为二维数组。注意：p 不是数组，而是一个指针，可以被赋值，如果 p 为数组名，则 p 不能被赋值）。如果 p=a，则 p 会指向第一个一维数组 a[0]，而 p+i 则指向一维数组 a[i]。从前面的分析可得出：*(p+i)+j 是二维数组第 i 行第 j 列的元素的地址，而 *(*(p+i)+j)则是第 i 行第 j 列元素的值。

二维数组指针变量说明的一般格式为：

```
类型说明符(*指针变量名)[长度]
```

其中，“类型说明符”为所指数组的数据类型；“*”表示其后的变量是指针类型；“长度”表示二维数组分解为多个一维数组时一维数组的长度，也就是二维数组的列数。应注意：“(*指针变量名)”两边的括号不可少，如缺少括号则表示是指针数组，意义就完全不同了。

例如：

```
int a[3][4],b[4][3];int(*p)[4] =a;  /*p 可以赋值为 a,但不能赋值为 b*/
```

其中，p 的类型其实为 int(*)[4]，a 为 int(*)[4]类型，b 为 int(*)[3]类型，因此 p 可以被赋值为 a，而不能被赋值为 b。

**【例 8.5】** 用指针变量输出数组元素的值。

程序如下：

```
#include <stdio.h>
void main(){
int a[3][4]={1,2,3,4,5,6,7,8,9,10,11,12};
int *p,i=0;
for(p=a[0];p<a[0]+12;p++,i++){        /* m 行 */
```

```
        if(i%4 ==0)printf("\n");
          printf("%5d",*p);
          }
          printf("\n");
          }
```

程序运行结果如图 8 -9 所示。

```
   1   2   3   4
   5   6   7   8
   9  10  11  12
Press any key to continue
```

图 8 -9　程序运行结果

如果将上面的 m 行改为：

```
for(p=a;p<a+12;p++,i++);
```

则编译会出警告错误：suspicious pointer conversion in function main。这是因为 a 与 p 的类型不同，a 是行地址，a+1 中的 1 代表一行的长度，而 p 是指向整型变量的指针变量，p+1 中的 1 代表一个整型数据单元。

## 任务实施

指针与数组
——任务实施

编写程序，使用不同的方法输出整型数组 a 各元素的值。

（1）任务说明。编写程序，定义一个数组变量，并利用不同的方法输出其中各元素的值。

（2）实现思路。

①声明变量。定义整型 a 数组并赋值（int a[5] = {1,2,3,4,5};），定义整型变量 i(int i) 和指针变量 * p。

②利用 for 循环遍历数组［for(i=0;i<5;i++)］，用下标法［printf("%3d",a[i])］输出结果。

③利用 for 循环遍历数组［for(i=0;i<5;i++)］，用常量指针法［printf("%3d", *(a+i))］输出结果。

④利用 for 循环遍历数组［for(p=a;p<a+5;p++)］，用指针变量法［printf("%3d", *p)］输出结果。

（3）程序清单。

```
#include <stdio.h>
void main(){
static int a[5]={1,2,3,4,5};
int i, *p;
for(i=0;i<5;i++){
printf("%3d",a[i]); }
/* 下标法 */
printf("\n");
```

```
for(i =0;i <5;i ++)
printf("%3d",*(a+i)); }
  /* 常量指针法 * /
printf("\n");
for(p=a;p<a+5;p++)
printf("%3d", *p);
/* 指针变量法 */
getchar();
}
```

(4) 程序运行结果如图 8-10 所示。

```
  1  2  3  4  5
  1  2  3  4  5
  1  2  3  4  5
Press any key to continue
```

图 8-10　程序运行结果

# 任务 3　指针与字符串

## 【任务描述】

C 语言中没有专门存放字符串的变量，字符串是存放在字符数组中的，以'\0'作为结束标志，数组名表示该字符串在内存中的首地址。当定义一个指针变量指向一个字符数组后，就可以通过指针变量访问数组中的每个元素。本任务利用指针完成将一个已知字符串从第 n 个字符开始的剩余字符复制到另一个字符数组中的 C 语言程序的编写。

## 【任务目标】

(1) 能够正确利用指针变量引用它所指向的字符数组和字符串。

(2) 能够正确理解使用字符指针变量和使用字符数组处理字符串的区别。

(3) 学会使用指针实现字符数据的输出。

(4) 能够熟练地进行字符串指针作为函数参数的 C 语言程序的编写。

指针与字符串

## 知识链接

### 一、通过指针访问字符串常量

可以在定义字符指针变量的同时，将存放字符串的存储单元的起始地址赋给指针变量。如果定义了一个字符型指针变量，也可以通过赋值运算将某个字符串的首地址赋给它，从而使它指向一个字符串。例如：

```
char *p= "Hello" ;
```

或者

```
char *p;
p= "Hello" ;
```

**【例 8.6】**　通过指针访问字符串。

程序如下：

```
#include < stdio.h >
void main(){
  char *p = "Beijing" ;
   puts(p);
   p = "Chongqing" ;
  for(;*p! ='\0';p ++)
      putchar(*p);
  printf("\n");
  }
```

程序运行结果如图 8 – 11 所示。

```
Beijing
Chongqing
Press any key to continue
```

图 8 – 11　程序运行结果

**说明：**

（1）可以将字符串常量的首地址赋给指针变量。

（2）可以通过移动指针变量依次访问字符串中的每个字符。

## 二、通过指针访问字符串数组

如果字符串已经存放在某个字符数组中，可以用赋值方式将指针变量指向该字符数组，从而访问字符串数组。例如：

```
char str[10] = "Hello", *p;
p = str;
```

**【例 8.7】**　通过地址访问字符串来实现两个字符串的复制。

程序如下：

```
#include <stdio.h >
void main(){
   char s1[50],s2[20],*p,*q;
   printf("Input a string:");
   p = s1;
   q = s2;
   gets(s2);
   while(*q!='\0')
   {*p = *q;
    p ++;
    q ++;}
     *p ='\0';
   puts(s1);
   }
```

程序运行结果如图 8 – 12 所示。

```
Input a string:How are you
How are you
Press any key to continue
```
⑤

图 8-12　程序运行结果

本程序中设置了两个字符指针变量 p，q，并分别指向字符串 s1 和 s2。在循环中，将 q 指向的字符赋给 p 指向的单元，然后两个指针都向后移动一个位置，直到 q 指向'\0'为止。

**注意**：循环结束后，需要在数组 sl 的有效字符后追加一个'\0'，以使 s1 形成字符串。

## 三、字符串指针作为函数参数

字符串指针作为函数参数与一维数组一样，对应形参类型必须为指针类型，进行首地址传递。

**【例 8.8】**　输入一个字符串，调用函数实现字符串的逆序存放。

程序如下：

```
#include <stdio.h>
# include <string.h>
void inverse(char *);
void main(){
    char s[81];
    printf("Input String:");
    gets(s);
    printf(" Inversed:");
    inverse(s);
    puts(s);}
void inverse(char *p){
    char *q,t;
    int n;
    n=strlen(p);
    for(q=p+n-1;p<q;p++,q--){
        t = *p;
      *p = *q;
      *q=t;}
  }
```

程序运行结果如图 8-13 所示。

```
Input String:asd456
Inversed:654dsa
Press any key to continue
```

图 8-13　程序运行结果

在主函数中将存放字符串的字符数组名 s 作为实参，被调用函数 inverse( )的形参为指针变量 p。调用函数时，将 s 的首地址传递给指针 p，这样就可以在 inverse( )中对 s 中的所有数组元素进行操作。

## 四、使用字符指针变量和使用字符数组处理字符串的区别

使用字符数组和字符指针变量都能实现字符串的存储和运算，但二者之间是有区别的，主要有以下几点。

（1）字符数组由若干元素组成，每个元素中放一个字符。字符指针变量中存放的是地址（字符串的首地址），而不是将字符串放到字符指针变量中。

（2）只能为字符数组中的各个元素赋值，不能用以下方法为字符数组赋值：

```
char str[4];
str = "I love China!";    /* 错误使用 */
```

对于字符指针变量，可以采用以下方法赋值：

```
char * a;
a = "I love China!";    /* 正确使用 */
```

注意赋给 a 的不是字符，而是字符串的首地址。

（3）为字符指针变量赋初值。

```
char a = "I love China!";
```

等价于

```
char * a;
a = "I love China!";
```

对数组初始化。

```
char str[14] = {"I love China!");
```

不等价于

```
char str[14];
str[ ] = {"I love China!"};
```

即数组可以在定义时整体赋初值，但不能在赋值语句中整体赋值。

（4）如果定义了一个字符数组，在编译时即为其分配内存单元，它有确定的地址。而定义一个字符指针变量时，给字符指针变量分配内存单元，在其中可以存放一个地址值，也就是说，该字符指针变量可以指向一个字符型数据，但如果未为它赋予一个地址值，该字符指针变量就不会具体指向一个字符数据。例如：

```
char str[10];
scanf("% s",str);
```

是正确的，但如果写成

```
char * a;
scanf("%s",a);
```

虽然也能运行，但这种写法是危险的，应当改为：

```
char * a,str[10];
a = str;
scanf("%s ",a);
```

(5) 字符指针变量的值是可以改变的。例如:

```
char a = "hello"; a = a +2;
char str[10] = "hello" ;str = str +1;
```

前者是正确的，后者是错误的，因为数组名虽然代表地址，但它是常量，是不能改变的。

## 任务实施

指针与字符串
——任务实施

编写程序，将一个已知字符串从第 n 个字符开始的剩余字符复制到另一个字符数组中。

(1) 任务说明。定义两个字符数组 a，b 和字符指针变量 p，q，给字符数组 a 初始化，将字符数组 a 中的字符串从第 n 个字符开始的剩余字符复制到字符数组 b 中，用指针实现。

(2) 实现思路。

①定义字符数组和字符指针变量。定义两个字符数组 a，b，定义两个字符指针变量 p，q，并给字符数组 a 赋值。

②将字符数组 a，b 的首地址分别赋给 p，q，利用“p + = n - 1”将指针指向要复制的第一个字符。

③利用 for 循环将字符数组 a 中的字符串从第 n 个字符开始的剩余字符复制到字符数组 b 中。

④输出字符数组 a，b 中的各元素。

(3) 程序清单。

```
#include <stdio.h>
#include <string.h>
void main(){
int n;
char a[] = "welcome!";
char b[10], *p, *q;
p = a;q = b;
scanf("%d",&n);
p += n -1;              /* 指针指向要复制的第一个字符 */
for(; *p!='0';p ++,q ++)
*q = *p;
*q ='0';               /* 字符串以'0'结尾 */
printf("string a is: %s \n",a);
printf("string a is: %s \n",b);
}
```

(4) 程序运行结果如图 8 - 14 所示。

```
3
string a is: welcome!
string a is: lcome!
Press any key to continue
```

图 8 - 14　程序运行结果

# 任务 4　指针操作函数

【任务描述】

指针与函数的结合使 C 语言变得更加灵活。在 C 语言程序中，调用函数时使用 return 语句只能返回一个数据值，使用指针作为函数的参数，就可以传递多个数据值，即变传值为传地址。本任务完成使用指针将若干字符串按字母由小到大的顺序输出的 C 语言程序的编写。

【任务目标】

（1）学会指针变量作为函数参数的使用方法。

（2）掌握指针数组和指向指针的指针的定义和运用。

（3）能够正确理解指针数组作为 main( ) 函数的参数的使用方法。

（4）能够熟练使用指针作为函数的返回值。

（5）掌握指向函数的指针的定义和使用方法。

指针操作函数 1

## 知识链接

### 一、指针变量作为函数参数

参数传递有两种方式：值传递和地址传递。

（1）值传递：将参数值传递给形参。实参和形参占用各自的内存单元，形参复制实参的值，函数中对形参值的改变不会改变实参的值，属于单向数据传递方式。

（2）地址传递：将实参的地址传递给形参。形参和实参共同使用相同的内存单元，对形参值的改变也会改变实参的值，属于双向数据传递方式。

**【例 8.9】**　使用 swap( ) 函数，交换主函数中变量 a 和 b 中的数据。

程序如下：

```
#include <stdio.h>
int a=3,b=5;                                /* 定义外部变量,以方便观察 a,b 的变化 */
void swap(int *p1,int *p2){
    int temp;
    printf("swap 函数中,\t 交换前 a,b 值为:%d,%d\n",a,b);
    temp= *p1;*p1= *p2;*p2=temp;                        /* 交换语句 */
    printf("swap 函数中,\t 交换后 a,b 值为:%d,%d\n",a,b);
}
void main(){
  printf("主函数中,\t 交换前 a,b 值为:%d,%d\n",a,b);
  swap(&a,&b);
  printf("主函数中,\t 交换后 a,b 值为:%d,%d\n",a,b);
  }
```

程序运行结果如图 8－15 所示。

通过上例的实现过程可以分析得出：指针变量作为函数的参数，具有“双向性”，可带回操作后的结果，如图 8－16 所示。

图 8 – 15　程序运行结果

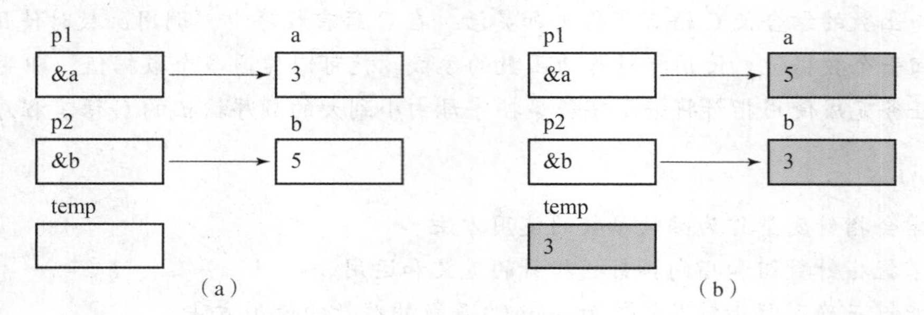


图 8 – 16　交换示意

（a）交换前；（b）交换后

## 二、指针数组和指向指针的指针

1. 指针数组

若一个数组的元素均为指针类型数据，则称该数组为指针数组。指针数组的所有元素都必须是具有相同存储类型和指向相同数据类型的指针变量。

定义指针数组的语法格式如下：

```
类型名 *数组名[常量表达式];
```

例如：

```
int *p[4];
```

**注意**：不要写成“int( *p)[4];”，这是指向一维数组的指针变量。

指针数组常用来表示一组字符串。这时指针数组的每个元素都被赋予一个字符串的首地址，使字符处理更加灵活方便。

**【例 8.10】**　使用字符指针数组访问多个字符数组。

程序如下：

```
#include <stdio.h>
void main(){
    static char *p[5] = {"English","Math","Physics","Computer","Politics"};
    int i;
    for(i =0;i <5;i ++)
    printf("%s \n",p[i]);
    }
```

程序运行结果如图 8 – 17 所示。

图8－17　程序运行结果

2. 指针数组作为main()函数的参数

指针数组的一个重要应用是作为main()函数的参数。在以往的程序中，main()函数的第一行一般写成以下形式：

```
main();
```

实际上main()函数可以有参数，例如：

```
main(int argc,char *argv[ ])
```

第一个参数argc必须是整型变量，第二个参数argv必须是指向字符串的指针数组。

main()函数是由系统调用的。当处于操作命令状态下时，输入main()函数所在的文件名（经过编译、连接后得到的可执行文件名），系统就调用main()函数。那么main()函数的形参值如何得到呢？实际上实参和命令是一起给出的，也就是在一个命令行中包括命令和需要传给main()函数的参数。命令行的一般形式如下：

```
命令名 参数1 参数2 … 参数n
```

命令名和各参数之间用空格分隔。命令名是main()函数所在的文件名，假设为File1，若要将两个字符"C++""Java"传送给main()函数的参数，可以写成以下形式：

```
File1 C++ Java
```

现在argc的值等于3（3个命令行参数：File1，C++，Java），指针数组argv中的元素argv[0]指向字符串"Fie1"，argv[1]指向字符串"C++"，argv [2]指向字符串"Java"。

如果有以下main()函数，它所在的文件名为File1。

```
main(int argc,char *argv[ ])
{
  int i;
    for(i =1;i <argc;i ++)
      printf("%s \n",argv[i]);
}
```

若输入的命令行参数为：

```
Filel C++ Java
```

则执行以上命令行将会输出以下信息：

```
C++
Java
```

【例 8.11】 一个班的 10 个同学参加 C 语言程序设计课程考试，输出最高分。

```
#include <stdio.h>
void main(){
int sub_max(int b[],int i);
int a[10] = {80,63,91,78,45,51,96,69,82,75};
int *p = a;
int i,max;
for(i = 0;i < 10;i ++)
printf("%-4d",a[i]);            /* a[i]可以替换成 p[i]或(a + i)或 * (p + i) */
max = sub_max(p,10);            /* p 可以替换成 a 或 &a[0] */
printf("\n 最高分:%d \n",max);
}
int sub_max(int b[],int n){     /* int b[ ]可以替换成 int * b */
int t,j;
t = b[0];                       /* b[0]可以替换成 * b */
for(j = 1;j < n;j ++)
if(t < b[j])t = b[j];           /* b[j]可以替换成 * (b + j) */
return(t);
}
```

程序运行结果如图 8 - 18 所示。

```
80  63  91  78  45  51  96  69  82  75
最高分:96
Press any key to continue
```

图 8 - 18 程序运行结果

在此例中，main( ) 函数完成数据输入、函数调用并输出运行结果。sub_max( ) 函数完成找出组元素中最大值的过程。在被调用函数内数组元素的表示采用下标法。

3. 指向指针的指针

如果一个指针变量存放的是另一个指针变量的地址，则称这个指针变量为指向指针的指针变量，又称为二级指针变量。

定义二级指针变量的语法格式如下：

```
类型说明符 * * 指针变量名;
```

二级指针变量的值必须是某一级指针变量的地址，二级指针变量可以通过赋值方式指向某个一级指针变量，赋值格式如下：

```
二级指针变量 = & 一级指针变量
```

例如，有如下定义和赋值：

```
int a, *p,* *q;
p = &a;
q = &p;
```

则有：* p 等价于 a；* q 等价于 p；* * q 即 * ( * q) 等价于 a。

【例 8.11】 使用指向指针的指针。

程序如下：

```
#include <stdio.h>
void main(){
   char *name[]={"FORTRAN","BASIC","LISP","Pascal","C","PROLOG","Java"};
   char **p;
   int i;
  for(i=0;i<7;i++)
  {
    p=name+i;
    printf("%s\n",*p);
 }
 }
```

程序运行结果如图 8－19 所示。

```
FORTRAN
BASIC
LISP
Pascal
C
PROLOG
Java
Press any key to continue
```

图 8－19　程序运行结果

p 是指向指针的指针变量，在第一次循环时，语句“p = name + i;”使 p 指向数组 name 的 0 号元素 name[0]，*p 是 name[0]的值，即第一个字符串的起始地址，用 printf()函数输出第一个字符串，然后依次输出 5 个字符串。

## 三、指针作为函数的返回值

指针操作函数 2

函数类型是指函数返回值的类型。在 C 语言中允许一个函数的返回值是一个指针（即地址），这种返回指针值的函数称为指针型函数。

定义指针型函数的一般语法格式如下：

```
类型说明符 *函数名(形参表)
 {
     … /*函数体*/
 }
```

其中，函数名之前加了“*”，表明这是一个指针型函数，即返回值是一个指针。类型说明符表示返回的指针值所指向的数据类型。

例如：

```
int *ap(int x,int y)
 {
        … /*函数体*/
 }
```

表示 ap 是一个返回指针值的指针型函数，它返回的指针指向一个整型变量。

**【例 8.12】**　通过指针型函数，输入一个 1～7 之间的整数，输出对应的星期名。

程序如下：

```
#include <stdio.h>
#include <stdlib.h>
 void main(){
 int i;
 char *day_name(int n);
 printf("请输入一个1~7的整数(转换成星期):");
 scanf("%d",&i);
 if(i<0)exit(1);
 printf("Day NO:%2d --> %s\n",i,day_name(i));
}
char * day_name(int n)
{char *name[]={"无效日期数","星期一",
                 "星期二","星期三","星期四",
                 "星期五","星期六","星期天"};
return((n<1||n>7)? name[0]:name[n]);
}
```

程序运行结果如图 8-20 所示。

```
请输入一个0~7的数(转换成星期): 6
Day NO: 6-->星期六
Press any key to continue
```

图 8-20　程序运行结果

请读者自行输入其他数据验证结果。

例 8.12 中定义了一个指针型函数 day_name()，它的返回值指向一个字符串。该函数中定义了一个指针数组 name。指针数组 name 初始化赋值为 8 个字符串，分别表示各个星期名及出错提示。形参 n 表示与星期名对应的整数。在主函数中，把输入的整数 i 作为实参，在 printf 语句中调用 day_name()函数并把 i 值传送给形参 n。day_name()函数中的 return 语句包含一个条件表达式，n 值若大于 7 或小于 1，则把 name[0]指针返回主函数输出出错提示字符串"无效日期数"；否则返回主函数输出对应的星期名。主函数体中的第 5 行是个条件语句，其语义是，如输入为负数（i<0）则中止程序运行，退出程序。exit()是一个库函数，exit(1)表示发生错误后退出程序，exit(0)表示正常退出程序。

## 四、指向函数的指针

1. 函数型指针的概念

函数在编译时被分配的入口地址（函数名）就是函数型指针（如前面讲到的，数组名就是数组型指针）。

2. 函数型指针变量定义的一般语法格式

```
函数类型(*指针变量名)()
```

其中，“函数类型”表示被指函数的返回值的类型。“(*指针变量名)”表示“*”后面的变量是定义的指针变量。最后的空括号表示指针变量所指的是一个函数。

例如：

```
double(*pf)();
```

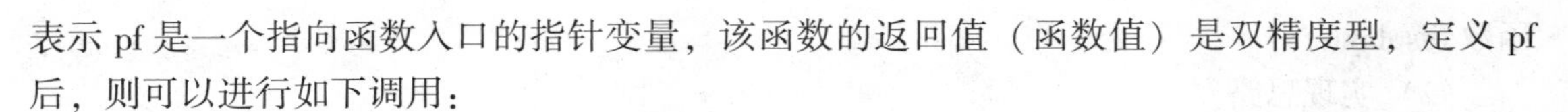

表示 pf 是一个指向函数入口的指针变量，该函数的返回值（函数值）是双精度型，定义 pf 后，则可以进行如下调用：

```
pf =sin; double s =5 * ( * pf)(0.5 * 3.1415926) * 5;
```

以上调用相当于：

```
double s =5 * sin(0.5 * 3.1415926) * 5;
```

【例 8.13】　用函数指针变量调用函数，比较两个数的大小。

程序如下：

```
#include <stdio.h >
int max(int x,int y);
void main(){
int( * p)();
int a,b,c;
p =max;      /* 将 p 赋值为 max,以后用( * p)表示 max */
printf("请输入 a,b:");
scanf("%d,%d",&a,&b);
c =( * p)(a,b);     /* 用( * p)表示 max */
printf("a = %d,b = %d,max = %d \n",a,b,c);
}
int max(int x,int y)
{int z;
if(x >y)z =x;
else z =y;
return(z);
}
```

程序运行结果如图 8 -21 所示。

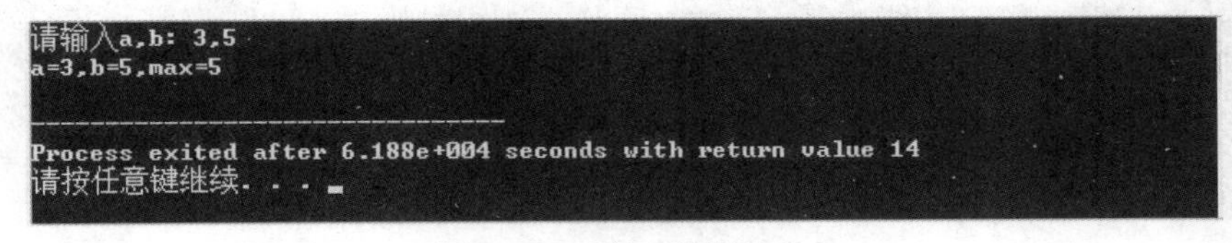

```
请输入a,b: 3,5
a=3,b=5,max=5

--------------------------------
Process exited after 6.188e+004 seconds with return value 14
请按任意键继续. . .
```

图 8 -21　程序运行结果

应该特别注意的是，函数指针变量和指针型函数在写法和意义上有区别。例如，int( * p)()和 int * p()是两个完全不同的量。int( * p)()是一个变量说明，说明 p 是一个指向函数入口的指针变量，该函数的返回值是整型，( * p）两边的括号不能少。int * p()则不是变量，而是指针型函数定义，说明 p 是一个指针型函数，其返回值是一个指向整型量的指针，* p 两边没有括号。作为函数说明，在括号内最好写入形参，以便于与变量说明区别。对于指针型函数定义，int * p()只是函数头部分，一般还应该有函数体部分。

## 任务实施

指针操作函数
——任务实施

编写程序，将若干字符串按字母顺序（由小到大）输出。

（1）任务说明。定义一个字符指针数组，赋予 4 个字符串，将 4 个字符串按字母顺序（由小到大）输出，其中需要编写排序函数 sort()和显示函数 display( )。

（2）实现思路。

①声明变量和字符指针数组。定义 char ＊p[ ] 和整型变量 n = 4，并给字符指针数组赋值。

②编写有参排序函数 sort( )。利用嵌套 for 循环、if 判断语句和字符串比较函数 strcmp( )，将 4 个字符串由小到大排序，保存在指针数组 p 指向的各自内存单元中。

③编写字符串有参显示函数 display( )。定义一个指向指针的指针 char ＊＊p1，将指针变量 p 赋给二级指针变量 p1，利用 for 循环输出 4 个字符串内容。

④在主函数中依次调用排序函数 sort( )和显示函数 display( )，输出结果。

（3）程序清单。

```
#include <string.h>
void sort(char *name[ ],int n)
{char *t;
int i,j;
for(i=0;i<n-1;i++)
for(j=0;j<n-1-i;j++)
   if(strcmp(name[ ], name [j+1])>0)
       {t=name [j];name [j]=name [j+1] ;name[j+1]=t; }
       }
void display(char *p[ ],int n)
{int i;
char **p1;
p1=p;
for(i=0;i<n;i++)
printf("%s\n",*p1++);
}
main()
{char *p[]={"Visual C","Delphi", "Foxpro6.0","Qbasic"};
int n=4;
sort(p,n);
display(p,n);
}
```

（4）程序运行结果如图 8－22 所示。

图 8－22　程序运行结果

## 任务 5　使用指针程序设计上机操作

### 一、操作目的

（1）能够熟练地使用指针的定义与引用方法。

（2）能够正确地使用字符型指针与字符型指针数组处理字符串。

（3）掌握指针作为函数参数的使用方法。

（4）能够熟练地使用指针进行程序设计。

## 二、操作要求

（1）在 Visual C ++6.0 或 Dev – C ++5.11 集成环境中，熟练地进行使用指针的 C 语言程序的编写。

（2）进一步熟练指向一维数组的指针的使用方法。

（3）能够根据操作内容正确分析源程序的功能。

（4）按步骤调试程序，并记录运行结果。

## 三、操作内容

**操作任务 1**　从 1 ~ 3 报数，也就是报到的数只要是 3 的倍数就行，从而将从 1 ~ 3 的报数转化为累加的模式，只要得到的数是 3 的倍数，此人即退出。

关于退出问题，可以用零或者非零进行表示，用一个数组表示人数，刚开始数组值全部为 1，当所报之数是 3 的倍数时，则将该数变为零，然后如此循环，直到剩下一个人为止，即数组中只有一个 1。

程序如下：

```
#include <stdio.h>
#include <conio.h>
#define nmax 50
void main(){
int i,k,m,n,num[nmax],*p;
printf("请输入圆圈中人的总数:");
scanf("%d",&n);
p=num;
for(i=0;i<n;i++)
*(p+i)=i+1;
i=0;
k=0;
m=0;
while(m<n-1)
{ if(*(p+i)!=0)k++;
if(k==3){
*(p+i)=0;
k=0;
m++;
printf("%d,",i+1);        /* 显示每次出列的人的编号 */
}
i++;
if(i==n)i=0;
}
while(*p==0)p++;
printf("\n%d 是最后一个出列的! \n",*p);
}
```

**操作任务 2**　按英文字典的顺序将 5 个国家名顺序输出。

程序如下：

```
#include <stdio.h>
#include <string.h>
void exstr(char *ps[ ],int n);
void orstr(char *ps[ ], int n);
void main(){
char *ps[ ] ={"CHINA", "KOREA","GERMANY", "FRANCE", "AMERICA"};
int n =5;
printf("未排序前的国家名如下:\n");
orstr(ps,n);
exstr(ps,n);
printf("排序后的国家名如下:\n");
orstr(ps,n);
printf("\n\n");
}
void exstr(char *ps[], int n)
{char *t;
int i,j;
for(i =0;i <n -1;i ++)
for(j =i +1;j <n;j ++)
if(strcmp(ps[i], ps[j]) >0){t =ps[i];ps[i] =ps[j];ps[j] =t;}
}
void orstr(char *ps[], int n)
{int i;
for(i =0;i <n; i ++)puts(ps[i]);
}
```

## 四、操作过程

（1）打开 Visual C ++6.0 或 Dev – C ++5.11 集成环境。

（2）新建“.c”程序文件。

（3）编写操作任务的 C 语言程序源代码。

（4）选择“组建”菜单下的“编译”→“组建”→“执行”命令，输出结果。

操作任务 1 的程序运行结果如图 8 – 23 所示。

```
请输入圆圈中人的总数:12
3,6,9,12,4,8,1,7,2,11,5,
10是最后一个出列的!
Press any key to continue
```

图 8 – 23　操作任务 1 的程序运行结果

操作任务 2 的程序运行结果如图 8 – 24 所示。

```
未排序前的国家名如下:
CHINA
KOREA
GERMEN
FRANCE
AMERICA
排序后的国家名如下:
AMERICA
CHINA
FRANCE
GERMEN
KOREA


Press any key to continue
```

图 8 – 24　操作任务 2 的程序运行结果

## 五、程序分析

（1）写出上机操作中出现的错误及解决方法和步骤。
（2）完成两个操作任务程序的上机调试并验证结果。
（3）能够分析说明程序和程序中语句的功能作用。

# 项目评价 8

<table>
<tr><td colspan="3">班级：________<br>小组：________<br>姓名：________</td><td colspan="6">指导教师：________<br>日　　期：________</td></tr>
<tr><td rowspan="2">评价项目</td><td rowspan="2">评价标准</td><td rowspan="2">评价依据</td><td colspan="3">评价方式</td><td rowspan="2">权重</td><td rowspan="2">得分小计</td></tr>
<tr><td>学生自评 20%</td><td>小组互评 30%</td><td>教师评价 50%</td></tr>
<tr><td>职业素养</td><td>1. 遵守企业的规章制度、劳动纪律；<br>2. 按时按质完成工作任务；<br>3. 积极主动地承担工作任务，勤学好问；<br>4. 保证人身安全与设备安全</td><td>1. 出勤；<br>2. 工作态度；<br>3. 劳动纪律；<br>4. 团队协作精神</td><td></td><td></td><td></td><td>0.3</td><td></td></tr>
<tr><td>专业能力</td><td>1. 熟练使用指针实现数据排序；<br>2. 学会使用指针实现字符数据的输出；<br>3. 熟练使用指向一维、二维数组指针的指针变量的定义与引用方法；<br>4. 能够正确地使用指针变量引用所指向的字符数组和字符串；<br>5. 熟悉指针变量作为函数参数时的传递内容和过程</td><td>1. 上机操作的准确性和规范性；<br>2. 专业技能任务完成情况</td><td></td><td></td><td></td><td>0.5</td><td></td></tr>
<tr><td>创新能力</td><td>1. 在任务完成过程中能提出自己的有一定见解的方案；<br>2. 对教学提出建议，具有创造性</td><td>1. 方案的可行性及意义；<br>2. 建议的可行性</td><td></td><td></td><td></td><td>0.2</td><td></td></tr>
<tr><td>合计</td><td colspan="7"></td></tr>
</table>

# 项目 8 能力训练

## 一、填空题

1. 变量的指针是指该变量的________。
2. 程序段“char * p = "abedefgh";p + =3;printf("%s",p);”的运行结果是________。
3. 若有定义“int(*p)[4];”，则标识符 p ________。
4. 对于基类型相同的两个指针变量，它们不能进行的运算是________。
5. 有如下程序段：

```
int *p, a =10,b =2;
p =&a;
a = *p +b;
```

执行该程序段后，a 的值为________。

6. 下面的程序段执行后的输出结果是________。

```
char s[0] = "abcdefg", *p;
p = s;p ++;
printf("%s",p);
```

7. 下面的程序段执行后的输出结果是________。

```
int **pp, *p,a =100,b = 200;
pp =&p;
p =& b;printf("%d,%d\n", *p, **pp);
```

8. 以下程序的输出结果是________。

```
main(){
  int a[10] ={1,2,3,4,5,6,7,8,9,10}, *p =2;
  printf(" %d\n", *(p +2));
}
```

9. 以下程序的输出结果是________。

```
main(){
 int a[10] ={9,8,7,6,5,4,3,2,1,0}, *p =a +5;
 printf("%d", * --p);
```

10. 设有定义“int s[ ] = {1,3,5,7,9}, * p = &s[0];”，则值为 7 的表达式是________。

## 二、选择题

1. 若有定义“char s[10];”，则以下表达式中不表示 s[1]地址的是（　　）。

A. s +1　　B. s ++　　C. &s[1]　　D. &s[0] +1

2. 若有定义“int a[ ] = {0,1,2,3,4,5,6,7,8,9}, * p = a,i;”，其中 0 <= i <= 9，则对数组 a 元素的引用不正确的是（　　）。

A. a[p - a]　　B. + (&a[i])　　C. p[i]　　D. * ( * (a + i))

3. 若有语句“char str1[] = "string",sir2[8], * str3 = "string";”，则对库函数 strcpy()的调用不正确的是（　　）。

A. strcpy(strl,"HELLO1");　　B. strcpy(str2,"HELLO2");

C. strcpy(str2,strl);　　D. strcpy(sLr3,"HELLO4");

4. 若有语句“int * point, a =4;和 point = &a;”，则下面均代表地址的选项是（　　）。

A. a, point, * &a　　B. & * a, &a, * point

C. &point, * point, &a　　D. &a, & * point, point

5. 若已有变量定义和函数调用语句“int a =25; print_value(&a);”，则下面函数的正确输出结果是（　　）。

```
void print_value(int *x){printf("%d\n", + +*x);}
```

A. 23　　B. 24

C. 25　　D. 26

6. 下列函数的功能是（　　）。

```
fun(char * a.char * b)
{while((*b = *a)!= '\0'
{a ++;b ++;}
}
```

A. 将 a 所指的字符串赋给 b 所指的空间

B. 使 b 指向 a 所指向的字符串

C. 将 a 所指的字符串和 b 所指的字符串进行比较

D. 检查 a 和 b 所指向的字符串中是否有'\0'

7. 设有以下函数：

```
void fun(int n,char * s){…},
```

则下面对函数指针的定义和赋值均正确的是（　　）。

A. void( * pf); pf = fun;

B. void * pf(); pi = fun;

C. void * pf(); * pf = fun;

D. void( * pf)(int,char);pf = &. fun;

8. 设有定义“char * c;”，以下选项中能够使字符型指针 C 正确指向一个字符串的是（　　）。

A. charstr[ ] = "string";c = str;　　B. scanf("%s",c);

C. c = getchar();　　D. * c = "string";

9. 设有定义“double x[10], * p = x;”，以下能给数组 x 下标为 6 的元素读入数据的正确语句是（　　）。

A. scanf("%f",&x[6]);　　B. scanf("%1f", *(x +6));

C. seanf("%lf",p +6);　　D. scanf("%lf",p[6]);

10. 以下程序的输出结果是（　　）。

```
void prtv(int  *x)
{
  printf(" %d\n", ++ *x);
main()
{
  int a = 25;
  prtv(&a);
```

A. 23 B. 24 C. 25 D. 26

三、简答题

1. 指针与地址有什么联系？指针类型对于程序设计有哪些意义？
2. 指针有哪些运算？
3. 指针与指针变量的区别是什么？
4. 指针数组的概念是什么？
5. 如何正确使用字符指针处理字符串问题？

四、编程题

1. 用指针编写函数，求一个整型数组的平均值。
2. 在一个字符串的各个字符之间插入“ * ”，使其成为一个新的字符串，如“asd”，执行程序后则输出“a * s * d”。
3. 从键盘输入 3 个整数，要求按从大到小的顺序将它们输出，用函数改变这 3 个变量的值。
4. 有一个数组存放 10 个学生的年龄，用不同的方法输出数组中的全部元素。
5. 用指针作为函数参数，求一维数组中最大和最小元素的值。

# 项目9

# 结构体和共用体的使用

【项目描述】

在实际应用中，一组数据往往需要不同的数据类型，它们作为一个整体来描述一个事物的几个方面。比如，对于一名学生，他（她）的信息包含学号、姓名、性别、年龄、班级、成绩等，是由不同的数据类型组合而成的。为了解决这个问题，C语言提供了结构体和共用体构造数据类型，可以将若干个不同类型的数据存放在一起。本项目主要介绍结构体类型变量的定义、赋值，共用体和枚举类型的使用方法。

【知识目标】

（1）正确理解结构体类型的定义、变量的说明。

（2）掌握结构体的初始化，能正确引用结构体。

（3）掌握共用体的定义和初始化方法，能正确引用共用体。

（4）掌握结构体数组和结构体指针的定义和使用方法。

（5）掌握链表的定义和操作。

【技能目标】

（1）学会结构体和共用体类型的定义和变量的初始化。

（2）能够正确使用结构体和共用体变量的成员引用方法。

（3）学会结构体嵌套的定义和使用方法。

（4）会使用结构体指针和结构体数组编写C语言程序。

（5）能够正确使用结构体和共用体类型处理一批不同类型的数据。

（6）学会枚举类型的定义、枚举类型变量的定义及枚举类型变量的引用。

## 任务1 结构体的使用

【任务描述】

结构体与数组同是构造型数据类型，但结构体不同于数组，区别在于结构体是不同数据类型的集合，而数组是相同数据类型变量的集合，因此，结构体比数组应用广泛。本任务编写从键盘输入三名学生的相关数据，包括学号、姓名、三门课程的成绩，在屏幕上输出三名学生的数据和三门课程成绩的平均分的 C 语言程序。

【任务目标】

(1) 掌握结构体类型的定义和结构体类型变量的说明。

(2) 掌握结构体成员变量的初始化和引用。

(3) 能够正确使用结构体嵌套。

(4) 学会使用结构体数组和结构体指针编写程序。

(5) 熟悉结构体变量作为函数参数进行传递的过程。

使用结构体 1

## 知识链接

### 一、结构体类型的定义

"结构"是一种构造类型，它是由若干"成员"组成的。每个成员可以是一个基本数据类型或者一个构造类型，在说明和使用之前，必须先定义它。例如，某个学生的信息包括姓名、性别、年龄、班级等，这些数据的类型不是完全相同的，在这种情况下可以使用结构体类型来处理。结构体类型定义的语法格式如下：

```
struct 类型名
{成员列表};
```

例如：

```
struct student
{
char name[20];
char sex;
int age;
char class[20];
};
```

在这个结构体类型定义中，结构体类型名为 student，该结构体包含 4 个成员。第一个成员为 name，字符型数组；第二个成员为 sex，字符型变量；第三个成员为 age，整型变量；第四个成员为 class，字符型数组。结构体类型定义好后，就可以进行变量说明。凡是说明为 student 类型的变量，都是由这 4 个成员组成的。由此可见，结构体类型是一种复杂的数据类型。

### 二、结构体变量的定义

结构体变量的定义通常采用下面 3 种方法。

(1) 先定义结构体类型，再用定义好的类型来说明变量。

例如：

```
struct student
{
  char nane[20];   char sex;
```

```
    int age;
    char class1[20];
};
struct student st1,st2;
```

（2）可以对上述定义方法进行简化：在定义结构体类型的同时说明变量。

例如：

```
struct student
{
    char nane[20];
    char sex;
    int age;
    char class1[20];
} st1,st2;
```

（3）直接说明结构体类型变量，但是不给结构体取名。

例如：

```
struct
{
    char nane[20];
    char sex;
    int age;
    char class[20];
} st1,st2;
```

**注意：**第三种方法和第二种方法的区别在于省略了结构体类型名。

（4）结构体类型的嵌套定义。

如果在学员这个结构体类型中，增加一个表示学员出生日期的成员项，该如何定义？

首先，定义日期类型的结构体：

```
struct time {                    /* 定义含有3个整型成员的结构体类型 */
    int year;
    int month;
    int day;
    };
```

然后，定义学生结构体：

```
struct student {               /* 定义含有4个成员的结构型 * /
        int sid;
        char name[20];
        time birth;             /* 使用 time 类型的变量 birth 作为成员项 */
        float score;
}st1,st2;
```

**注意：**名为time的结构体类型定义必须在结构体类型student的定义之前进行，否则，结构体类型student定义时，会出现time结构体类型未定义的错误。

## 三、结构体变量的初始化及引用

1. 结构体变量的初始化

在对以上 3 种结构体变量定义的同时，都可以进行初始化赋值。例如：

```
struct student
{
  char name[20];
  char sex;
  int age;
  char class[20];
}st1 = {"mary",'F',22, "ELECTRIC22 -2"};
```

**注意**：初始化数据应与结构体类型中各个成员的类型和位置保持完全一致。

2. 结构体变量的引用

由于结构体变量具有多个成员，并且各个成员的类型也不相同，因此，在 C 语言中，一般不能整体引用结构体变量，只能引用结构体变量的各个成员。

引用结构体变量成员的语法格式如下：

```
结构体变量名.成员名
```

例如：

```
struct student
{
  char name[20];
  char sex;
  int age;
  char class[20];
}st1 = {"mary",'F',22, "ELECTRIC22 -2"};
```

则成员引用如下：

```
st1.name;
st1.age;
```

如果成员本身又是结构体类型，那么就是结构体类型的嵌套，则成员引用必须到最低级成员才能使用。例如：

```
st1.birth.month
```

**【例 9.1】** 把一个学生的信息放在一个结构体变量中，然后输出这个学生的信息。

程序如下：

```
#include <stdio.h>
int main()
{
struct student          /* 声明结构体类型 struct student */
     {int num;
      char name[20];
      char sex;
```

```
        char addr[20];
        }student1 = {10101, "Li Lin",'M',"123 Beijing Road"};/* 变量 student1 初始化 */
        printf("NO :%d \nname :%s \nsex :%c \naddrees:%s \n", student1.num, student1.name,
student1.sex, student1.addr);
        return 0;
    }
```

程序运行结果如图 9-1 所示。

```
NO :10101
name :Li Lin
sex :M
addrees:123 Beijing Road
Press any key to continue
```

图 9-1　程序运行结果

## 四、结构体数组

使用结构体 2

从例 9.1 可以看出，结构体变量只能存储一个学生的信息，如果要存储一个班级中所有学生的信息，就要用到结构体数组。

1. 结构体数组的定义

结构体数组的定义与结构体变量的定义基本类似，形式也相同，只需要说明它是数组类型即可，因此，结构体数组的定义也有 3 种方法。最常用的方法是在定义结构体类型名的同时，定义结构体数组，例如：

```
struct human
{
        char name[20];
        char sex;
        int age;
        int count;
}leader[3];
```

以上语句定义了一个结构体数组 leader，它共有 3 个元素：leader[0]，leader[1]，leader(2]，每个元素都是一个 human 类型的结构体变量。

2. 结构体数组的初始化

结构体数组的每一个元素都是一个结构体变量，因此，结构体数组的初始化即是对数组元素的初始化。例如：

```
struet human
{
        char name[20];
        char sex;
        int age;
        int count ;
}leader[3] = {{"Jack",'M',21,0}, {"Jane",'F',22,0},{"Alex",'M',23,0}};
```

3. 结构体数组的引用

与一般数组的引用相同，结构体数组的引用就是引用结构体数组元素。对结构体数组赋值、输入和输出及各种运算均是对结构体数组元素的成员进行的。结构体数组的成员表示为：

```
结构体数组名[下标].成员名
```

例如：

```
leader [i].name;
leader[i].count;
```

若要修改上面结构体数组初始化中 leader [1] 的 age 为 20，则使用语句：

```
leader [1].age =20;
```

**【例 9.2】** 计算学生的平均成绩和不及格的人数。

程序如下：

```
#include <stdio.h>
struct stu{
int num;
char *name;
char sex;
float score;
}boy[5] ={{101,"Li ping",'M',45},{102, "Zhang ping",'M',62.5},
{103, "He fang",'F',92.5}, {104, "Cheng ling",'F',87},
{105, "Wang ming", 'M',58}};
void main(){
 int i, count =0;
float ave,s =0;
for(i =0;i <5;i ++){
s += boy[i].score;
if(boy[i].score <60)count +=1;
}
printf("s = %f \n",s);
ave = s/5;
printf("average = %f \ncount = %d \n",ave, count);
}
```

程序运行结果如图 9 – 2 所示。

```
s=345.000000
average=69.000000
count=2
Press any key to continue_
```

图 9 – 2　程序运行结果

本例程序中定义了一个外部结构体数组 boy，共 5 个元素，并进行了初始化赋值。在 main() 函数中用 for 语句逐个累加各元素的 score 成员值存于 s 中，如 score 的值小于 60（不及格），即计数器 count 加 1，循环完毕后计算平均成绩，并输出全班的总分、平均分及不及格人数。

## 五、结构体指针变量

结构体指针变量是指向结构体变量的指针变量，结构体指针变量的值是结构体变量的

（在内存中的）起始地址。

1. 结构体指针变量的定义

定义结构体指针变量的语法格式如下：

```
struct 结构体名 * 指针变量;
```

例如：

```
struct student *p;
```

以上语句定义了一个结构体指针变量，它可以指向一个 struct student 结构体类型的数据。

2. 结构体指针变量的引用

引用结构体指针变量有以下两种形式。

（1）结构体指针变量名→成员名。

（2）（*结构体指针变量名）. 成员名。

**说明：**"→"称为结构体指针运算符，"."称为成员运算符。

若有以下定义和语句：

```
struct key
{
      int count;
     char word[8];
     };
     struct key  a={12,"abc"},*p=&a;
```

则引用结构体变量 a 中的 count 可以使用以下 3 种等价形式。

（1）a. count；

（2）p→count；

（3）（*p）. count。

**【例 9.3】**　统计某名学生的成绩。

程序如下：

```
#include <stdio.h>
#include <string.h>
# include<conio.h>
struct stu
{
   char num[10];
   float s[3];
};
void main(){
   float ave;
   struct stu lv, *p;
   p=&lv;
   strcpy(p->num, "211102");
   p->s[0]=78;
   p->s[1] = 92;
   (*p).s[2]=89;
```

```
    ave = (lv.s[0] + lv.s[1] + lv.s[2]) /3;
    printf("%s%8.1f%8.1f%8.1f%8.1f \n",p -> num,p -> s[0],p -> s[1], p -> s[2],ave);
}
```

程序运行结果如图 9-3 所示。

```
211102    78.0    92.0    89.0    86.3
Press any key to continue
```

图 9-3 程序运行结果

3. 结构体指针变量与数组

项目 8 中已经介绍过，可以使用指向数组的指针来访问数组元素。同样，也可以使用指针变量来访结构体数组中的元素。下面是一个使用指针访问结构体变量和结构体数组的例子。

**【例 9.4】** 使用指针访问结构体变量和结构体数组。

程序如下：

```
#include <stdio.h>
void main(){
struct student
{
int num;
char name[20];
char sex;
int age;
float score;
};
struct student stu[3] = {{20112,"Wang",'F',20,483},{20113,"Liu",'H',19,503},
{20114,"Song",'M',19,471.5}};
struct student student1 ={20111,"Zhang",'F',19,496.5}, *p, *q;
int i;
p =&student1;
printf("%s,%c,%5.1f \n",student1.name,(*p).sex,p -> score);
q = stu;
for(i =0;i <3;i ++,q ++)
printf("%s, %c, %5.1f \n",q -> name,q -> sex,q -> score);
}
```

程序运行结果如图 9-4 所示。

```
Zhang,F,496.5
Wang, F, 483.0
Liu, H, 503.0
Song, M, 471.5
Press any key to continue
```

图 9-4 程序运行结果

## 六、结构体与函数

在 ANSI C 标准中，允许使用结构变量作为函数参数进行整体传送，不过这种传送要将全部成员逐个传送，因此会降低程序的效率。进行函数调用时，通常情况下使用结构体指针作为函数参数，从而在很大程度上提高了程序的效率。

**【例9.5】** 输出3个学生的全部信息。

程序如下：

```
#include <stdio.h>
struct stu
{long num;
char name[20];
int age;
};
void PRINT(struct stu *p)      /*结构体指针变量作函数形参*/
{int i;
printf("学号\t 姓名\t 年龄\n");
for(i=0;i<3;i++)
printf("%ld\t%s\t%d\n\n",(p+i)->num,(p+i)->name,(p+i)->age);
}
void main(){
struct stu st[3]={{1201,"Lv",19},{1202,"Tao",20},{1203,"Wang",21}};
PRINT(st);     /*结构体数组名作函数实参*/
}
```

程序运行结果如图9-5所示。

```
学号    姓名    年龄
1201    Lv      19

1202    Tao     20

1203    Wang    21

Press any key to continue
```

图9-5　程序运行结果

## 七、定义类型的别名

### 1. 定义新类型的别名的语法格式

```
typedef 类型  类型的别名;
```

例如：

```
typedef struct stu
{
    char name[12];
    char sex;
    struct date birthday;
    float score[4]
} STD;
STD std,pers[3], *p;
```

### 2. 注意事项

（1）使用typedef只是为已经存在的类型增加一个别名，而没有创造新的类型。

（2）这里的类型是任何基本类型和结构类型，新类型名一般用大写表示，以便区别。

（3）也可用宏定义来代替typedef的功能，但是宏定义是由预处理完成的，而typedef则是在编译时完成的，后者更为灵活、方便。

（4）用 typedef 定义数组、指针、结构体等类型很方便，不仅使程序书写简单，而且使程序意义更为明确，也增强了程序的可读性。

（5）当不同源文件中用到同一类型数据时，常用 typedef 声明一些数据类型，把它们单独放在一个文件中，再在需要用到的文件中用“#include”把它们包含进来即可。

## 任务实施

从键盘输入班上一个组的三名学生的相关数据，每个学生的数据包括学号、姓名、三门课程的成绩，自动计算三门课程成绩的平均分，并将三名学生的数据在屏幕上输出。

使用结构体——任务实施

（1）任务说明。该任务利用结构体数组的定义和引用，访问结构体成员变量，输出三名学生的学号、姓名、三门课程的成绩，自动计算三门课程成绩的平均分，并将三名学生的数据在屏幕上输出。

（2）实现思路。

①定义结构体 student 和结构体数组 stu[3]，成员变量有学号、姓名、课程成绩及平均分。

②在 main( ) 函数中定义整型变量 num = 3，以及 i，j，sum = 0，并给变量 num，sum 赋值。

③提示用户利用 for 循环嵌套从键盘上依次输入三名学生的学号、姓名、三门课程的成绩，并求平均分，保存在结构体数组 stu[3] 中。

④利用 for 循环嵌套和结构体数组的引用，输出三名学生的学号、姓名、三门课程的成绩和三门课程成绩的平均分。

（3）程序清单。

```
#include<stdio.h>
#include<conio.h>
struct student{
char id[10];
char name[8];
int score[3];
double avg;
}stu[3];
void main(){
int num=3,i,j,sum=0;
for(i=0;i<num;i++){
printf("请输入第%d学生的数据\n",i+1);
printf("学号：");
scanf("%s",stu[i].id);
printf("姓名:");
scanf("%s",stu[i].name);
for(j=0;j<3;j++)
{  printf("第%d门课的成绩：",j+1);
scanf("%d",&stu[i].score[j]);
sum+=stu[i].score[j];
}
stu[i].avg =(double)sum/3.0;
```

```
    }
    printf("\n学号\t\t姓名\t成绩1\t成绩2\t成绩3\t平均分\n");
    for(i=0;i<num;i++)
    {  printf("%s\t%s\t",stu[i].id,stu[i].name);
    for(j=0;j<3;j++){
          printf("%d\t",stu[i].score[j]);}
    printf("%lf\n",stu[i].avg);
    }
    }
```

（4）程序运行结果如图9-6所示。

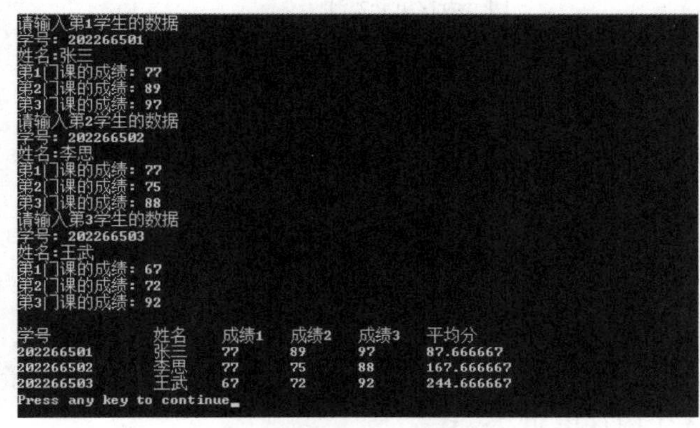


图9-6　程序运行结果

## 任务2　共用体和枚举类型的使用

【任务描述】

使用共用体类型可以把不同类型的数据成员变量存放在同一块内存单元中，即不同类型的数据可以共用一个共同体空间。本任务利用共用体类型编写从键盘上输入4个字符，输出由这4个字符构成的整数C语言程序。

【任务目标】

（1）掌握共用体类型的定义和成员变量的定义。

（2）掌握共用体成员变量的引用。

（3）能够正确使用枚举类型定义变量。

（4）学会枚举类型变量的引用。

（5）熟练使用共用体类型和枚举类型编写程序。

使用共用体和枚举类型

### 知识链接

### 一、使用共用体类型

共用体类型和结构体类型类似，也是一种由用户自己定义的数据类型，也可以由若干种数据类型组合而成。组成共用体类型数据的若干个数据也称为成员。和结构体类型不同的是，共用体类型数据的所有成员只占用相同的内存单元，设置这种数据类型的主要目的是节省内存。

例如，在一个函数的 3 个不同的程序段中分别使用了字符型变量 c、整型变量 i、单精度型变量 f，可以把它们定义成一个共用体类型变量 u，u 中含有 3 个不同数据类型的成员。给这 3 个成员分配 4 个内存单元，3 个成员的对应关系如图 9－7 所示。

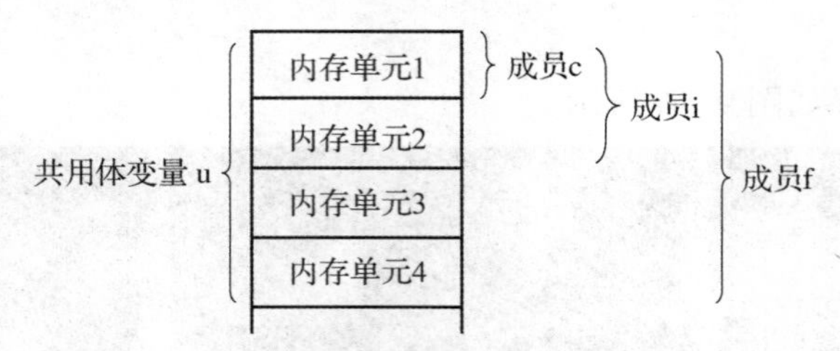


图 9－7　共用体变量成员的对应关系

由图 9－7 可知，变量 u 的 3 个成员是不能同时使用的，因为修改其中任何一个成员的值，其他成员的值将随之改变。还可以看出，一个共用体变量所占用的内存单元数目等于占用内存单元数目最多的那个成员所占用的内存单元数目。对变量 u 来说，它所占用的内存单元数目是其中成员 f 所占用的内存单元数目，等于 4；而 3 个独立的变量所占用的内存单元数目为 7，可以节省 3 个内存单元。

1. 共用体定义的语法格式

共用体定义的一般语法格式如下：

```
union 共用体名
{
数据类型 1  成员名 1;
数据类型 2  成员名 2;
…
数据类型 n  成员名 n;
};
```

其中：

(1) 共用体名是用户自己取的标识符；

(2) 数据类型可以是基本数据类型，也可以是已定义过的结构体、共用体等其他数据类型；

(3) 成员名是用户自己取的标识符，用来标识共用体所包含成员的名称。

例如：

```
union data
{
   int i;
   char ch;
   float f;
};
```

以上共用体定义语句定义了一个名为 data 的共用体，该共用体含有 3 个成员，每个成

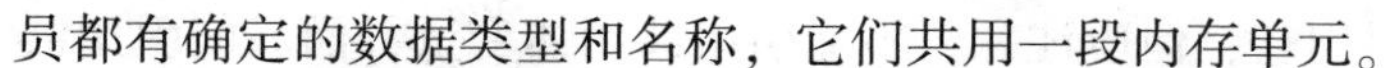


员都有确定的数据类型和名称，它们共用一段内存单元。

使用共用体编写程序时应当注意以下几点。

（1）右花括号后面的分号“;”不能少，它是共用体定义语句的结束标志。

（2）共用体中的每个成员所占用的内存单元都是连续的，而且都是从分配的连续内存单元的第一个内存单元开始存放。因此，一个共用体数据的所有成员的首地址都是相同的。

（3）共用体所占用的内存单元长度等于所占内存单元长度最大的成员所占用的内存单元长度，这一点和结构体是不同的。结构体所占用的内存单元是各成员所占用的内存单元长度之和，每个成员分别占用自己的内存单元。

2. 共用体变量的定义

在定义了某个共用体类型后，就可以使用它定义相应的变量、数组和指针等。共用体变量的定义和结构体变量相同，也有 3 种方法。

（1）先定义共用体，再定义共用体变量。

例如：

```
union data
{
    int i;
    char ch;
    float f;
};
union data a,b,c;
```

（2）同时定义共用体和共用体变量（最常见）。

例如：

```
union data
{
    int i;
    char ch;
    float f;
}a,b,c;
```

（3）在定义无名共用体的同时定义共用体变量。

例如：

```
union
{
    int i;
    char ch;
    float f;
}a,b,c;
```

**提示：**

共用体变量与结构体变量的定义形式相似，但它们的含义是不同的。结构体变量所占用内存单元长度是各成员所占用内存单元长度之和，每个成员分别占用自己的内存单元；而共用体变量所占用内存单元长度等于占用内存单元长度最大的成员所占用内存单元长度。

只有先定义了共用体变量才能引用它，但应注意，不能引用共用体变量，而只能引用共用体变量中的成员。

3. 共用体变量的引用

共用体变量成员引用的一般语法格式如下：

```
共用体变量名.成员名
```

其中，“.”和结构体中的成员运算符“.”相同。

例如，已定义了 a，b，c 为共用体类型 data 的变量，用在程序中可以这样引用：

```
a.i =12;a.ch = 'a';a.f =3.14;
```

共用体变量成员的地址也可以引用，其引用格式为：

```
&共用体变量名.成员名
```

**注意：**如果用指针变量来存放共用体变量成员的地址，则该指针变量的类型必须和该共用体变量成员的类型一致。

共用体变量的地址也可以引用，其引用格式为：

```
&共同体变量名
```

**注意：**如果用指针变量存放该共用体变量的地址，则该指针变量的类型也必须和该共用体变量的类型为同一种共用体类型。

下面举一个例子来加深对共用体型的理解。

**【例 9.6】**

程序如下：

```
#include <stdio.h>
void main(){
union                    /* 定义一个共用体类型 */
{   int i;
    struct               /* 在共用体类型中定义一个结构体类型 */
    {  char first;
       char second;
    }half;
    }number;
  number.i =0x4241;     /* 共用体变量成员赋值 */
  printf("%c%c\n",number.half.first,number.half.second);
  number.half.first ='a';          /* 共用体变量中结构体变量成员赋值 */
  number.half,second ='b';
  printf("%x\n",number.i);
  }
```

程序运行结果如图 9-8 所示。

```
AB
6261
Press any key to continue_
```

图 9-8　程序运行结果

从结果可以看出，当给 i 赋值后，其低 8 位是 first 的值，高 8 位是 second 的值；当给

first 和 second 赋字符后，这两个字符的 ASCII 码也将作为 i 的低 8 位和高 8 位。

## 二、枚举类型

### 1. 枚举类型的定义

在实际问题中，有些变量的取值被限定在一个有限的范围内，例如，一个星期只有七天、一年只有十二个月、一个班每周有六门课程等。如果把这些量说明为整型、字符型或其他类型显然是不妥当的。为此，C 语言提供了一种称为“枚举”的类型。在枚举类型的定义中列举出所有可能的取值，被说明为该枚举类型的变量取值不能超过定义的范围。应该说明的是，枚举类型是一种基本数据类型，而不是一种构造类型，因为它不能再分解为任何基本类型。

枚举类型定义的一般语法格式如下：

```
enum 枚举类型名
{枚举常量1,枚举常量2, …,枚举类常量n};
```

其中：

（1）枚举类型名是用户所取的标识符；

（2）枚举常量是用户给枚举类型变量所限定的可能的取值，是常量标识符。

该定义语句定义了一个名为“枚举类型名”的枚举类型，该枚举类型中含有 n 个枚举常量，每个枚举常量均有值，C 语言规定枚举常量的值依次为 0，1，2，…，n－1。

例如，定义一个表示星期的枚举类型如下：

```
enum weekday{sun,mon,tue,wed,thu, fri,sat};
```

以上定义了一个枚举类型 weekday，它共有 m 个枚举常量（或称为枚举元素）：sun，mon，tue，wed，thu，fri，sat，它们的值依次为 0，1，2，3，4，5，6。这 m 个枚举常量是用户定义的标识符，并不自动地表示什么含义。例如，写成“sun”并不一定代表“星期天”。用什么标识符代表什么含义，完全由程序员决定，并在程序中作相应的处理。

枚举常量除了 C 语言编译时自动顺序赋值 0，1，2，3，…外，在定义枚举类型时也可以给枚举常量赋值，方法是在枚举常量后跟上“=整型常量”。

例如，上面的枚举类型定义可写成：

```
enum weekday{sun=0, mon=1,tue=2,wed=3,thu=4,fri =5,sat=6};
```

其作用和原来一样。

也可以这样定义：

```
enum color{red =2,yellow=4,blue =8,white=9,black=11};
```

则枚举常量 red 的值为 2，yellow 的值为 4，blue 的值为 8，white 的值为 9，black 的值为 11。

C 语言规定，在给枚举常量赋初值时，如果给其中任何一个枚举常量赋初值，则其后的枚举常量将按自然数的规则依次赋初值。

例如，有下列定义语句：

```
enum weekday{sun,mon, tue =5,wed,thu,fri,sat};
```

则枚举常量的初值如下：

```
sun=0,mon=1,tue =5,wed=6,thu=7,fri =8,sat =9
```

**注意**：枚举常量按常量处理，它们不是变量，不能对其赋值。

例如，语句“sun=0；mon=1；”是错误的。

定义了一个枚举类型后，就可以用这种枚举类型来定义变量、数组等。定义的方法有3种。

（1）先定义枚举类型，再定义枚举类型的变量、数组。

例如：

```
enum weekday {sun,mon, tue,wed, thu,fri,sat};   /* 定义一个枚举类型 weekday */
enum weekday workday,workend; /* 定义了 2 个 weekday 类型的变量 workday、workend */
```

（2）在定义枚举类型的同时定义枚举类型的变量、数组。

例如：

```
enum color{ red,yellow,blue,white,black}i,j,k;
```

以上语句定义了一个表示5种颜色的枚举类型，同时指定了3个枚举类型的变量i，j，k。

（3）在定义无名枚举类型的同时定义枚举类型的变量、数组。

例如：

```
enum {red,yellow,blue,white,black}i,i,k;
```

以上语句定义了一个表示5种颜色的无名枚举类型，同时指定了3个枚举类型的变量i，j，k。

2. 枚举类型的引用

枚举类型的变量或数组元素的引用方法和普通变量或数组元素的引用方法一样。其有下列几种情况。

（1）给枚举类型的变量或数组元素赋值，其语法格式为：

```
枚举类型的变量或数组元素 = 同一种枚举类型的枚举常量名
```

例如，在有定义语句

```
enum weekday {sun,mon, tue,wed, thu, fri,sat}workday;
```

的前提下，又有赋值语句

```
workday = mon;
```

则变量workday的值为1（因枚举常量mon的值为1）。这个整数是可以输出的。例如：

```
printf("%d\n",workday);    /* 将输出整数 1 */
```

C语言规定，枚举常量的值为0或自然数。一般不能直接将整型常量赋给枚举类型的变

量或数组元素，但可通过强制类型转换来赋值。

如语句“workday = 2;”是不对的。

而语句“workday = (enum weekday)2;”的用法是正确的。它相当于将顺序号为 2 的枚举常量赋给 workday，即相当于语句“workday tue;”，甚至可以是表达式。例如：

```
workday = (enum weekday)(5 -3);
```

（2）用比较运算符对两个枚举类型的变量或数组元素进行比较，也可以将枚举类型的变量或数组元素与枚举常量值进行比较。例如：

```
if(workday == mon)…   /* 将枚举变量和枚举常量比较 */
if(workday >3)…          /将枚举变量和枚举常量比较 */
```

枚举值的比较规则是按其在定义时的值进行比较。

（3）在循环中用枚举类型的变量或数组元素控制循环。例如：

```
enum color{red,yellow,blue, white,black} i;
int j =0;
for(i = red;i <= black;i ++)
  j ++;
printf("j = %d \n",j);
```

以上程序段的运行结果为：

```
j =5
```

**【例 9.7】**　使用枚举类型定义一年中的 12 个月，在输入月份数时显示对应月份的天数（为方便起见，这里假设该年不是闰年）。

程序如下：

```
#include <stdio.h>
enum months{ Jan =1,Feb,Mar,Apr,May,Jun,Jul,Aug,Sep,Oct,Nov,Dec};
void main(){
   enum months month;
   int n;
   printf("请输入月份数：");
   scanf("%d",&month);
switch(month)
{      case Jan:         /*1,3,5,7,8,10,12 月都是 31 天 */
       case Mar:
       case May:
       case Jul:
       case Aug:
       case Oct:
       case Dec:n =31;break;
       case Feb:n =28;break;
       case Apr:
       case Jun:
       case Sep:
       case Nov:n = 30;break;
       default:printf("输入数据有错 \n");
   }
     printf("%d 月份共有%d 天 \n",month,n);
}
```

程序运行结果如图 9 - 9 所示。

```
请输入月份数: 10
 10月份共有31天
Press any key to continue
```

图 9 - 9　程序运行结果

共用体和枚举类型——任务实施

## 任务实施

从键盘输入 4 个字符，输出由这 4 个字符形成的整数（用共用体类型实现）。

（1）任务说明。设置一个共用体类型，其中包含 1 个无符号整型成员和 1 个含有 4 个元素的字符数组成员。用该共用体类型说明变量后，输入 4 个字符，输出由这 4 个字符形成的整数。

（2）实现思路。

①定义一个共用体。声明一个共用体 union my 和共用体变量 mya，包含两个无符号整数 i 和有 4 个元素的字符数组 d。

②用户使用共用体变量的引用访问数组。从键盘上输入 4 个字符，存储到数组 d 中。

③将共用体中字符数组元素和成员变量 i 以十六进制输出。

（3）程序清单。

```
#include <stdio.h>
void main(){
    union my
    {
        unsigned int i;
        char d[4];
    }mya;
    scanf("%c%c%c%c", &mya.d[0], &mya.d[1],&mya.d[2],&mya.d[3]);
    printf("%x,%x, %x,%x,%x \n\n", mya.d[0],mya.d[1],mya.d[2],mya.d[3],mya.i);
}
```

（4）程序运行结果如图 9 - 10 所示。

```
DFGH
44,46,47,48,48474644

Press any key to continue
```

图 9 - 10　程序运行结果

# 任务 3　链表的使用

## 【任务描述】

链表是一种常见的重要数据结构，它是一种动态地进行存储的结构。动态数据结构由一组数据组成，其特点是它包含的数据对象个数及其相互关系可以按需要改变，动态数据结构有链表、树、图等。本任务调用函数完成单链表的建立、输出、插入和删除操作。

【任务目标】

(1) 掌握链表的基本概念。

(2) 学会内存空间函数 malloc()、calloc()和 free()的使用方法。

(3) 能够正确使用指针创建链表和操作链表。

使用链表

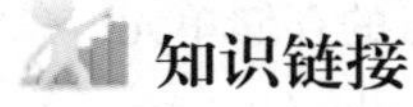

## 知识链接

### 一、链表的基本概念

在处理批量数据时，通常用数组来存储数据。定义数组必须指定元素的个数，从而限制了数组存放的数据量。在实际应用中，一个程序在每次运行时要处理的数据量通常是不确定的，如果数组定义小了，就没有足够的空间存储数据，如果数组定义大了，又会浪费内存单元。解决这一矛盾的方法是使用动态数据结构——链表。

1. 链表简介

链表是由若干个称为节点的元素构成的。每个节点包含数据字段和链接字段。数据字段用来存放节点的数据项；链接字段用来存放该节点指向另一节点的指针。每个链表都有一个“头指针”，它是存放该链表的起始地址，即指向该链表的起始节点，它是识别链表的标志，对某个链表进行操作，首先要知道该链表的头指针。链表的最后一个节点称为“表尾”，它不再指向任何后继节点，表示链表的结束，该节点中链接字段指向后继节点的指针存放NULL。图9-11所示为链表的基本结构。

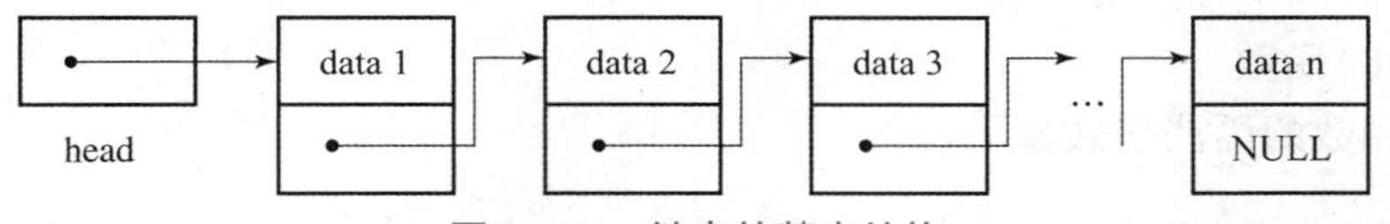

图9-11　链表的基本结构

图9-11所示为一个单链表，它有一个头指针head，它指向链表的第一个节点，可以借助指针的移动（p->next）依次访问链表中的所有元素，直到表空为止（p=NULL）

在C语言中，每个节点可用一个结构体变量来描述。为了讨论方便，假定每个节点的结构体类型定义如下：

```
struct node
{
   char data;
   struct node * next
}
```

该结构体类型有两个成员，一个是字符型变量data，是节点的数据部分；另一个是指针变量，它是指向struct node结构体变量的指针，通过它把每个节点链接起来。

链表中还可以用一个指针变量p来指向链表中的某一节点，如要引用由p指向的节点的数据，可表示为：

```
p->data
```

指向节点的指针可表示为：

```
p ->next
```

实际上 p -> next 表示了所指向节点的下一个节点的地址。

2. 处理动态链表所需的函数

利用链表结构可以进行动态地分配存储，即在需要的时候才开辟一个节点的存储单元。怎样动态地开辟和释放存储单元呢？C 语言提供了 3 个库函数——malloc( )、calloc( )、free( )，它们都在“stdlib. h”头文件中。

1） malloc( )函数

malloc( )函数的语法格式如下：

```
void * malloc(unsigned size);
```

其作用是在内存的动态存储区中分配一个长度为 size 的连续空间。分配成功则返回该内存空间的首地址，分配失败则返回空指针（NULL），即地址为 0。

malloc( )函数的返回值为指针（地址），这个指针是指向 void 类型的，也就是不规定指向任何具体的类型。如果想将这个指针值赋值给其他类型的指针变量，应当进行显示转换。

例如：

```
pc =(char * )malloc(200);
```

表示分配 200 个字节的内存空间，并强制转换为字符数组，函数的返回值为指向字符数组的指针，把该指针赋予指针变量 pc。

2） calloc( )函数

calloc( )函数的语法格式如下：

```
void * calloc(unsigned num,unsigned size);
```

其作用是在内存的动态存储区中分配 num 个长度为 size 的连续空间。分配成功则返回该内存空间的首地址，分配失败则返回空指针（NULL）。

calloc( )函数与 malloc( )函数的区别仅在于 calloc( )函数一次可以分配 n 块区域。

例如：

```
ps =(struet stu * )calloc(3, sizeof(struet stu));
```

表示按 stu 的长度分配 3 块连续区域，强制转换为 stu 类型，并把其首地址赋给指针变量 ps。

3） free( )函数

free( )函数的语法格式如下：

```
void free(void * ptr);
```

其作用是释放由 ptr 指向的内存区，ptr 是一个任意类型的指针变量。ptr 是最近一次调用 calloc( ) 或 malloc( )函数时返回的值，free( ) 函数无返回值。

**【例 9.8】** 使用函数创建一个简单的链表。

程序如下：

```
main()
{struct stu
    { int nun;
    char *nane;
    char sex;
    float score;
} *ps;
ps=(struct stu*)malloc(sizeo(struct stu));
ps->nun=102;
ps->name="Zhang ping";
ps->sex='M';
ps->score=62.5;
pintf("Numb=%d\nName-%s\n", ps->num, ps->name);
pintf("Sex=%c\nScore=%f\n", ps->sex, ps->score);
free(ps);
}
```

本例中定义了结构 stu 及 stu 类型的指针变量 ps，然后为 stu 分配一块大内存区，并把首地址赋给 ps，使 ps 指向该区域；再以 ps 为指向结构的指针变量对各成员赋值，并用 printf() 函数输出各成员值；最后用 free() 函数释放 ps 所指向的内存空间。整个程序包含了申请内存空间、使用内存空间、释放内存空间三个步骤，实现了存储空间的动态分配。本例中采用了动态分配的办法为一个结构体分配内存空间。每次分配一块空间，可用来存放一个学生的数据，称为一个节点。有多少个学生，就应该申请分配多少块内存空间，也就是说要建立多少个节点。当然，用结构数组也可以完成上述工作，但如果预先不能准确把握学生人数，则无法确定数组大小，并且当学生留级、退学之后，也不能把该元素占用的空间从数组中释放出来。用动态存储的方法可以很好地解决这些问题。有一个学生就分配一个节点，无须预先确定学生的准确人数。若某学生退学，可以删去该节点，并释放该节点占用的存储空间，从而节约宝贵的内存资源。另外，用数组的方法必须占用一块连续的内存区域，而使用动态分配方法时，每个节点之间可以是不连续的（节点内是连续的）。节点之间的联系可以用指针实现，即在节点结构中定义一个成员项，用来存放下一节点的首地址，这个用于存放地址的成员称为指针域。可在第一个节点的指针域内存入第二个节点的首地址，在第二个节点的指针域内存放第三个节点的首地址，如此串联下去，直到最后一个节点。最后一个节点因无后续节点连接，其指针域可赋为 NULL(0)，这就是链表建立和内存释放的过程。

## 二、链表的主要操作

可以根据需要对为所有数据动态开辟的存储单元进行链接形成单向链表，单向链表的主要操作有以下几种。

1. 建立链表

建立链表是指从无到有地建立一个链表，即逐个输入各节点数据，并建立起前后相链的关系，具体操作详见任务实施。

2. 输出链表

首先要知道链表头元素的地址，然后设一个指针变量先指向第一个节点，输出所指的节点，然后指针后移一个节点，再输出，直到链表的尾节点，这样就将链表各节点的数据依次输出。

3. 删除链表

设置两个指针 p 和 q。先使 p 指向链表中的开始节点，并检查该节点是否是要删除的节点。如果不是要删除的节点，则使 p 指向下一个节点，并在此之前将 p 值赋给 q，使 q 指向刚刚检查过的节点。如果 p 所指向的下一个节点还不是要删除的节点，则使 q 指向该节点，p 再往后移，直到 p 所指向的节点是要删除的节点或整个链表中找不到要删除的节点为止。如果找到了要删除的节点，则分如下两种情况进行处理。

（1）要删除的节点为头节点，即 p == head 时，需将 p -> next 赋给 head，即让头指针指向链表中的第二个节点，这时第一个节点“丢失”。

（2）要删除的节点不是头节点时，则将 p -> next 赋值给 q -> next。因为这时 p 指向要删除的节点，而 q 指向 p 的前面一个节点，这样做就使 p 前面的一个节点跳过了 p 节点指向了 p 的下一个节点，于是将 p 所指向的要删除的节点“丢失”了。

4. 插入链表

**【例 9.9】** 编写一个函数，在链表中的指定位置插入一个节点。若要在一个链表的指定位置插入节点，则要求链表本身必须是已按某种规律排好序的。例如，在学生数据链表中，要求按学号顺序插入一个节点。设被插节点的指针为 pi，后一节点的指针为 pb，前一节点的指针为 pf。可在以下 4 种不同情况下插入。

（1）原表是空表，只需使 head 指向被插节点即可。

（2）被插节点值最小，应插到第一节点之前。这种情况下使 head 指向被插节点，被插节点的指针域指向原来的第一节点，即

```
pi ->next =pb;
head =pi;
```

（3）在其他位置插入。在这种情况下使插入位置的前一节点的指针域指向被插节点，使被插节点的指针域指向插入位置的后一节点，即

```
pi ->next =pb;
pf ->next =pi;
```

（4）在表末插入。在这种情况下使原表末节点指针域指向被插节点，被插节点指针域置为 NULL，即

```
pf ->next =pi;
pi ->next =NULL;
```

以下为链表插入函数的实现。其中 TYPE 为定义好的结构体，head 为链表的头指针。

程序如下：

```
TYPE *insert(TYP *head, TYPE *pi)
{TYPE *pf, *pb;
 pb =head;
 if(head =NULL)          /*空表插入*/
```

```
  { head = pi;
    pi -> next = NULL;
    }
    else{
    while((pi -> num > pb -> nun)&&(pb -> next! = NULL))
            {       pf = pb;
                    pb = pb -> next;        /* 找插入位置 */
              }
      if(pi -> num <= pb -> num)
      {     if(head == pb)head = pi;      /* 在第一节点之前插入 */
              else pf -> next = pi;        /* 在其他位置插入 */
              pi -> next = pb;
            }
      elsel pf -> next = pi;
            pi -> next - NULL;          /* 在表末插入 */
            }
      }
  return head;
}
```

本函数有两个形参均为指针变量，其中 head 指向链表，pi 指向被插节点。函数中首先判断链表是否为空，为空则使 head 指向被插节点。若链表不空，则用 while 语句循环查找插入位置，找到之后再判断是否在第一节点之前插入，若是，则使 head 指向被插节点，而被插节点指针域指向原第一节点，否则在其他位置插入。若插入的节点大于链表中所有节点，则在链表末插入。本函数返回一个指针，是链表的头指针。当插入的位置在第一个节点之前时，插入的新节点成为链表的第一个节点，因此 head 的值也有了改变，故需要把这个指针返回主调函数。

## 任务实施

使用链表——任务实施

调用函数完成单链表的建立、输出、插入和删除操作。

（1）任务说明。本任务需要编写创建单链表指针类型函数、输出链表各节点数据的函数、在链表中插入节点的函数、删除某节点的函数，从而完成单链表的建立、输出、插入和删除操作。

（2）实现思路。

①定义结构体。成员变量有两个，一个是存储节点的数据部分（int data），另一个是指向结构体变量的指针，它用于把每个节点链接起来。

②编写 lnode * create( ) 函数，创建 10 个整数的单链表。

③编写 void print( ) 函数输出链表中的各节点数据元素。

④编写 void insert( int i，int e) 函数在单链表的第 1 个元素之前插入 e(88) 元素。

⑤编写 void del( int i) 函数，删除单链表中第 i(5) 个元素。

⑥在主函数中调用这 4 个函数，输出结果。

（3）程序清单。

```
#include < stdio.h >
#include < stdlib.h >
```

```
typedef struct list
{   int data;
    struct list *next;
}lnode, * linklist;
linklist head;          /*定义指向结构体的指针 head*/
lnode *create()             /*创建10个整数的单链表*/
{       int i;
        linklist head,p;        /*定义结构体指针变量*/
      head=(linklist)malloc(sizeof(lnode)); /*开辟一个内存空间,将首地址赋值给 head*/
        head->next=NULL;      /*初始化刚开辟的结构体空间的 next 指针域为空*/
        for(i=0;i<10;i++)
        {
              p=(linklist)malloc(sizeof(lnode)); /*开辟一个内存空间,将首地址赋值给 p*/
              scanf(" %d",&p->data);    /*输入一个数,赋值给刚开辟出空间的 data 域*/
              p->next= head->next;   /*将 head 的 next 域的值赋给 p 的 next 域*/

   head->next= p; /*将 p 值赋给 head 的 next 域,将 p 插入队首,head 在队首起始位置*/
        }
    return head;   /*返回 head 的值,也就是新开辟的那一串的首地址*/
    }
void print()            /*输出链表中的各元素*/
    {
     linklistp;    /*定义结构体指针变量*/
     p=head->next;   /*p 指向第一个节点*/
     while(p)
     {      printf("%d ",p->data);
              p=p->next;   /*移动指针 p 指向下一个节点*/
              }
     print("\n");
}
void insert(int i, int e)        /*在单链表的第1个元素之前插入 e 元素*/
{    linklist p=head,s;        /*p=head 是使 p 指向第一个节点*/
     int j=0;
    while(p&&j<i-1)
          {
                p=p->next;     /*移动指针 p 指向下一个节点*/
                ++j;
    }
    if(p)
    {
        s=(lnode *)malloc(sizeof(lnode));    /*开辟内存空间,将首地址赋值给 s*/
              s->data=e;
              s->next=p->next;    /*插入*/
              p->next=s;
              }
    }
void del(int i)            /*删除单链表中第 i 个元素*/
{     linklist p=head,q;
       int j=0;
       while(p->next && j< i-1)
       {
         p=p->next;
            ++j;
   }
   if(p->next)
```

```
    {
        q = p -> next;
        p -> next = q -> next;
        free(q); }
    }
void main(){
    head = create();
    printf();
    insert(3,88);     /* 在单链表中第 3 个元素之前插入 88 */
    print();          /* 插入 88 后的结果 */
    del(5);           /* 删除单链表中的第 5 个元素 */
    print();          /* 输出删除后单链表的元素 */
    }
```

（4）程序运行结果如图 9－12 所示。

```
12 23 34 45 56 32 34 76 11 16
16 11 76 34 32 56 45 34 23 12
16 11 88 76 34 32 56 45 34 23 12
16 11 88 76 32 56 45 34 23 12
Press any key to continue
```

图 9－12　程序运行结果

## 任务 4　结构体和共同体程序设计上机操作

### 一、操作目的

（1）学会使用结构体、共用体类型定义。

（2）学会使用结构体、共用体类型的变量定义和成员引用。

（3）能够正确使用结构体、共用体类型进行程序设计。

### 二、操作要求

（1）在 Visual C ++6.0 或 Dev－C ++5.11 集成环境中，熟练使用结构体和共用体类型编写程序。

（2）熟悉本项目的相关知识，理解操作任务源程序的算法及作用。

（3）正确分析和理解操作任务中结构体和共用体的使用方法。

### 三、操作内容

**操作任务 1**　在屏幕上模拟显示一个数字式时钟。

程序如下：

```
#include <stdio.h>
typedef struct{
int hour;
int minute;
```

```
int second;
}CLOCK;           /* 定义1个结构体类型 CLOCK 别名 */
CLOCK clock;      /* 定义一个结构体变量 */
void Update(){
   clock.second ++ ;
   if(clock.second ==60)    /* 若秒钟值为60,表示已过1分钟,则分钟值加1 */
       { clock.second =0;     /* 秒钟归0 */
        clock.minute ++ ;    /* 分钟加1 */
   }
if(clock.minute ==60)    /* 若分钟值为60,表示已过1小时,则小时值加1 */
      { clock.minute =0;
        clock.hour ++ ;
      }
     if(clock.hour ==24)      /* 若小时值为24,则小时的值从0开始计时 */
          { clock.hour =0;
          }
}
/* 函数功能:时、分、秒时间的显示 */
void Display(){          /* 用回车符'\r'控制时、分、秒显示的位置 */
printf("数字时钟开始计时:%2d:%2d:%2d\r",clock.hour,clock.minute,clock.second);
}
/* 函数功能:模拟延迟1秒的时间函数参数,无函数返回值 */
void Delay(void)
{ long t;
for(t =0;t <500000000;t ++);  /* 如果时间不精确,可将数值500000000更改为其他值 */
}                               /* 循环体为空语句的循环,起延时作用 */
void main()
{   long i;
   clock.hour = clock.minute = clock.second =0;
   for(i =0;i <100000;i ++)        /* 利用循环结构,控制时钟运行的时间 */
{      Update();               /* 时钟更新 */
       Display();             /* 时间显示 */
       Delay();            /* 模拟延时1秒 */
     }
}
```

**操作任务2**　假设某班体育课测验包括两项内容：一项是800米跑；另一项男生是跳远，女生是仰卧起坐。跳远和仰卧起坐是不同的数据类型，跳远以实型数据记录成绩，而仰卧起坐是以整型数据记录成绩。用共用体类型完成该班同学成绩的录入及显示。

程序如下：

```
#include <stdio.h>
#include <string.h>
#include <stdlib.h>
#define N 3
union score
{
float jump;
int situp;
};
struct stu
{
```

```
char num[10];
char sex;
float run;
union score a;
};
void input(struct stu *p)
{
int i,y;
float x;
for(i=0;i<N;i++){
printf("input the num, sex,run:");
scanf("%s %c %f",&p[i].num,&p[i].sex,&x);
p[i].run=x;
if(p[i].sex=='M'){
printf("input the jump :");
scanf("%f",&p[i].a.jump);
}else if(p[i].sex=='F'){
printf("input the situp: ");
scanf("%d",&y);
p[i].a.situp=y;
}else{
printf("error,please again! \n");
i--;
        }
      }
}
void output(struct stu *p)
{
int i;
printf("Students in physical education record is:\n");
printf(" numsex run jump  situp\n");
for(i=0;i<N;i++)
{
printf("%s%c%5.2f",p[i].num,p[i].sex,p[i].run);
if(p[i].sex=='M')
printf("%f\n",p[i].a.jump);
else if(p[i].sex=='F')
printf("%d\n",p[i].a.situp);
    }
}
void main(){
struct stu s[N];
input(s);
output(s);
}
```

## 四、操作过程

（1）打开 Visual C ++6.0 或 Dev－C ++5.11 集成环境。

（2）新建“.c”程序文件。

（3）编写操作任务的 C 语言程序源代码。

（4）选择“组建”菜单下的“编译”→“组建”→“执行”命令，输出结果。

操作任务 1 的程序运行结果如图 9－13 所示。

```
数字时钟开始计时: 0: 0:13
```

图 9－13　操作任务 1 的程序运行结果

操作任务 2 的程序运行结果如图 9－14 所示。

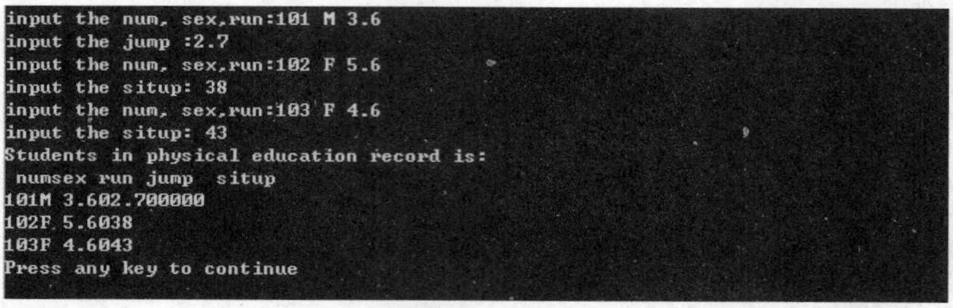

```
input the num, sex,run:101 M 3.6
input the jump :2.7
input the num, sex,run:102 F 5.6
input the situp: 38
input the num, sex,run:103 F 4.6
input the situp: 43
Students in physical education record is:
 numsex run jump  situp
101M 3.602.700000
102F 5.6038
103F 4.6043
Press any key to continue
```

图 9－14　操作任务 2 的程序运行结果

## 五、程序分析

（1）写出上机操作中出现的错误及解决方法和步骤。

（2）完成两个操作任务程序的上机调试并验证结果。

（3）能够分析说明程序和程序中语句的功能作用。

# 项目评价 9

<table>
<tr><td colspan="3">班级：____________<br>小组：____________<br>姓名：____________</td><td colspan="5">指导教师：______________<br>日　　期：______________</td></tr>
<tr><td rowspan="2">评价项目</td><td rowspan="2">评价标准</td><td rowspan="2">评价依据</td><td colspan="3">评价方式</td><td rowspan="2">权重</td><td rowspan="2">得分小计</td></tr>
<tr><td>学生自评 20%</td><td>小组互评 30%</td><td>教师评价 50%</td></tr>
<tr><td>职业素养</td><td>1. 遵守企业的规章制度、劳动纪律；<br>2. 按时按质完成工作任务；<br>3. 积极主动地承担工作任务，勤学好问；<br>4. 保证人身安全与设备安全</td><td>1. 出勤；<br>2. 工作态度；<br>3. 劳动纪律；<br>4. 团队协作精神</td><td></td><td></td><td></td><td>0.3</td><td></td></tr>
</table>

续表

| 评价项目 | 评价标准 | 评价依据 | 评价方式 | | | 权重 | 得分小计 |
|---|---|---|---|---|---|---|---|
| | | | 学生自评 20% | 小组互评 30% | 教师评价 50% | | |
| 专业能力 | 1. 学会结构体和共用体类型的定义和变量的初始化；<br>2. 能够正确使用结构体和共用体变量的成员引用方法；<br>3. 学会结构体嵌套定义和使用方法；<br>4. 会使用结构体指针和结构体数组编写 C 语言程序；<br>5. 能够正确使用结构体和共用体类型处理一批不同类型的数据；<br>6. 学会枚举类型的定义、枚举类型变量的定义及枚举类型变量的引用方法 | 1. 上机操作的准确性和规范性；<br>2. 专业技能任务完成情况 | | | | 0. 5 | |
| 创新能力 | 1. 在任务完成过程中能提出自己的有一定见解的方案；<br>2. 对教学提出建议，具有创造性 | 1. 方案的可行性及意义；<br>2. 建议的可行性 | | | | 0. 2 | |
| 合计 | | | | | | | |

## 项目 9 能力训练

### 一、填空题

1. 已知赋值语句“Wang. year = 2005;”，则 Wang 是________类型的变量。

2. 若有定义“union uex{int I;float f;char c;}ex;”，则 sizeof(ex)的值是________。

3. 设有定义“enum team{my,your = 3,his. her = his + 5};”，则枚举元素的值分别是________。

4. 若有以下说明和定义：

```
struct test{
int a;
char b;
float c;
```

```
union u
{char u1[5];int u2[2];
} ua;myaa;}
```

则 sizeof( struct test) 的值是________。

5. 若有以下定义，变量 a 所占内存字节数是__________。

```
union udata{char str[4];int I;long x;};
struct sdata{int c;union udata u;}a;
```

6. 设有定义语句

```
struct {int x ;
int y;
}d[2] = {{1,3},{2,7}};
```

则 “printf("%d\n",d[0]. y/d[o]. x * d[1]. x);” 的输出结果是__________。

7. 若有如下定义，则 “printf("%d\n", sizeof(them));” 的输出结果是__________。

```
typedet union{long x[2];int y[4];char z[8];)HYTYPE;
MYTYPE them;
```

8. 设有如下定义：

```
struct sk
{   int a;
    float b;
    }data, * p;
```

若有 “p = &data;”，则正确引用 data 中的 a 域的是________。

9. 以下面程序执行后的输出结果是__________。

```
main(){
  struct cmplx
  { int x;
    int y;
  }cnun[2] = {1,3,2,7};
  printf("%d \n",cnum[0].y /cnum[0].x * cnum[1].x);
```

10. 已知字符 0 的 ASCII 码的十进制值是 48，且数组的第 0 个元素在低位，则以下程序执行后的输出结果是__________。

```
void main(){
     union {int i[2];
            long k;char c[4];
     }r, * s = &r;
s ->i[0] =0 ×39;
s ->i[1] = 0 ×38;
printf("%x \n",s = ->c[0]);
}
```

## 二、选择题

1. 以下叙述中错误的是（　　）。

A. 可以通过 typedef 增加新的类型

B. 可以用 typedef 将已存在的类型用一个新的名字代替

C. 用 typedef 定义新的类型名后，原有类型名仍有效

D. 用 typedef 可以为各种类型起别名，但不能为变量起别名

2. 设有如下定义，则对 data 中的 a 成员的正确引用是（　　）。

```
struct sk{int a;
          float b;
          }data, *p=&data;
```

A. ( *p). data. a　　B. ( *p). a　　C. p→data. a　　D. p. data. a.

3. 以下对枚举类型名称的定义中正确的是（　　）。

A. enum a = {onc, two, three};　　B. enum a {al,a2,a3};

C. enum a = {'1', '2', '3'};　　D. enum. a {"one", "two", "three"};

A. 32　　B. 16　　C. 8　　D. 24

4. 以下各选项企图说明一种新类型名，其中正确的是（　　）。

A. typedef a1 int;　　B. typedef a2 = int

C. typedef int a3;　　D. typedef a4; int;

5. 下面的说明中正确的是（　　）。

A. typedef v1 int;　　B. typedef v2 int;

C. typedef int v3;　　D. typedef v4: int;

6. 以下结构体类型的定义语句中，错误的是（　　）。

A. struct ord{int x;int y;int z;}; struct ord a;

B. struct ord{int x;int y;int z;}struct ord a;

C. struct ord{int x;int y;int z;}n;

D. struct{int x;int y;int z;} a;

7. 设有定义"struct {char mark[12]; int num1 ;double num2;} tl. t2;"，若变量均已正确赋初值，则以下语句中错误的是（　　）。

A. t1 =t2;　　B. t2. num1 = tl. numl;

C. t2. mark = t1. mark;　　D. t2. num2 =tl. num2;

8. 以下定义枚举类型正确的语句是（　　）。

A. enum color(red, while, blue}; !

B. enum color = {red = 1;while;blue);.

C. enum color("red", " while", "blue");

D. enum color(red; while; blue} ;

9. 有以下定义：

```
typetef int * INTEGER;
INTEGER p, * q;
```

则以下说法中正确的是（　　）。

A. p是int型变量

B. q是基类型为int的指针变量

C. p是基类型为int的指针变量

D. 程序中可用INTEGER代替int

10. 设有以下说明语句：

```
typedef struet
{ int n;
char ch[8];
}PER;
```

则下面的叙述中正确的是（　　）。

A. PER是结构体变量名

B. PER是结构体类型名

C. typedef struct是结构体类型

D. struct是结构体类型名

**三、简答题**

1. 什么是结构体？结构体有什么作用？

2. 定义结构体类型的语法格式是怎样的？（举例说明）

3. 访问结构体的成员需要使用什么运算符？如何访问？

4. 结构体数组定义如下，如何访问第三个学生的成绩？

```
struct student
{
            int num;
            char name[20];
            char sex;
            float score;
}stu[30];
```

5. 定义一个描述学生信息的结构体，该结构体中的成员有学号（num）、姓名（name）、性别（sex）和成绩（score）。

**四、编程题**

1. 输入10个学生的学号、姓名、3门课程的成绩，求出总分最高的学生的姓名并输出。

2. 已知一个长度为2字节的整数，将其高位字节与低位字节互相交换后输出。

3. 定义一个结构体变量，存放年、月、日。从键盘输入一个日期，计算并输出该日期在该年中是第几天（注意该年是闰年的情况）。

4. 输入10个学生档案信息：姓名（name）、数学（math）、物理（physics）、语言（language）。计算每个学生的总成绩并输出。

5. 若13个人围成一圈，从第1个人开始顺序报号1，2，3，…，凡报到3者退出圈子。找出最后留在圈子中的人原来的序号（用链表实现）。

# 项目10 文件

【项目描述】

文件是C语言程序设计中的一个重要概念。在程序运行时，程序本身和数据一般都存放在内存中。当程序运行结束后，存放在内存中的数据（包括运行结果）就被释放。如果需要长期保存程序运行所需的原始数据或程序运行产生的结果，就必须以文件形式存储到外部存储介质中。本项目主要介绍文件指针、打开与关闭文件和读/写文件的常用操作。

【知识目标】

（1）熟悉文件的概念与分类。

（2）掌握文件的使用、打开与关闭的方法。

（3）掌握文件的读/写与定位的方法。

【技能目标】

（1）能够对文件实现存取操作。

（2）学会使用文件定位位置指针。

（3）能够正确使用与文件相关的操作函数。

## 任务1 文件的打开与关闭

【任务描述】

C语言中用一个指针变量指向一个文件，利用这个文件指针可对它所指向的文件进行各种操作。在进行文件处理时，首先要对一个文件进行打开操作，操作文件完成之后要关闭文件，禁止再对该文件进行操作。本任务完成实现从键盘输入某班的5名同学的数学竞赛成绩，并存入指定文件，再把存到文件中的数据读出来，将其输出在显示器上的C语言程序的编写。

【任务目标】

（1）熟悉文件的概念与分类。

（2）学会文件类型指针的定义方法。

（3）学会使用fopen()函数和fclose()函数打开与关闭文件。

## 知识链接

### 一、文件的概念

文件是指一组相关数据的有序集合，这个数据集合的名称叫作“文件名”。实际上，我们对“文件”一词并不陌生，比如文本文件、源程序文件、目标文件、头文件等。文件通常驻留在外部存储介质中，在使用时才被调入内存。

1. 文件分类

文件可以从不同的角度进行分类。

（1）根据文件的内容，文件可以分为源程序文件、目标文件、可执行文件和数据文件等。

（2）根据文件的组织形式，文件可以分为顺序存取文件和随机存取文件。

（3）根据文件的存储形式，文件可以分为 ASCII 码文件（又称为文本文件）和二进制文件。文本文件的每个字节存储一个 ASCII 码（代表 1 个字符）。二进制文件是把内存中的数据原样输出到磁盘文件中。

有一个整数 100，如果按二进制形式存储，两个字节就够用；如果按 ASCII 码形式存储，由于每位数字都占用 1 个字节，所以共需要 3 字节空间，如图 10－1 所示。

| 0011001 | 00110000 | 0011000 |
|---|---|---|
| '1' | '0' | '0' |

（a）

| 00000000 | 001100100 |
|---|---|
| 100 | |

（b）

图 10－1　数值的存储形式示意

（a）ASCII 码存储形式；（b）二进制存储形式

用 ASCII 码形式存储文件时，1 个字节存储 1 个字符，便于逐个对字符进行处理，但一般占用存储空间较多，并且要花费转换时间（二进制与 ASCII 码之间的转换）。

用二进制形式存储文件时，可以节省存储空间和转换时间，但 1 个字节并不对应 1 个字符，不能直接输出字符形式。

2. 读文件与写文件

读文件是指将磁盘文件中的数据传送到计算机内存的操作。

写文件是指从计算机内存向磁盘文件传送数据的操作。

读/写文件操作示意如图 10－2 所示。

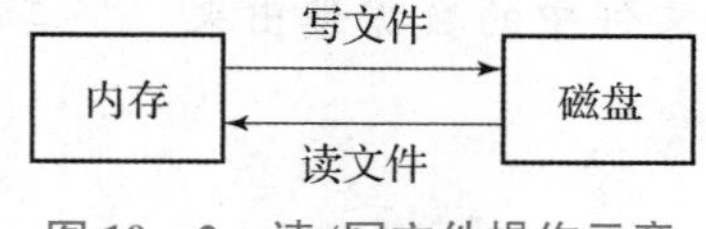


图 10－2　读/写文件操作示意

3. 文件类型

系统为每个打开的文件在内存中开辟一个区域，用于存放文件的有关信息（如文件名、文件位置等)。这些信息保存在一个结构类型变量中，该结构类型由系统定义，取名为FILE(注意，“FILE”必须大写)，并放在“stdio. h”头文件中。

有了FILE类型之后，就可以定义一个指向FILE类型的指针变量，并通过该指针访问文件。文件类型指针定义的语法格式为：

```
FILE *文件类型指针变量名;
```

例如：

```
FILE *fp, *fp1, *fp2;
```

4. 缓冲文件系统（标准I/O）

所谓缓冲文件系统，是指系统自动地在内存区为每个正在使用的文件开辟一个缓冲区。

从磁盘文件向内存读入数据时，首先将一批数据输入文件缓冲区，再从文件缓冲区将数据逐个送到程序数据区，如图10-3所示。

从内存向磁盘输出数据则正好相反，必须先将一批数据输出到文件缓冲区中，待文件缓冲区装满后，再一起输出到磁盘文件中，如图10-4所示。

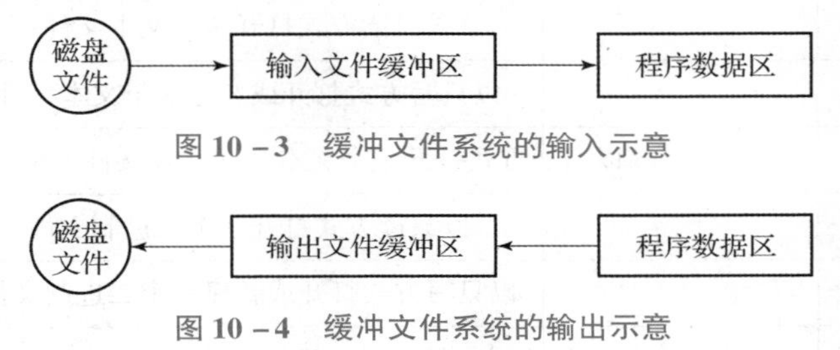


图10-3 缓冲文件系统的输入示意



图10-4 缓冲文件系统的输出示意

## 二、文件指针

在C语言中用一个指针变量指向一个文件，这个指针称为文件指针。通过文件指针可对它所指向的文件进行各种操作。

定义文件指针的一般语法格式为：

```
FILE *指针变量标识符;
```

其中FILE要大写，它实际上是由系统定义的一个结构类型，该结构类型中含有文件名、文件状态和文件当前位置等信息。在编写源程序时不必关心FILE结构的细节。

例如：

```
FILE *fp;
```

表示fp是指向FILE结构的指针变量，通过fp即可找到存放某个文件信息的结构变量，然后按结构变量提供的信息找到该文件，实施对文件的操作。习惯上把fp称为指向一个文件的指针。

文件的
打开与关闭2

## 三、文件的打开

在对文件进行任何操作前，都要先打开文件。打开文件实际上是建立文件的各种有关信息，最重要的是使文件指针指向该文件，以便对其进行后续操作。在 C 语言中，文件操作都是由库函数来完成的。

C 语言用 fopen( ) 函数打开文件。其使用形式为：

```
FILE *fp;
fp = fopen("文件名","文件使用方式");
```

例如：

```
fp = fopen("test.txt", "rt");
```

上例表示要打开名为“test. txt”的文件，打开方式为：以只读方式打开一个文本文件，执行此操作后，fp 指针指向该文件。fopen（）函数可以使用的文件打开方式有 12 种之多，见表 10－1。

**表 10－1　文件使用方式说明**

| 文件使用方式 | 说明 |
| --- | --- |
| rt | 以只读方式打开一个文本文件 |
| wt | 以只写方式打开或新建一个文本文件 |
| at | 以追加方式打开一个文本文件（在文件末尾添加数据） |
| rb | 以只读方式打开一个二进制文件 |
| wb | 以只写方式打开或新建一个二进制文件 |
| ab | 以追加方式打开一个二进制文件（在文件末尾添加数据） |
| rt + | 以读/写方式打开文本文件（允许读和写） |
| wt + | 以读/写方式打开或新建文本文件（允许读和写） |
| at + | 以追加读/写方式打开文本文件（允许读，或在文件末尾添加数据） |
| rb + | 以读/写方式打开二进制文件（允许读和写） |
| wb + | 以读/写方式打开或新建二进制文件（允许读和写） |
| ab + | 以追加读/写方式打开二进制文件（允许读，或在文件末尾添加数据） |

**说明：**

（1）对于语句“fp = fopen ( " test. txt "," rt " ) ;”，其意义是在当前目录下打开文件“test. txt”，如果想打开指定位置的文件，应给出完整的文件存储路径。例如：

```
fp = fopen("f:\\example\\pl.txt","rt")
```

表示以只读方式打开“F:\example\pl. txt”文件。

（2）用“r”方式打开一个文件时，该文件必须已经存在，并且只能从该文件中读。

（3）用“w”方式打开的文件只能向该文件中写入。如果该文件不存在，则以指定的文件名新建该文件；如果该文件已经存在，则会删除原文件，新建一个同名新文件。这点在使

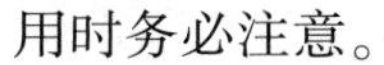

用时务必注意。

（4）如果要向一个已经存在的文件追加新的信息。只能使用“a”方式，但此时该文件必须是已经存在的文件，否则会出错。

（5）在打开一个文件时，如果出错，fopen( )函数将返回一个空指针值 NULL。在程序中可以用这一信息来判别是否成功打开文件。因此，常用如下程序段来打开文件：

```
if((fp=fopen("f:\\example\\pl.txt","rt"))==NULL)
{
printf("\nfile can't open! error!\n");
getchar();
exit(1);
}
```

这段程序的意义在于，如果返回的指针为空，表示不能打开指定文件，则屏幕给出出错信息提示，而 getchar( )函数的功能是从键盘输入一个字符，但不在屏幕上显示，实质是等待用户按任意键程序才继续执行，而后执行“exit(1);”语句退出程序。

**【例 10.1】**　打开一个名为“test. txt”的文件并准备写操作。

分析：在打开一个文件准备读操作时，该文件必须存在，如果文件不存在，则返回一个出错信息。用“w”或“wb”方式打开一个文件准备写操作时，如果该文件存在，则文件中原有的内容将被全都抹掉，并开始存放新内容；如果该文件不存在，则建立这个文件。以“w”或“wb”方式打开一个文件时，只能对该文件进行写入操作而不能对该文件进行读出操作，然后调用系统函数 exit( )终止运行。

程序如下：

```
#include<stdio.h>
#include<stdlib.h>
void main(){
FILE *fp;
   fp=fopen("d:\\test.txt","w");
        if(fp==NULL)
        {
               puts("不能打开此文件\n");
               exit(0);
        }
        fprintf(fp,"%s","Hello World!");
        fclose(fp);
     }
```

程序运行结果如图 10－5 所示。

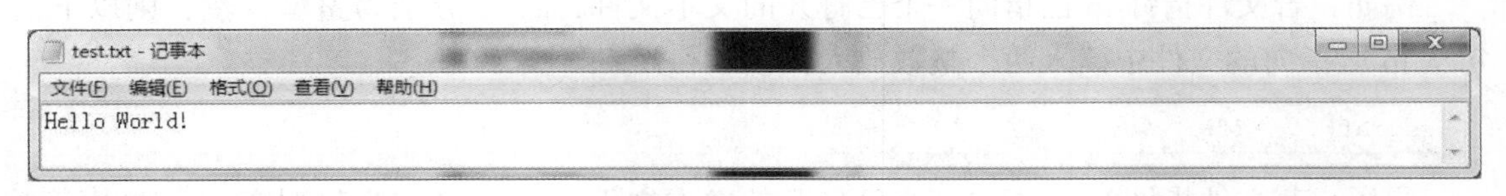


图 10－5　程序运行结果

## 四、文件关闭

文件使用完毕后，一定要关闭文件。关闭文件即断开指针与文件之间的联系，也就是禁止再对文件进行操作。通常使用专门的文件关闭函数来关闭文件，以避免文件的数据丢失等。

关闭文件通常使用 fclose( ) 函数来完成，其使用的一般语法格式为：

```
fclose(文件指针);
```

例如：

```
fclose(fp);
```

文件如果能正常关闭，则 fclose( ) 函数返回值为 0，否则，表示关闭文件出错。

## 五、格式读/写函数

格式读/写函数 fscanf( )、fprintf( ) 与 scanf( )、printf( ) 函数的功能相似，都是格式化地读/写函数。两者的区别在于 fscanf( )、fprintf( ) 函数的读/写对象不是键盘和显示器，而是磁盘文件。格式读/写函数用于从文件中读取指定格式的数据并把指定格式的数据写入文件。因此，这是按数据格式要求的形式进行的文件输入/输出。

fscanf( ) 和 fprintf( ) 函数的语法格式分别如下：

```
fscanf(文件指针,格式控制字符串,输入地址表列);
fprintf(文件指针,格式控制字符串,输出表列);
```

fscanf( ) 和 fprintf( ) 函数的一般形式如下：

```
int scanf(FILE * stream,char * format,&arg1,&arg2,…,&argn);
int fprintf(FILE * stream,char * format,&arg1,&arg2,…,&argn);
```

fscanf( ) 和 fprintf( ) 函数的调用形式如下：

```
fscanf(fp,format,&arg1,&arg2,…,&argn);
fprintf(fp,format,&arg1,&arg2,…,&argn);
```

**说明：**

fscanf( ) 函数是按照 format 所给出的输入控制符，把从 fp 中读取的内容分别赋给变量 &arg1，&arg2，…，&argn。fprintf( ) 函数是按照 format 所给出的输出控制符，将 &arg1，&arg2，…，&argn 的值写入 fp 所指向的文件。

例如，若文件指针 fp 已指向一个已打开的文本文件，a，b 分别为整型变量，则以下语句从 fp 所指向的文件中读入两个整数放入变量 a 和 b。

```
fscanf(fp," %d%d",&a,&b);
```

同样，若文件指针 fp 已指向一个已打开的文本文件，x，y 分别为整型变量，则以下语句把 x 和 y 中的数据按% d 的格式输出到 fp 所指向的文件中。

```
fprintf(fp," %d%d",x,y);
```

【例10.2】　设计一个程序，将从键盘输入的一段字符写入文件“d:\test.txt”，当输入字符“#”时退出写入，然后再从文件“d:\test.txt”中读出所有的字符并显示在屏幕上。

分析：要能从键盘上读取字符，再输出到“text.txt”文件中，必须先将从键盘输入的内容存入内存，再通过写入文件函数写入文件。要能在屏幕上显示文件的内容，同样应先将文件内容读入内存，再通过输出文件函数输出到屏幕上。

程序如下：

```
#include <stdio.h>
#include <stdlib.h>
void main(){
  FILE *fpFile;
  char c;
  if((fpFile=fopen("d:\\test.txt","w"))==NULL)
    {
      printf("文件打开失败! n");
      exit(0);
    }
    while((c=getchar())!='#')
      fputc(c,fpFile);        /*fputc函数是将c字符写入fpFile所指向的文件*/
    fclose(fpFile);
  }
```

程序运行结果如图10-6所示。

图10-6　程序运行结果

## 任务实施

文件的打开与关闭——任务实施

从键盘输入某班的5名同学的数学竞赛成绩，并存到指定文件中，再把存到文件中的数据读出来。

(1) 任务说明。使用文件指针打开并建立一个文件，输入5名同学的数学竞赛成绩，现要将5名同学的数学竞赛成绩存到文件中，以便于以后的管理，再把存到文件中的数据读出来，并将其输出在显示器上。

(2) 实现思路。

①定义变量、数组和文件指针类型变量。定义整型变量i和数组a[5]，b[5]，定义文件指针类型变量p。

②打开一个文件“aaa.txt”用以写入文本文件。

③使用for循环，用户从键盘输入5名同学的数学竞赛成绩，利用fprintf()函数将输入的成绩以%5d的格式保存在文件“aaa.txt”中，然后关闭文件。

④再次打开文件“aaa. txt”，将“aaa. txt”文件中的数据读入数组 b 保存。

⑤输出数组 b 中的各元素，然后关闭文件。

（3）程序清单。

```
#include <stdio.h>
void main(){
   int a[5],i,b[5];
   FILE *p;                        /* 定义一个文件指针类型的变量 */
   p = fopen("aaa.txt","w");       /* 打开一个文件用以写入文本文件 */
   for(i =0;i <5;i + +)
          scanf("% d",&a[i]);
   for(i =0;i <5;i ++)
          fprintf(p,"%5d",a[i]);      /* 将输入的成绩以%5d 的格式保存在文件"aaa.txt"中 */
          fclose(p);                  /* 关闭文件 * /
   p = fopen("aaa.txt","r");        /* 打开一个文件用以读入文本文件 */
   for(i =0;i <5;i ++)
   fscanf(p,"%d",&b[i]);           /* 将"aaa.txt"文件中的数据读入数组 b */
   for(i =0;i <5;i ++)
   printf("% 3d",b[i]);       /* 输出数组 b */
   fclose(p);
}
```

（4）程序运行结果如图 10－7 所示。

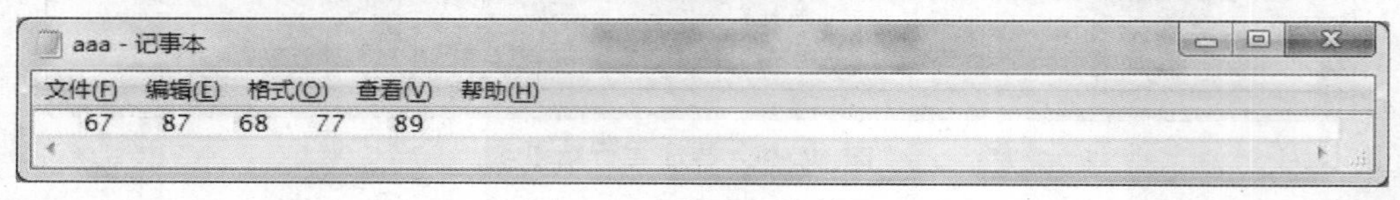


图 10－7　程序运行结果

## 任务 2　文件的常用操作

### 【任务描述】

C 语言中采用缓冲文件系统（标准 I/O）和非缓冲文件系统（系统 I/O）对文件进行操作，标准 I/O 与系统 I/O 分别采用不同的输入/输出函数进行文件操作。本任务完成将一个已知文件中的数据一次读出，并复制到另一个文件中的 C 语言程序的编写。

### 【任务目标】

（1）学会字符读/写函数的操作方法。

（2）学会字符串读/写函数的操作方法。

（3）学会数据块读/写函数的操作方法。

(4) 学会文件定位函数的操作方法。

(5) 学会检测文件出错的方法。

文件的常用操作

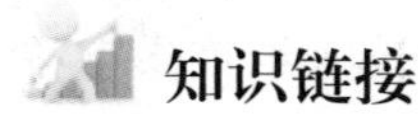

## 知识链接

### 一、字符读/写函数

1. 写字符函数 fputc()

该函数实现向指定的文本文件写入一个字符的操作。

调用写字符函数 fputc()的语法格式如下：

```
fputc(要输出的字符,文件指针);
```

其中"要输出的字符"就是要往文件上写入的字符，它可以是字符常量，也可以是字符变量。"文件指针"是接收字符的文件。若输出成功，函数返回输出的字符；输出失败，返回 EOF(-1)。每次写入一个字符，文件位置指针自动指向下一字节。

2. 读字符函数 fgetc()

该函数用于从指定的文本文件中读取一个字符。

调用 fgetc()函数的语法格式如下：

```
fgetc(文件指针);
```

函数返回值为输入的字符，若遇到文件结束或出错，则返回 EOF(-1)。

关于读字符函数的说明如下。

(1) 每次读入一个字符，文件位置指针自动指向下一字节。

(2) 文本文件的内部全部是 ASCII 码字符，其值不可能是 EOF(-1)，所以可以使用 EOF(-1)确定文件结束；但是对于二进制文件不能这样做，因为可能在文件中间某字节的值恰好等于-1，此时使用-1 判断文件结束是不恰当的。为了解决这个问题，ANSI C 提供了 feof(fp)函数判断文件是否真正结束。

### 二、字符串读/写函数

1. 写字符串函数 fputs()

该函数用于将一个字符串写入指定的文本文件。

调用 fputs()函数的语法格式如下：

```
fputs(字符串,文件指针);
```

2. 读字符串函数 fgets()

该函数用于从指向的文本文件中读取字符串。

调用 fgets()函数的语法格式如下：

```
fgets(字符指针,输入字符个数,文件指针);
```

例如：

```
fgets(str,n.fp);
```

表示从文件指针 fp 所指向的文件中一次最多读取 n－1 个字符，并将这些字符放到以 str 为起始地址的单元中。如果在读入 n－1 个字符结束前遇到换行符或 EOF，则读入结束。字符串读入后最后加一个'\0'字符。

【例 10.3】 从“test. txt”文件中读一个含有 20 个字符的字符串。

程序如下：

```
#include <stdio.h>
#include <stdlib.h>
void main(){
FILE *fp;
char str[21];
if((fp=fopen("f:\\example\\test.txt","rt"))==NULL)
{
    printf("\nfile can't open! error!\n");
    getchar();
    exit(1);
    }
        fgets(str,21,fp);
        printf("\n%s\n",str);
        fclose(fp);
        }
```

程序运行结果如图 10－8 所示。

```
When you think of a
Press any key to continue
```

图 10－8 程序运行结果

## 三、数据块读/写函数

虽然用 getc()和 putc()函数可以读/写文件中的一个字符，但是常常要求一次读入一组数据，如从文件（特别是二进制文件）中读写一块数据（如数组中的元素和结构体变量的数据等），这时使用数据块读/写函数非常方便。

数据块读/写函数的语法格式分别如下：

```
int fread(void * buffer,int size, int count,FILE * fp);
int fwrite(void * buffer,int size, int count,FILE * fp);
```

说明如下。

（1）buffer 是指针，对于 fread()函数是用于存放读入数据的首地址，对于 fwrite()函数是要输出数据的首地址。

（2）size 是一个数据块的字节数（每块大小），count 是要读写的数据块数目。

（3）fp 是文件指针。

（4）fread()和 fwrite()函数返回读/写的数据块数目（正常情况下为 count）。

（5）以数据块方式读/写时，文件通常以二进制方式打开。例如：

```
fread(f,4,2,fp);
```

其中，f是一个实型数组名。一个实型变量占4个字节，这个函数从fp所指向的文件读入2个4个字节的数据，存储到数组f中。

例如，有一个如下定义的结构体类型：

```
struct student
{
    char nun[10];
    char name[20];
    char sex;
    float score;
    char addr[ 30];
}stud[40];
```

结构体数组stud有40个元素，每个元素用来存放一个学生的数据。假设学生的数据已经存放在磁盘文件中，可以用for语句和fread( )函数读入40个学生的数据。

```
for(i =0;i <40;i ++)
    fread(&stud[i],sizeof(struct student),1,fp);
```

**【例10.4】**　把数组中的10个数据写入二进制文件“d:\shixun\test5.dat”，然后读出并显示在屏幕上。

程序如下：

```
#include <stdio.h>
#include <stdlib.h>
#include <conio.h>
void main(){
FILE * fp;
int a[10] ={1,2,3,4,5,6,7,8,9,10},b[10],i;
if((fp = fopen("d:\\shixun\\test5.dat", "wb")) == NULL){
printf("file can not open! \n");
exit(1);
}
fwrite(a,sizeof(int),10,fp);
fclose(fp);
if((fp = fopen("d:\\shixun\\test5.dat"," rb")) == NULL)
{printf(" file can not open! \n");
exit(1);
}
fread(b, sizeof(int),10,fp);
fclose(fp);
printf(" \n");
for(i =0;i <10;i ++)
printf("%d",b[i]);
getch();
}
```

程序运行结果如图10-9所示。

```
1 2 3 4 5 6 7 8 9 10
```

图 10－9　程序运行结果

## 四、文件定位

前面已经介绍过，文件中有一个位置指针，指向当前的读/写位置。当顺序读/写文件时，每次读/写一个字符，则每读/写一个字符，该位置指针自动向后移动，指向下一个字符。但是，在实际文件操作中，有时并不是顺序读/写，常常只需要读/写文件中的某一指定部分。这就是文件的随机读/写问题。为了解决这一问题，通常的做法是移动文件的位置指针到需要读/写的位置，再进行读/写，这时就需要用到由 C 语言提供的文件定位函数。

移动文件内部位置指针的函数主要有 3 个：rewind( ) 函数、fseek( ) 函数和 ftell( ) 函数。

1. rewind( ) 函数

该函数的功能是使文件的位置指针移到文件的开头处。

调用 rewind( ) 函数的语法格式如下：

```
rewind(fp);
```

其中，fp 为文件型指针，指向当前操作的文件。

**注意**：rewind( ) 函数没有返回值，其作用在于，如果要对文件进行多次读/写操作，可以在不关闭文件的情况下，将文件位置指针重新设置到文件开头，从而能够重新读/写此文件。如果不使用 rewind( ) 函数，那么每次重新操作文件之前，都需要将该文件关闭后再重新打开。

2. fseek( ) 函数

需要随机读/写文件时，必须能控制文件位置指针的移动，C 语言提供的 fseek( ) 函数就是用来改变文件位置指针的，利用它可以将文件位置指针移动到指定的位置上。

调用 fseek( ) 函数的语法格式如下：

```
fseek(fp, offset, whence);
```

其中，第一个参数 fp 为文件指针；第二个参数 offset 为偏移量，是 long 型数据，如果为正数，表示正向偏移（向后），如果为负数，表示负向偏移（向前），具体从哪里开始偏移，则由第三个参数 whence 决定；第三个参数 whence 是 int 型常量，用来设定从文件的哪个位置开始偏移，可以取值为 0，1 或 2（具体如下：0，文件开头；1，文件当前位置；2，文件末尾）。

在 ANSI C 标准中，还规定了下面的名字：

SEEK_SET——文件头，SEEK_CUR——当前位置，SEEK_END——文件尾。

**注意**：fseek( ) 函数用来将指定文件（fp 指针指向的文件）的位置指针移动到指定位置，该位置由 offset 和 whence 参数共同决定。如果该函数执行成功，则文件的位置指针会移动到由 whence 开始偏移 ofset 个字节的位置；如果该函数执行失败，则返回值为 -1。

例如：

```
fseek(fp, 50L,0); /* 将位置指针从文件头向后移动 50 个字节 */
fseek(fp, -10L,2); /* 将位置指针从文件末尾往前移动 10 个字节 */
```

**注意**：fseek( )函数一般只用于二进制文件，因为文本文件要发生字符转换，计算位置时往往不准确。

3. ftell( )函数

ftell( )函数用于得到文件当前指针的位置。调用 ftell( )函数的语法格式如下：

```
long ftell(FILE * fp);
```

该函数的返回值是长整型数据，是相对于文件头的字节数，出错时返回 -1L。

若二进制文件中存放的是 struct st 结构体类型的数据，则可以通过以下程序段计算出该文件中以该结构体为单位的数据块的个数。

```
long i.n;
feek(fp,0L,SEEK_END);
i = ftell(fp);
n = i/sizeof(struct st);
```

## 五、出错检测

C 语言中常用的文件检测函数如下。

1. ferror( )函数

ferror( )函数是文件读/写错误检测函数。当调用各种输入/输出函数时，如 fputc( )，fgetc( )，fwrite( )等，如果出现错误，则除了函数返回值可以反映错误外，还可以用 ferror( )函数来检测错误。

调用 ferror( )函数的语法格式如下：

```
ferror(fp);
```

如果 ferror( ) 函数的返回值为零，表示未出错；如果返回值为非零，则表示出错。需要注意的是，对于同一个文件，每调用一次读/写操作函数，均会产生一个新的 ferror( ) 函数值，因此，在使用一次读/写操作函数后，立即检查 ferror( )函数的值才有意义。在调用 fopen( )函数时，ferror( )函数的初始值自动置 0。

2. clearerr( )函数

clearerr( )函数是清除文件错误标志函数，其作用是将文件错误标志和文件结束标志都置为零。

调用 clearerr( )函数的语法格式如下：

```
clearerr(fp);
```

**【例 10.5】** 编写程序，接收从键盘输入的一个字符串、一个实数、一个整数，随之将其存入文件。

程序如下：

```
#include < stdio.h >
#include < stdlib.h >
void errp(FILE * fp){
if(ferror(fp)! =0)
  {  printf("file operates bedefeated. \n");
    exit(1);
   }
  else
     return;
   }
   void main(){
   FILE * fp;
   char st[10];
   float x;int k;
fp = fopen("d:/test17.dat","w");
errp(fp);
printf("Please enter a string,a float,an integer:");
fscanf(stdin,"%s% f%d",st,&x,&k);
errp(fp);
fprintf(fp,"% s%f%d",st,x,k);
errp(fp);
fclose(fp);
getchar();
}
```

程序运行结果可在记事本中打开，如图 10－10 所示。

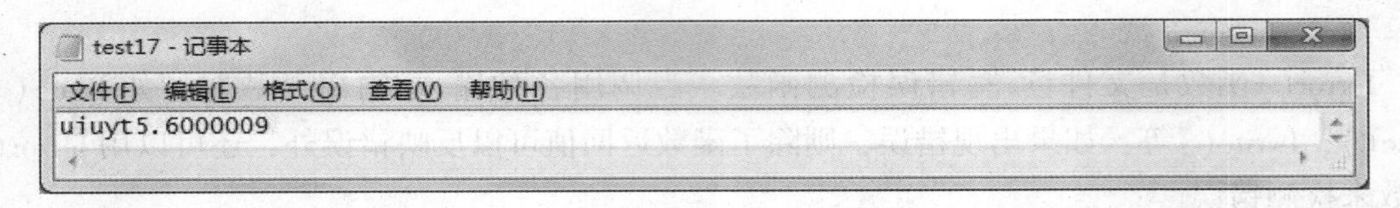


图 10－10　程序运行结果

文件的常用操作——任务实施

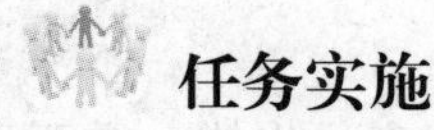

## 任务实施

将一个已知文件中的数据一次读出，并复制到另一个文件中。

(1) 任务说明。这里涉及两个文件：一个是读出数据的源文件，当然必须是已存在的，文件的打开方式是“r”；另一个是写入程序的目标文件，文件的打开方式是“w”。程序首先定义两个文件指针变量，分别以读和写的方式打开两个指定的文件。通过循环，使用fgetc( )函数从源文件读出一个字符，将已读出的字符用 fputc( )函数写入目标文件，直到从源文件中读出文件结束符 EOF，结束循环。

(2) 实现思路。

①首先在计算机磁盘上建立“f1. txt” 文本文件。

②定义变量、数组和文件指针类型变量。定义字符变量 ch 和数组 infile[40]，outfile[40]，定义文件指针类型变量 in，out。

③利用 fgets(infile)函数通过缓冲区从源文件“f1. txt” 读取一个字符串，存入数组 infile[40]，利用 fopen( )函数以读的方式打开文件“f1. txt”。

④用户输入目标文件，以写的方式建立“f2. txt”目标文件，利用 while((ch = fgetc(in))! = EOF)循环和写字符函数 fputc(ch,out)，将文件“f1. txt”中的字符串复制到文件“f2. txt”中保存。

⑤关闭文件“f1. txt”和“f2. txt”。

⑥输出文件读/写正常，结束。

（3）程序清单。

```
#include <stdio.h>
void main(){
 FILE *in,*out;                    /* 定义文件指针变量 */
 char ch,infile[40],outfile[40];
printf("请输入源文件名：");
gets(infile);                   /* 或 scanf("%s *c",infile); */
if((in = fopen(infile, "r")) == NULL)
{                                /* 以读的方式打开文件 */
printf("不能打开源文件名%s \n",infile);
scanf("% *c");                  /* 起暂停作用 */
return;
}
printf("输入目标文件名：");
gets(outfile);
if((out = fopen(outfile, "w")) == NULL)
{                                      /* 以写的方式打开 */
    printf("不能打开目标文件% s \r",outfile);
    scanf("%*c");      /* 起暂停作用 */
    return;
}
while((ch = fgetc(in))! = EOF)
fputc(ch,out);
fclose(in);
fclose(out);
printf("文件读写正常结束 \n");
}
```

（4）程序运行结果如图 10 - 11 所示。

请输入源文件名：f3.txt
不能打开源文件名f3.txt

图 10 - 11　程序运行结果

# 任务3 使用文件上机操作

## 一、操作目的

（1）掌握文件及文件指针的概念。
（2）学会使用打开、关闭、读、写等文件操作函数。
（3）学会对文件进行简单的操作。
（4）能设计和调试简单的文件读/写程序。

## 二、操作要求

（1）在 Visual C ++6.0 或 Deb - C ++5.11 集成环境中，熟练地进行 C 语言程序的编写。
（2）学会对文件进行简单的操作。
（3）熟练编写学生信息存储与排序处理程序。

## 三、操作内容

**操作任务1** 有4个学生，每个学生有性别、姓名、年龄、3门课程的成绩等信息共同存放在磁盘文件“abc. txt”中。

“abc. txt”中的学生信息见表10－2。

**表10－2 学生信息**

| 姓名 | 性别 | 年龄/岁 | 英语成绩/分 | 语文成绩/分 | 数学成绩/分 |
|---|---|---|---|---|---|
| John | M | 18 | 87 | 68 | 89 |
| Lili | F | 18 | 76 | 90 | 96 |
| Alex | M | 19 | 90 | 75 | 67 |
| Tom | M | 19 | 82 | 80 | 84 |

程序如下：

```
#include <stdio.h>
#include <stdlib.h>
#include <conio.h>
typedef struct
{
char name[8];
char sex;
int age;
int eng, chin, maths;}STU;
void main(){
STU st[4] = {{"John",'M',18,87,68,89},{"Lili",'F',18,76,90,96},
{"Alex",'M',19,90,75,67},{"Tom",'M',19,82,80,84}};
```

```
int i;
FILE *fp;
if((fp=fopen("abc.txt","wb"))==NULL)
{ printf("error!\n");
getch();
exit(1);
}
for(i=0;i<4;i++)
fwrite(&st[i],sizeof(STU),1,fp);
fclose(fp);
}
```

**操作任务2** 将文件中的学生信息按英语成绩排序处理，并将已经排好序的数据存入一个新文件“newabe. txt”。

程序如下：

```
#include<stdio.h>
#include<stdlib.h>
#include<string.h>
typedef struct
{
char name[8];
char sex;
int age;
int eng, chin, maths;
}STU;
void scopy(STU *x,STU *y)
{
strcpy(x->name,y->name);
x->sex=y->sex;
x->eng=y->eng;
x->chin=y->chin;
x->maths=y->maths;
}
void swap(STU *p,STU *q)
{
STU *t;
t=(STU*)malloc(sizeof(STU));
scopy(t,p);
scopy(p,q);
scopy(q,t);
}
void main(){
int i,j;
STUst[4];
FILE *fin, *fout;
if((fin= fopen("abc.txt","rt"))== NULL)
{  printf("打开文件失败,请按任意键结束\n");
getchar();
exit(1);
}
if((fout=fopen("newabc.txt", "wt"))==NULL)
{
printf("打开文件失败,请按任意键结束\n");
getchar();
exit(1);
```

```
}
for(i=0;i<4;i++)
fread(&st[i],sizeof(STU),1,fin);
for(i=0;i<3;i++)
  for(j=0;j<3-i;j++)
    if(st[j].eng>st[j+1].eng)
      swap(&st[j],&st[j+1]);
for(i=0;i<4;i++)
fwrite(&st[i],sizeof(STU),1,fout);
fclose(fout);
fclose(fin);
}
```

**操作任务3** 在已经排好序的“newabe. txt”文件中插入一个学生信息，要求按成绩高低顺序插入，即插入后符合原有的排序顺序，插入后建立一个新文件“newabel. txt”。

要插入的学生信息为：Demi F18899092。

程序如下：

```
#include <stdio.h>
#include <stdlib.h>
#include <string.h>
typedef struct
{ char name[8];
char sex;
int age;
int eng, chin, maths; }STU;
void main(){
int i,j;
STUst[4];
STU nst = {"Demi",'F',18,89,90,92};
FILE *fin, *fout;
if((fin=fopen("newabc.txt", "rt")) == NULL)
{
printf("打开文件失败,请按任意键结束\n");
getchar();
exit(1);
}
if((fout = fopen("newabc1.txt", "wt")) ==NULL)
{ printf("打开文件失败,请按任意键结束\n");
getchar();
exit(1);
}
for(i=0;i<4;i++)
        fread(&st[i],sizeof(STU),1,fin);
for(i=0;i<4;i++)
{
        if(nst.eng<st[i].eng)
                fwrite(&nst, sizeof(STU),1,fout);
        fwrite(&st[i],sizeof(STU),1, fout);
}
fclose(fout);
fclose(fin);
}
```

**操作任务 4** 将前三个操作任务文件中的数据显示在屏幕上。

程序如下：

```
#include <stdio.h>
#include <stdlib.h>
#include <conio.h>
typedef struct
{
char name[8];
char sex;
int age;
int eng, chin, maths;}STU;
void main(){
char file_path[] = "abc.txt";
int i;
FILE *fp;
STUst[5];
if((fp=fopen(file_path, "rb"))==NULL)
{ printf("error!\n");
getch();
exit(1);}
for(i=0;i<5;i++)
{
        fread(&st[i],sizeof(STU),1,fp);
        printf("%s ", st[i].name);
        printf("%c ", st[i].sex);
        printf("%d ", st[i].age);
        printf("%d ", st[i].eng);
        printf("%d ", st[i].chin);
        printf("%d\n", st[i].maths);
}
fclose(fp);
}
```

## 四、操作过程

（1）打开 Visual C ++6.0 或 Dev－C ++5.11 集成环境。

（2）新建“.c”程序文件。

（3）编写操作任务的 C 语言程序源代码。

（4）选择“组建”菜单下的“编译”→“组建”→“执行”命令，输出结果。

操作任务 1 的程序运行结果：将二进制文件“abc.txt”读取到内存中，并将数据显示在屏幕上，如图 10－12 所示。

```
John M 18 87 68 89
Lili F 18 76 90 96
Alex M 19 90 75 67
Tom M 19 82 80 84

--------------------------------
Process exited after 0.06008 seconds with return value 0
请按任意键继续. . .
```

图 10－12 操作任务 1 的程序运行结果

操作任务2的程序运行结果：将“abc. txt”文件改名为“newabc. txt”，将生成文件输出到屏幕上，验证排序是否成功，如图10－13所示。

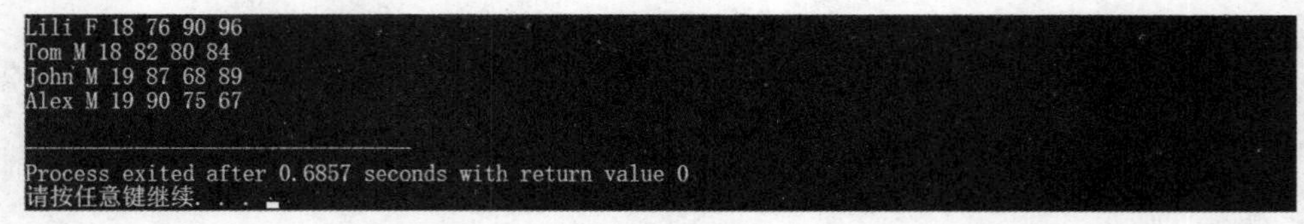


图10－13　操作任务2的程序运行结果

操作任务3的程序运行结果：将“abc. txt”文件改名为“newabc1. txt”，将生成文件输出到屏幕上，验证排序是否成功，如图10－14所示。

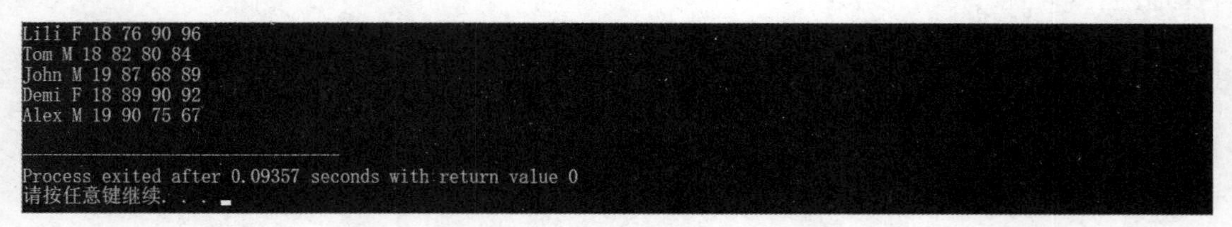


图10－14　操作任务3的程序运行结果

## 五、程序分析

（1）写出上机操作中出现的错误及解决方法和步骤。
（2）完成3个操作任务程序的上机调试并验证结果。
（3）能够分析说明程序和程序中语句的功能作用。

# 项目评价10

| 班级：<br>小组：<br>姓名： | | 指导教师：<br>日　期： | | | | | |
|---|---|---|---|---|---|---|---|
| 评价项目 | 评价标准 | 评价依据 | 评价方式 | | | 权重 | 得分小计 |
| | | | 学生自评 20% | 小组互评 30% | 教师评价 50% | | |
| 职业素养 | 1. 遵守企业的规章制度、劳动纪律；<br>2. 按时按质完成工作任务；<br>3. 积极主动地承担工作任务，勤学好问；<br>4. 保证人身安全与设备安全 | 1. 出勤；<br>2. 工作态度；<br>3. 劳动纪律；<br>4. 团队协作精神 | | | | 0.3 | |

续表

| 评价项目 | 评价标准 | 评价依据 | 评价方式 | | | 权重 | 得分小计 |
|---|---|---|---|---|---|---|---|
| | | | 学生自评20% | 小组互评30% | 教师评价50% | | |
| 专业能力 | 1. 能够对文件进行存取操作；<br>2. 学会使用文件定位位置指针；<br>3. 能够正确使用与文件相关的操作函数 | 1. 上机操作的准确性和规范性；<br>2. 专业技能任务完成情况 | | | | 0.5 | |
| 创新能力 | 1. 在任务完成过程中能提出自己的有一定见解的方案；<br>2. 对教学提出建议，具有创造性 | 1. 方案的可行性及意义；<br>2. 建议的可行性 | | | | 0.2 | |
| 合计 | | | | | | | |

## 项目10能力训练

### 一、填空题

1. 系统的标准输入文件是指________。

2. 若执行 fopen( )函数时发生错误，则函数的返回值是________。

3. 若要用 fopen( )函数打开一个新的二进制文件，该文件要既能读也能写，则文件方式字符串应是________。

4. 当顺利执行了文件关闭操作时，fclose( )函数的返回值是________。

5. C 语言中标准函数 fgets(str,n,p)的功能是________。

6. 一般把缓冲文件系统的输入/输出称为__________，而非缓冲文件系统的输入/输出称为系统输入/输出。

7. 在对文件操作的过程中，若要求文件的位置指针回到文件的开始处，应当调用的函数是___________。

8. 如果 frro(fp)函数的返回值为一个非零值，则它表示__________。

9. 对磁盘文件的操作顺序是“先__________后读写，最后关闭”。

10. ftell(fp)函数的作用是__________。

### 二、选择题

1. fscanf( )函数的正确调用形式是（　　）。

A. fscanf(fp，格式字符串，输出表列)

B. fscanf(格式字符串，输出表列 . fp)；

C. fscanf(格式字符串，文件指针，输出表列)

D. fscanf(文件指针，格式字符串，输入表列)；

2. fgetc()函数的作用是从指定文件读入一个字符，该文件的打开方式必须是（　　）。

A. 只写　　B. 追加　　C. 读或读写　　D. 答案 B 和 C 都正确

3. 函数调用语句“fseek(p. −20L，2)；”的含义是（　　）。

A. 将文件位置指针移到距离文件头 20 个字节处

B. 将文件位置指针从当前位置向后移动 20 个字节

C. 将文件位置指针从文件末尾处后退 20 个字节

D. 将文件位置指针移到离当前位置 20 个字节处

4. 利用 fseek()函数可实现的操作是（　　）。

A. fseek(文件类型指针，起始点，位移量)；

B. fseek(fp，位移量起始点)；

C. fseek(位移量，起始点 fp)；

D. fseek(起始点位移量，文件类型指针)；

5. 在执行 fopen() 函数时，ferror() 函数的初值是（　　）。

A. TURE　　B. −1　　C. 1　　D. 0

6. 下列语句中，将 c 定义为文件类型指针的是（　　）。

A. FILE c；　　B. FILE ＊c　　C. file. c；　　D. file ＊c；

7. C 语言可以处理的文件类型是（　　）。

A. 文本文件和数据文件　　B. 文本文件和二进制文件

C. 数据文件和二进制文件　　D. 数据文件和非数据文件

8. 在 C 语言程序中，可把整型数以二进制形式存放到文件中的函数是（　　）。

A. fprintf()函数　　B. fread()函数

C. fwrite()函数　　D. fputc()函数

9. 若要打开 A 盘上的“user”子目录下名为“abc. txt”的文本文件进行读/写操作，下面符合此要求的函数调用是（　　）。

A. fopen("A：\user\abe. txt","r")

B. fopen("A：\user\abec. txt"，"r+")

C. fopen("A：\user\abe. txt"," rb")

D. fopen("A：\user\abc. x","w")

10. 已知函数的调用形式“fread(buffer,size,count,pg)；”，其中 buffer 是（　　）。

A. 一个整型变量，代表要读入的数据项总数

B. 一个文件指针，指向要读入的文件

C. 一个指针，指向要存放读入数据的地址

D. 一个存储区，存放要读入的数据项

**三、简答题**

1. C 语言文件的操作有什么特点？什么是缓冲文件系统和文件缓冲区？

2. 什么是文件型指针？通过文件型指针访问文件有什么好处？

3. 文件的打开与关闭的含义是什么？为什么要打开和关闭文件？

4. 文件的概念是什么？C 语言文件按编码方式分为哪几类？

5. 从键盘输入一个字符串，将其中的小写字母全部转换成大写字母，然后输出到一个磁盘文件“test. txt”中保存。输入的字符串以“！”结束。

**四、编程题**

1. 向文件“li. txt”中写入两行文本，然后分三次读出其内容。

2. 将一个整型数组存放到文件中，然后从文件中读取数据到数组中并显示。

3. 从键盘上输入学生的基本信息，并把它们写到文件中，然后从文件中读出并显示。

4. 有两个磁盘文件“A. txt”和“B. txt”，各存放一行字母，现要求把这两个文件中的信息合并（按字母顺序排列），输出到一个新文件“C. txt”中去。

5. 有 5 个学生，每个学生有 3 门课程的成绩，从键盘输入学生数据（包括学号、姓名、3 门课程的成绩），计算出平均成绩，将原有数据和计算出的平均成绩存放在磁盘文件“stud. txt”中。

# 项目11 C语言程序项目案例

【项目描述】

本项目提供了基于 Visual C ++6.0 或者 Dev - C ++5.11 集成环境下的"猜数字游戏""订餐信息管理系统"和"学生信息管理系统"3 个案例，供读者学习，并给出了案例的功能分析。

【知识目标】

(1) 进行综合使用顺序、循环、分支结构和函数的定义的 C 语言程序设计。
(2) 进行综合使用数组、指针、排序、结构体、链表及文件的 C 语言程序设计。

【技能目标】

(1) 进一步熟悉库函数中函数的使用方法。
(2) 培养使用面向过程的方式思考和解决问题的能力。
(3) 能够正确使用函数的定义，顺序、循环、分支结构编写 C 语言程序。
(4) 能够正确使用数组、指针、排序、结构体、链表及文件编写 C 语言程序。

## 任务1 猜数字游戏

【任务描述】

本任务案例中，在游戏开始随机生成一个 1~100 之间的整数，玩家输入数字，判断输入数字与随机数是否相等，若不等，重新输入数字，继续判断，直到二者相等为止，输出结果，退出游戏。

【任务目标】

(1) 重点培养使用面向过程的方式思考和解决问题的能力。
(2) 掌握顺序、循环、分支结构和函数的混合使用方法。

### 知识链接

#### 一、系统功能总体描述

(1) 显示菜单栏；

（2）随机生成 1 ~ 100 之间的整数；

（3）玩家输入数字；

（4）判断数字大小并打印提示。

## 二、系统详细设计

（1）程序开始时打印初始菜单，玩家输入“1”表示玩游戏，输入“0”表示退出游戏。

（2）游戏开始时随机产生一个 1 ~ 100 之间的整数，并保存在变量 ret 中，并等待玩家输入。

（3）玩家输入数字并保存在变量 guess 中，系统判断输入数字与 ret 的大小。

（4）如果 guess > ret，则打印提示玩家数字过大；如果 guess < ret，则打印提示玩家数字过小。如果 guess = ret，则结束游戏，打印初始菜单。

## 三、系统调试分析

源代码如下：

```
#pragma once
#define _CRT_SECURE_NO_WARNINGS
#include <stdio.h>
#include <stdlib.h>
#include <time.h>
//菜单
void menu();
//游戏
void game();
void menu(void)
{
 printf("**************************************** \n");
 printf("*************    1.play   ************* \n");
 printf("*************    0.exit   ************* \n");
 printf("**************************************** \n");
}
void game(void)
{
 printf("猜猜数字:");
 int guess = 0;
 int ret = rand()% 101;
 while(1)
 {
      scanf("%d", &guess);
      if(guess < ret)
       {
           printf("小了哦,再猜猜:");
       }
       else if(guess > ret)
       {
           printf("大了哦,再猜猜:");
       }
       else
       {
           printf("恭喜你,猜对了!!!\n");
           printf("但是猜对了也没用,我是不会奖励你什么的 ^o^\n");
```

```
            break;
        }
    }
}
int main(void)
{
    printf("欢迎来到猜数字游戏 $_$ \n");
    srand((unsigned int)time(NULL));
    int input = 0;
    do
    {
        menu();
        printf("请选择(1 代表开始,0 代表退出)^_^:");
        scanf("%d", &input);
        switch(input)
        {
        case 1:
            game();
            break;
        case 0:
            printf("退出游戏\n");
            break;
        default:
            printf("选择错误,请重新选择\n");
            break;
        }
    } while(input);
    return 0;
}
```

程序运行结果如图 11 - 1 所示。

```
欢迎来到猜数字游戏 $_$
**************************************
*************    1.play    ************
*************    0.exit    ************
**************************************
请选择(1代表开始，0代表退出)^_^：1
猜猜数字：50
大了哦，再猜猜：25
大了哦，再猜猜：12
大了哦，再猜猜：6
小了哦，再猜猜：9
小了哦，再猜猜：10
恭喜你，猜对了！！！
但是猜对了也没用，我是不会奖励你什么的 ^o^
**************************************
*************    1.play    ************
*************    0.exit    ************
**************************************
请选择(1代表开始，0代表退出)^_^：
```

图 11 - 1 “猜数字游戏”程序运行结果

## 任务 2 订餐信息管理系统

### 【任务描述】

本任务案例完成订餐信息管理系统的程序设计，基础信息包含订单编号、客户姓名，订

餐人数、用餐时间，并提供查询和录入等基本功能。

【任务目标】

（1）进一步熟练使用结构体数组和结构体指针的用法。

（2）能够编写使用数组、指针、排序、结构体、链表的混合程序。

（3）进一步熟悉子函数的编写和调用，以及指针（地址）作为形参传递的方法。

## 一、系统功能总体描述

（1）增加订餐客户信息；

（2）查询订餐客户信息；

（3）修改订餐客户信息；

（4）删除订餐客户信息；

（5）浏览订餐客户信息；

（6）按用餐时间升序排序；

（7）保存订单信息到数据文件；

（8）查看数据文件中的订餐信息。

## 二、系统详细设计

（1）程序开始时打印初始菜单，用户按菜单提示输入数字，选择相应的功能。

（2）输入“1”表示增加订餐客户信息，依次输入订单编号、客户姓名、订餐人数、用餐时间。

（3）输入“2”表示查询订餐客户信息，输入要查询的订单编号进行信息查找，如果查询到信息则打印，如果查询不到信息，则提示没有查询到信息。

（4）输入“3”表示修改订餐客户信息，输入要修改的订单编号，如果查询不到信息，则退出修改，如果查询到信息，则依次输入新的客户姓名、订餐人数、用餐时间，完成修改。

（5）输入“4”表示删除订餐客户信息，输入要修改的订单编号，如果查询不到信息，则退出，如果查询到该订单编号，则完成删除并退出。

（6）输入“5”表示浏览客户订餐信息。

（7）输入“6”表示按照用餐时间进行升序排序。

（8）输入“7”表示将当前所有订餐客户信息写入数据文件。

（9）输入“8”表示查看数据文件中的订餐信息。

（10）输入“9”表示退出订餐信息管理系统。

## 三、系统调试分析

源代码如下：

```
#include <stdio.h>
#include <string.h>
```

```
#include <stdlib.h>
typedef struct guest
{
      int number;
      char name[10];
      int sum;
      char time[5];
      struct guest    *next;
}GuestLink, *Pointer;
GuestLink stu[10];
inti,    j, k;
void Insert(Pointer *Head);
void Search(Pointer Head);
void Update(Pointer Head);
void Delete(Pointer *Head);
void Show(Pointer Head);
void Sort(Pointer Head);
void Save(Pointer Head);
void Put(Pointer Head);
int main()
{
      Pointer Head = NULL;
      int  i;
      do
      {
            printf("\n");
            printf("1 --- 增加订餐客户信息\n");
            printf("2 --- 查询订餐客户信息\n");
            printf("3 --- 修改订餐客户信息\n");
            printf("4 --- 删除订餐客户信息\n");
            printf("5 --- 浏览客户订餐信息\n");
            printf("6 --- 按照用餐时间升序排序\n");
            printf("7 --- 保存订餐信息到数据文件\n");
            printf("8 --- 查看数据文件中的订餐信息\n");
            printf("9 --- 退出\n");
            printf("\n\n");
            printf("请选择1--9:");
            scanf("%d", &i);
            switch(i)
            {
case 1: Insert(&Head);
                  break;
            case 2: Search(Head);
                  break;
            case 3: Update(Head);
                  break;
            case 4: Delete(&Head);
                  break;
            case 5: Show(Head);
                  break;
            case 6: Sort(Head);
                  break;
            case 7: Save(Head);
                  break;
            case 8: Put(Head);
                  break;
            case 9:
                  break;
            default: printf("选择错误! 请重新选择!");
```

```
                break;
            }
    }
    while(i != 9);
    return(0);
}
void Insert(Pointer *Head)
{
    intin_number;
    Pointer p, q, r;
    printf("请输入编号:\n");
    scanf("% d", &in_number);
    p = q = *Head;
    while(p != NULL)
    {
        if(p->number == in_number)
        {
            printf("已经有相同编号:");
            return;
        }else {
            q = p; p = p->next;
        }
    }
    r =(Pointer)malloc(sizeof(GuestLink));        /* 没有"*"号 */
    r->next = NULL;
    if(r == NULL)
    {
        printf("分配空间失败");
        return;
    }
    if(q == NULL)                                  /* 如果是空表,判断空表用 q!!!! */
        *Head = r;
    else{ q->next = r; }
    r->number =in_number;
    printf("请输入姓名:\n");
    scanf("%s", r->name);
    printf("请输入人数:\n");
    scanf("%d", &r->sum);
    printf("请输入时间:\n");
    scanf("%s", r->time);
}
void Search(Pointer Head)
{
    intflag = 1;
    intnumber;
    Pointer p;
    printf("请输入要查询的编号:");
    scanf("%d", &number);
    p = Head;
    while(p != NULL && flag)
    {
        if(p->number == number)
        {
            printf("编号\t 姓名\t 人数\t 时间\n");
```

```
                printf("%s\t", p->name);
                printf("%d\t", p->sum);
                printf("%s\t\n", p->time);
                flag = 0;
            }else
                p = p->next;
        }
        if(flag)
            printf("没有查询到!");
}
void Update(Pointer Head)
{
        int  flag = 1;
        int  number;
        Pointer p;
        printf("请输入要修改的编号:");
        scanf("%d", &number);
        p = Head;
        while(p != NULL && flag)
        {
            if(p->number == number)
{
                printf("请输入人数:");
                scanf("%d", &p->sum);
                printf("请输入用餐时间:");
                scanf("%s", p->time);
                flag = 0;
            }else
                p = p->next;
        }
        if(flag)
            printf("没有找到要修改的记录!");
}
/* update与查询过程相似!!! */
void Delete(Pointer *Head)
{
        intflag = 1;
        intnumber;
        Pointer p, q;
        printf("请输入要删除的数据编号:");
        scanf("%d", &number);
        p = q = *Head;
        while(p != NULL && flag)
        {
            if(p->number == number)
            {
                if(p == *Head)
                {
                    *Head = p->next; free(p); /* 删除节点后要及时释放内存!!! */
                }else  { q->next = p->next; free(p); }
                flag = 0;
            }else  { q = p; p = p->next; }
        }
        if(flag)
```

```
            printf("没有找到可以删除的数据!!");
}
void Show(Pointer Head)
{
      Pointer p;
      p = Head;
      printf("编号\t 姓名\t 人数\t 用餐时间\n");
      while(p != NULL)
      {
            printf("%d\t", p -> number);
            printf("%s\t", p -> name);
            printf("%d\t", p -> sum);
            printf("%s\t\n", p -> time);
            p = p -> next;
      }
}
void Sort(Pointer Head)
{
      /* 三个 for 循环,第一个用于赋给结构数组 第二个用于排序,第三个用于输出 */
      Pointer p;
      p = Head;
      int  count = 0;
      GuestLink      temp;
      for(i =0; p != NULL; i ++ )
      {
           strcpy(stu[i].name, p -> name);
           stu[i].number = p -> number;
           stu[i].sum = p -> sum;
           strcpy(stu[i].time, p -> time);
           count ++ ;
           p = p -> next;
      }
      for(i =0; i < count - 1; i ++ )
      {
           k = i;
           for(j = i + 1; j < count; j ++ )
                 if(strcmp(stu[j].time, stu[k].time) < 0)
                       k = j;
           if(k != i)
           {
                 temp = stu[i]; stu[i] = stu[k]; stu[k] = temp;
           }                             /* 一个字都不能改!!!! */
           /* {temp = stu[k];stu[k] = stu[i];stu[i] = temp;} */
      }
      printf("编号\t 姓名\t 人数\t 用餐时间\n");
      for(i = 0; i < count; i ++ )
      {
           printf("%d\t", stu[i].number);
           printf("%s\t", stu[i].name);
           printf("%d\t", stu[i].sum);
           printf("%s\t\n", stu[i].time);
      }
}
void Save(Pointer Head)
{
```

```
    Pointer p;
    FILE *fp;
    p = Head;
    for(i = 0; p != NULL; i++)
    {
        strcpy(p->name, stu[i].name);
        p->number = stu[i].number;
        p->sum = stu[i].sum;
        strcpy(p->time, stu[i].time);
        p = p->next;
    }
    if((fp = fopen("stud", "w")) == NULL)
    {
        printf("can't open !");
    }
    p = Head;
    while(p != NULL)
    {
        if(fwrite(p, sizeof(GuestLink), 1, fp)!= 1)
            printf("can't write!\n");
        p = p->next;
    }
    fclose(fp);
}
void Put(Pointer Head)
{
    FILE  *fp;
    Pointer p;
    p = Head;
    if((fp = fopen("stud", "r")) == NULL)
    {
        printf("can't open the File \n");
    }
    printf("编号\t 姓名\t 人数\t 用餐时间\n");
    while(p != NULL)
    {
        if(fread(p, sizeof(GuestLink), 1, fp)!= 1)
        {
            printf("can't read!");
        }
        printf("%d\t", p->number);
        printf("%s\t", p->name);
        printf("%d\t", p->sum);
        printf("%st\n", p->time);
        p = p->next;
    }
    fclose(fp);
}
```

程序运行结果如图 11－2～图 11－8 所示。

1----增加订餐客户信息
2----查询订餐客户信息
3----修改订餐客户信息
4----删除订餐客户信息
5----浏览客户订餐信息
6----按照用餐时间升序排序
7----保存订餐信息到数据文件
8----查看数据文件中的订餐信息
9----退出
请选择1--9:1
请输入编号:
1
请输入姓名:
Tom
请输入人数:
2
请输入时间:
2022-3-1

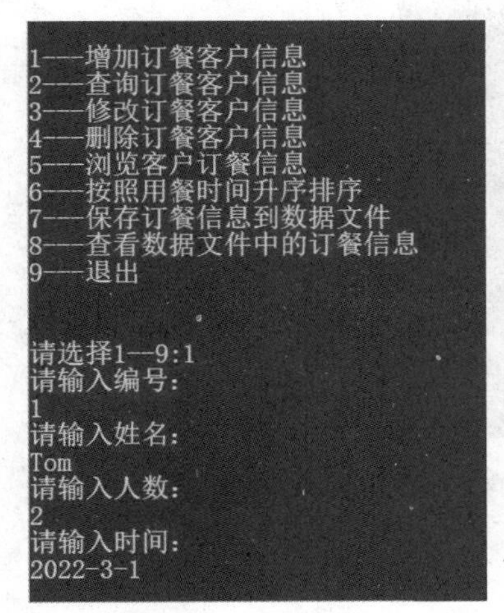

图11－2 “订餐信息管理系统”程序运行结果（1）

1----增加订餐客户信息
2----查询订餐客户信息
3----修改订餐客户信息
4----删除订餐客户信息
5----浏览客户订餐信息
6----按照用餐时间升序排序
7----保存订餐信息到数据文件
8----查看数据文件中的订餐信息
9----退出
请选择1--9:2
请输入要查询的编号：1
编号 姓名 人数 时间

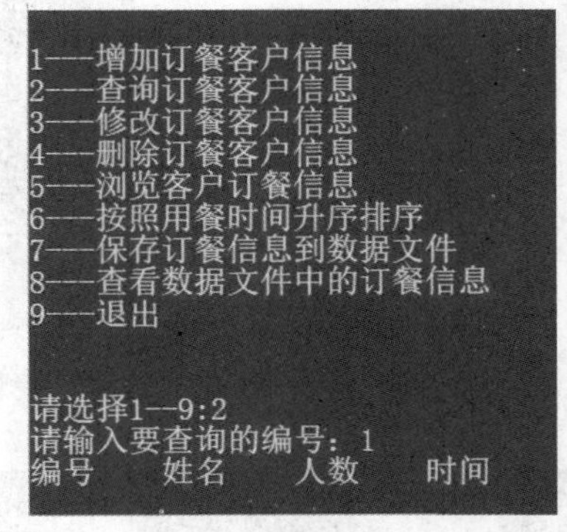

图11－3 “订餐信息管理系统”程序运行结果（2）

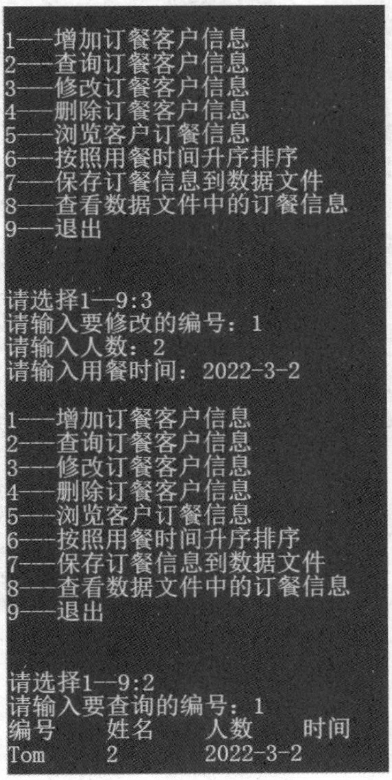

1----增加订餐客户信息
2----查询订餐客户信息
3----修改订餐客户信息
4----删除订餐客户信息
5----浏览客户订餐信息
6----按照用餐时间升序排序
7----保存订餐信息到数据文件
8----查看数据文件中的订餐信息
9----退出
请选择1--9:3
请输入要修改的编号：1
请输入人数：2
请输入用餐时间：2022-3-2
1----增加订餐客户信息
2----查询订餐客户信息
3----修改订餐客户信息
4----删除订餐客户信息
5----浏览客户订餐信息
6----按照用餐时间升序排序
7----保存订餐信息到数据文件
8----查看数据文件中的订餐信息
9----退出
请选择1--9:2
请输入要查询的编号：1
编号 姓名 人数 时间
Tom 2 2022-3-2

图11－4 “订餐信息管理系统”
程序运行结果（3）

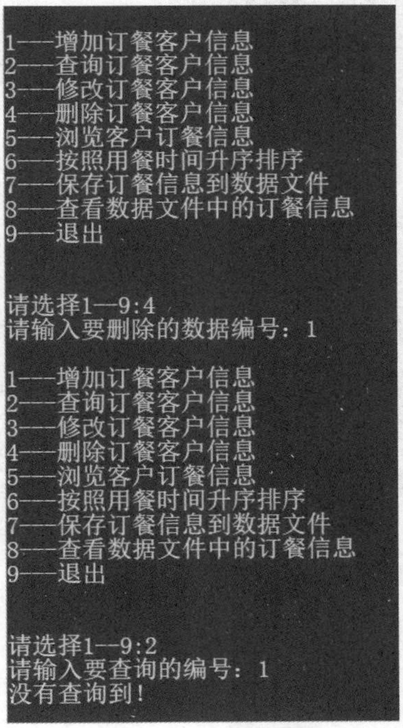

1----增加订餐客户信息
2----查询订餐客户信息
3----修改订餐客户信息
4----删除订餐客户信息
5----浏览客户订餐信息
6----按照用餐时间升序排序
7----保存订餐信息到数据文件
8----查看数据文件中的订餐信息
9----退出
请选择1--9:4
请输入要删除的数据编号：1
1----增加订餐客户信息
2----查询订餐客户信息
3----修改订餐客户信息
4----删除订餐客户信息
5----浏览客户订餐信息
6----按照用餐时间升序排序
7----保存订餐信息到数据文件
8----查看数据文件中的订餐信息
9----退出
请选择1--9:2
请输入要查询的编号：1
没有查询到!

图11－5 “订餐信息管理系统”
程序运行结果（4）

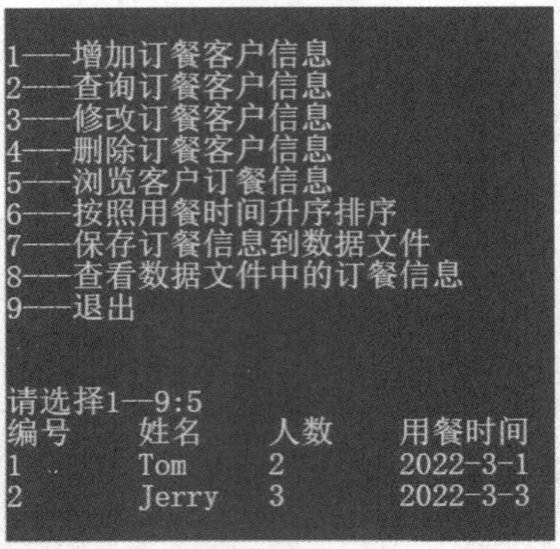

```
1---增加订餐客户信息
2---查询订餐客户信息
3---修改订餐客户信息
4---删除订餐客户信息
5---浏览客户订餐信息
6---按照用餐时间升序排序
7---保存订餐信息到数据文件
8---查看数据文件中的订餐信息
9---退出


请选择1--9:5
编号      姓名      人数      用餐时间
1         Tom       2         2022-3-1
2         Jerry     3         2022-3-3
```

图 11 - 6 “订餐信息管理系统”程序运行结果（5）

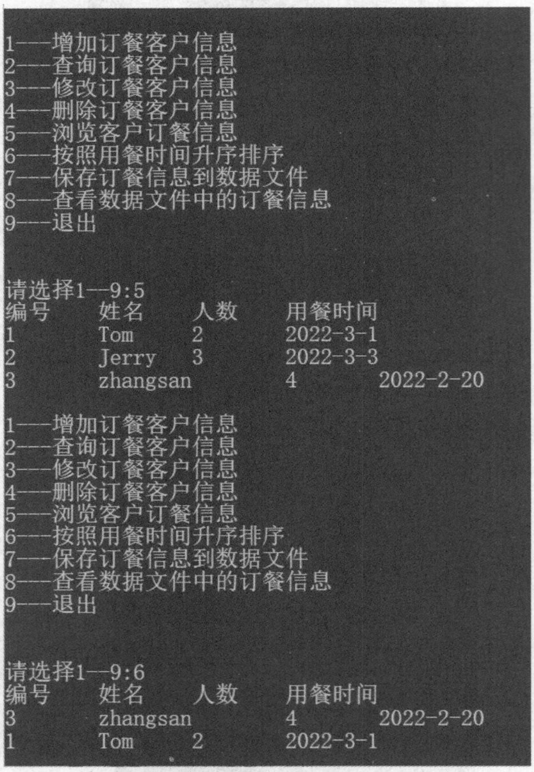

```
1---增加订餐客户信息
2---查询订餐客户信息
3---修改订餐客户信息
4---删除订餐客户信息
5---浏览客户订餐信息
6---按照用餐时间升序排序
7---保存订餐信息到数据文件
8---查看数据文件中的订餐信息
9---退出


请选择1--9:5
编号      姓名      人数      用餐时间
1         Tom       2         2022-3-1
2         Jerry     3         2022-3-3
3         zhangsan            4         2022-2-20

1---增加订餐客户信息
2---查询订餐客户信息
3---修改订餐客户信息
4---删除订餐客户信息
5---浏览客户订餐信息
6---按照用餐时间升序排序
7---保存订餐信息到数据文件
8---查看数据文件中的订餐信息
9---退出


请选择1--9:6
编号      姓名      人数      用餐时间
3         zhangsan            4         2022-2-20
1         Tom       2         2022-3-1
```

图 11 - 7 “订餐信息管理系统”程序运行结果（6）

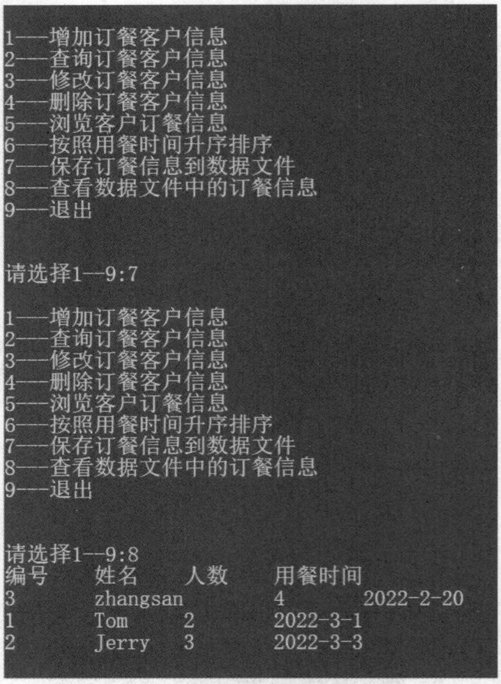

```
1---增加订餐客户信息
2---查询订餐客户信息
3---修改订餐客户信息
4---删除订餐客户信息
5---浏览客户订餐信息
6---按照用餐时间升序排序
7---保存订餐信息到数据文件
8---查看数据文件中的订餐信息
9---退出


请选择1--9:7

1---增加订餐客户信息
2---查询订餐客户信息
3---修改订餐客户信息
4---删除订餐客户信息
5---浏览客户订餐信息
6---按照用餐时间升序排序
7---保存订餐信息到数据文件
8---查看数据文件中的订餐信息
9---退出


请选择1--9:8
编号      姓名      人数      用餐时间
3         zhangsan            4         2022-2-20
1         Tom       2         2022-3-1
2         Jerry     3         2022-3-3
```

图 11 - 8 “订餐信息管理系统”程序运行结果（7）

## 任务 3 学生信息管理系统

### 【任务描述】

本任务案例完成学生信息管理系统的程序设计，基础信息包含学号，姓名，学生的语文、数学、英语成绩及三科总成绩，并提供查询和录入等基本功能。

【任务目标】

（1）熟练宏定义和结构体数组用法。

（2）能够正确地编写使用显示、排序、插入和删除等函数的程序。

（3）进行使用文件编写程序的综合应用。

## 一、系统功能总体描述

（1）录入学生成绩信息；
（2）查找学生成绩信息；
（3）删除学生成绩信息；
（4）修改学生成绩信息；
（5）插入学生成绩信息；
（6）排序；
（7）统计学生总数；
（8）显示所有学生信息；
（9）退出系统。

## 二、系统详细设计

（1）程序开始时打印初始菜单，用户按菜单提示输入数字，选择相应的功能。

（2）输入“1”表示选择录入学生信息功能。输入“y”开始信息录入，依次输入学生的学号、姓名、语文成绩、数学成绩、英语成绩；输入“n”结束信息录入，并将数据保存至文件中。

（3）输入“2”表示选择查找学生成绩信息功能。输入学生的学号查找对应的学生成绩信息，如果查到数据则打印信息，如果不存在该学号，则提示用户该学生信息不存在。

（4）输入“3”表示选择删除学生信息功能。首先判断“data. txt”文件是否存在，如果存在，继续操作，判断文件是否为空，若不为空，则输入要删除的学生学号；如果文件不存在，返回“文件不存在”，文件内容为空则返回“文件中没有记录”，输入学号，判断是否有这个学号，若有，则询问是否删除，y 为删除，n 为不删除。

（5）输入“4”表示选择修改学生信息功能。输入要修改信息的学生学号，如果查询不到信息，则结束修改，如果查询到信息，则依次输入学生的学号、姓名、语文成绩、数学成绩、英语成绩，完成修改。

（6）输入“5”表示选择插入学生信息功能。依次输入学生的学号、姓名、语文成绩、数学成绩、英语成绩，如果学号已存在则插入失败，如果学号不存在则完成插入。

（7）输入“6”表示完成排序，将已存在学生按照总成绩排序并写入文件保存。

（8）输入“7”表示统计学生总人数。

（9）输入“8”表示显示所有学生信息。

（10）输入“0”表示退出管理系统。

## 三、系统调试分析

源代码如下：

```
#include<stdio.h>
#include<stdlib.h>
#include<conio.h>
#include<dos.h>
#include<string.h>
#define LENsizeof(struct student)
#define FORMAT "%-8d%-15s%-12.1lf%-12.1lf%-12.1lf%-12.1lf\n"
#define DATA stu[i].num,stu[i].name,stu[i].elec,stu[i].expe,stu[i].requ,stu[i].sum
struct student    /*定义学生成绩结构体*/
{
      int num;     /*学号*/
      char name[15]; /*姓名*/
      double elec;     /*语文*/
      double expe;    /*数学*/
      double requ;     /*英语*/
      double sum;/*总分*/
};
   /* 函数声明*/
struct student stu[50];/*定义结构体数组*/
void in();/*录入学生成绩信息*/
void show();/*显示学生信息*/
void order();/*按总成绩排序*/
void del();/*删除学生成绩信息*/
void modify();/*修改学生成绩信息*/
void menu();/*主菜单*/
void insert();/*插入学生信息*/
void total();/*计算总人数*/
void search();/*查找学生信息*/
void main()/*主函数*/
{
      /* system("color f0\n");可设置白底黑字*/
      int n;
      menu();
      scanf("%d",&n);     /*输入选择功能的编号*/
      while(n)
      {
            switch(n)
            {
                  case 1: in();break;
                  case 2: search();break;
                  case 3: del();break;
                  case 4: modify();break;
                  case 5: insert();break;
                  case 6: order();break;
                  case 7: total();break;
                  case 8: show();break;
                  default:break;
      }
      getch();
      menu();     /*执行完功能再次显示菜单界面*/
      scanf("%d",&n);
```

```
    }
}
void in()          /* 录入学生信息 */
{
    int i,m=0;     /* m 是记录的条数 */
    char ch[2];
    FILE *fp;      /* 定义文件指针 */
    if((fp=fopen("data.txt","a+"))==NULL)    /* 打开指定文件 */
    {
        printf("文件不存在! \n");
        return;
    }
    while(!feof(fp))
    {
        if(fread(&stu[m],LEN,1,fp)==1)
        {
            m++;      /* 统计当前记录条数 */
        }
    }
    fclose(fp);
    if(m==0)
    {
        printf("文件中没有记录!\n");
    }
    else
    {
        show();     /* 调用 show()函数,显示原有信息 */
    }
    if((fp=fopen("data.txt","wb"))==NULL)
    {
        printf("文件不存在! \n");
        return;
    }
    printf("输入学生信息(y/n):");
    scanf("%s",ch);
    while(strcmp(ch,"Y")==0||strcmp(ch,"y")==0)   /* 判断是否要录入新信息 */
    {
        printf("number:");
        scanf("%d",&stu[m].num);     /* 输入学生学号 */
        for(i=0;i<m;i++)
            if(stu[i].num==stu[m].num)
            {
                printf("number 已经存在了,按任意键继续!");
                getch();
                fclose(fp);
                return;
            }
        printf("name:");
        scanf("%s",stu[m].name);    /* 输入学生姓名 */
        printf("Chinese:");
        scanf("%lf",&stu[m].elec);   /* 输入语文课成绩 */
        printf("Math:");
        scanf("%lf",&stu[m].expe);   /* 输入数学课成绩 */
        printf("English:");
        scanf("%lf",&stu[m].requ);   /* 输入英语课成绩 */
```

```
            stu[m].sum = stu[m].elec + stu[m].expe + stu[m].requ;  /* 计算出总成绩 */
            if(fwrite(&stu[m],LEN,1,fp)!=1)  /* 将新录入的信息写入指定的磁盘文件 */
            {
                  printf("不能保存!");
                  getch();
            }
            else
            {
                  printf("%s 被保存!\n",stu[m].name);
                  m ++ ;
            }
            printf("继续? (y/n):");/* 询问是否继续 */
            scanf("%s",ch);
      }
      fclose(fp);
      printf("OK!\n");
}
void show()/* "增加 data.txt"文件不存在或者文件内容为空时的显示 */
  {
      FILE *fp;
      int i,m=0;
      fp=fopen("data.txt","rb");
      while(! feof(fp))
      {
            if(fread(&stu[m],LEN,1,fp)==1)
            m ++ ;
      }
      fclose(fp);
      printf("number  name  Chinese  Math  English  sum\t\n");
      for(i=0;i<m;i++)
         {
            printf(FORMAT,DATA);     /* 将信息按指定格式打印 */
         }
}
 void menu()                   /* 自定义函数实现菜单功能 */
{
      system("cls");
      printf("\n\n\n\n");
      printf("\t\t|---------------学生信息管理系统---------------|\n");
      printf("\t\t|\t\t\t\t\t      |\n");
      printf("\t\t|\t\t1.录入学生信息\t           |\n");
      printf("\t\t|\t\t2.查找学生信息\t           |\n");
      printf("\t\t|\t\t3.删除学生信息\t           |\n");
      printf("\t\t|\t\t4.修改学生信息\t           |\n");
      printf("\t\t|\t\t5.插入学生信息\t           |\n");
      printf("\t\t|\t\t6.排序\t\t       |\n");
      printf("\t\t|\t\t7.统计学生总数\t           |\n");
      printf("\t\t|\t\t8.显示所有学生信息\t           |\n");
      printf("\t\t|\t\t0.退出系统\t\t        |\n");
      printf("\t\t|\t\t\t\t\t      |\n");
      printf("\t\t|---------------------------------------------|\n\n");
      printf("\t\t\t请选择(0-8):");
}
void order()                 /* 自定义排序函数 */
{
```

```
        FILE *fp;
        struct student t;
        int i =0,j =0,m =0;
        if((fp = fopen("data.txt","r +")) == NULL)
        {
                printf("文件不存在! \n");
                return;
        }
        while(! feof(fp))
        if(fread(&stu[m],LEN,1,fp) == 1)
                m ++;
        fclose(fp);
        if(m == 0)
        {
                printf("文件中没有记录!\n");
                return;
        }
        if((fp = fopen("data.txt","wb")) == NULL)
        {
                printf("文件不存在! \n");
                return;
        }
        for(i =0;i <m -1;i ++)
            for(j =i +1;j <m;j ++)      /* 双重循环实现成绩比较并交换 */
                if(stu[i].sum < stu[j].sum)
                {
                        t = stu[i];stu[i] = stu[j];stu[j] = t;
                }
        if((fp = fopen("data.txt","wb")) == NULL)
        {
                printf("文件不存在! \n");
                return;
        }
        for(i =0;i <m;i ++)  /* 将重新排好序的内容重新写入指定的磁盘文件 */
                if(fwrite(&stu[i],LEN,1,fp)!=1)
                {
                        printf("%s 不能保存文件!\n");
                        getch();
                }
        fclose(fp);
        printf("保存成功\n");
}
void del()                          /* 自定义删除函数 */
{
        FILE *fp;
        int snum,i,j,m =0;
        char ch[2];
        if((fp = fopen("data.txt","r +")) == NULL) /* data.txt 文件不存在 */
        {
                printf("文件不存在! \n");
                return;
        }
        while(! feof(fp))  if(fread(&stu[m],LEN,1,fp) == 1)m ++;
        fclose(fp);
        if(m == 0)
```

```
    {
            printf("文件中没有记录! \n");/* "data.txt"文件存在,但里面没有内容 */
            return;
    }
            printf("请输入学生学号");
    scanf("%d",&snum);
    for(i=0;i<m;i++)
            if(snum==stu[i].num)
            {
                    printf("找到了这条记录,是否删除? (y/n)");
                    scanf("%s",ch);
                    if(strcmp(ch,"Y")==0||strcmp(ch,"y")==0)  /* 判断是否要进行删除 */
                    {
                            for(j=i;j<m;j++)
                            stu[j]=stu[j+1];    /* 将后一个记录移到前一个记录的位置 */
                            m--;    /* 记录的总个数减 1 */
                            if((fp=fopen("data.txt","wb"))==NULL)
                            {
                                    printf("文件不存在\n");
                                    return;
                            }
                            for(j=0;j<m;j++)/* 将更改后的记录重新写入指定的磁盘文件 */
                            if(fwrite(&stu[j],LEN,1,fp)!=1)
                            {
                                    printf("can not save!\n");
                                    getch();
                            }
                            fclose(fp);
                            printf("删除成功!\n");
            }else{
                            printf("找到了记录,选择不删除!");
            }
                            break;
        }
        else
        {
                printf("没有找到这名学生!\n");   /* 未找到要查找的信息 */
        }
}
void search()               /* 自定义查找函数 */
{
    FILE *fp;
    int snum,i,m=0;
    if((fp=fopen("data.txt","rb"))==NULL)
        {
            printf("文件不存在! \n");
            return;
    }
    while(! feof(fp))
      if(fread(&stu[m],LEN,1,fp)==1)
      m++;
    fclose(fp);
    if(m==0)
    {
          printf("文件中没有记录! \n");
          return;
```

```
    }
    printf("请输入 number:");
    scanf("%d",&snum);
    for(i=0;i<m;i++)
    if(snum==stu[i].num)   /*查找输入的学号是否在记录中*/
    {
            printf("number  name  Chinese  Math  English  sum\t\n");
            printf(FORMAT,DATA);  /*将查找出的结果按指定格式输出*/
        break;
    }
    if(i==m)printf("没有找到这名学生!\n");  /*未找到要查找的信息*/
}

void modify()                 /*自定义修改函数*/
 {            /*修正:要修改文件中没有记录的学号时,还是说"找到了…" */
    FILE *fp;
    struct student t;
    int i=0,j=0,m=0,snum;
    if((fp=fopen("data.txt","r+"))==NULL)
    {
          printf("文件不存在! \n");
          return;
    }
    while(! feof(fp))
          if(fread(&stu[m],LEN,1,fp)==1)
                m++;
    if(m==0)
    {
          printf("文件中没有记录! \n");
          fclose(fp);
          return;
    }
    show();
    printf("请输入要修改的学生 number: ");
    scanf("%d",&snum);
    for(i=0;i<m;i++)
          if(snum==stu[i].num)  /*检索记录中是否有要修改的信息*/
             {
               printf("找到了这名学生,可以修改他的信息!\n");
               printf("name:");
               scanf("%s",stu[i].name);/*输入名字*/
               printf("Chinese:");
               scanf("%lf",&stu[i].elec);/*输入语文课成绩*/
               printf("Math:");
               scanf("%lf",&stu[i].expe);/*输入数学课成绩*/
               printf("English course:");
               scanf("%lf",&stu[i].requ);/*输入英语课成绩*/
               printf("修改成功!");
               stu[i].sum=stu[i].elec+stu[i].expe+stu[i].requ;
                     if((fp=fopen("data.txt","wb"))==NULL)
               {
                     printf("can not open\n");
                     return;
               }
               for(j=0;j<m;j++)          /*将新修改的信息写入指定的磁盘文件*/
```

```
                if(fwrite(&stu[j],LEN,1,fp)!=1)
                {
                        printf("can not save!");
                        getch();
                }
                fclose(fp);
                break;
        }
        if(i==m)
                printf("没有找到这名学生!\n");   /*未找到要查找的信息*/
}
void insert()                   /*自定义插入函数*/
{
        FILE *fp;
        int i,j,k,m=0,snum;
        if((fp=fopen("data.txt","r+"))==NULL)
        {
                printf("文件不存在! \n");
                return;
        }
        while(! feof(fp))
                if(fread(&stu[m],LEN,1,fp)==1)
                  m++;
        if(m==0)
        {
                printf("文件中没有记录!\n");
                fclose(fp);
                return;
        }
        printf("请输入要插入的位置(number):\n");
        scanf("%d",&snum);   /*输入要插入的位置*/
        for(i=0;i<m;i++)
                if(snum==stu[i].num)
                        break;
                for(j=m-1;j>i;j--)
                        stu[j+1]=stu[j];    /*从最后一条记录开始均向后移一位*/
                printf("现在请输入要插入的学生信息.\n");
                        printf("number:");
                scanf("%d",&stu[i+1].num);
                for(k=0;k<m;k++)
                        if(stu[k].num==stu[m].num)
                        {
                                printf("number已经存在,按任意键继续!");
                                getch();
                                fclose(fp);
                                return;
                        }
                printf("name:");
                scanf("%s",stu[i+1].name);
                        printf("Chinese:");
                scanf("%lf",&stu[i+1].elec);
                        printf("Math:");
                scanf("%lf",&stu[i+1].expe);
                        printf("English course:");
```

```
            scanf("%lf",&stu[i+1].requ);
             stu[i+1].sum=stu[i+1].elec+stu[i+1].expe+stu[i+1].requ;
             printf("插入成功！按任意键返回主界面!");
             if((fp=fopen("data.txt","wb"))==NULL)
            {       printf("不能打开！\n");
                    return;
            }
            for(k=0;k<=m;k++)
            if(fwrite(&stu[k],LEN,1,fp)!=1)   /*将修改后的记录写入磁盘文件*/
            {
                  printf("不能保存!");
                  getch();
            }
      fclose(fp);
}
void total(){              /*计算总人数*/
      FILE *fp;
      int m=0;
      if((fp=fopen("data.txt","r+"))==NULL)
          {
              printf("文件不存在！\n");
               return;
          }
      while(!feof(fp))
          if(fread(&stu[m],LEN,1,fp)==1)
      m++;/*统计记录个数即学生个数*/
      if(m==0){printf("no record!\n");fclose(fp);return;}
      printf("这个班级一共有 %d 名学生!\n",m);   /*将统计的个数输出*/
      fclose(fp);
}
```

程序运行结果如图 11－9～图 11－16 所示。

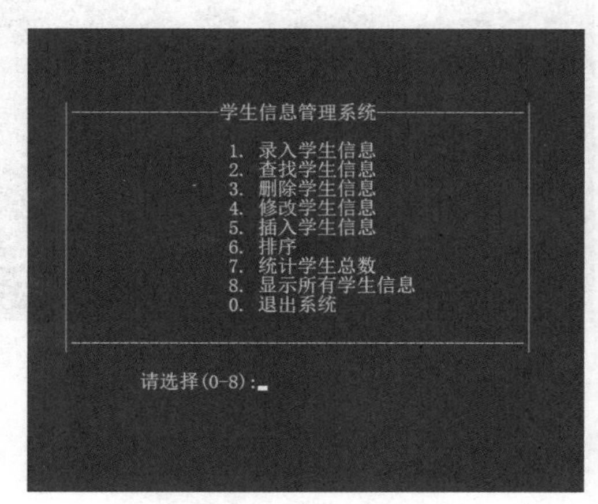


图 11－9　“学生信息管理系统”程序运行结果（1）

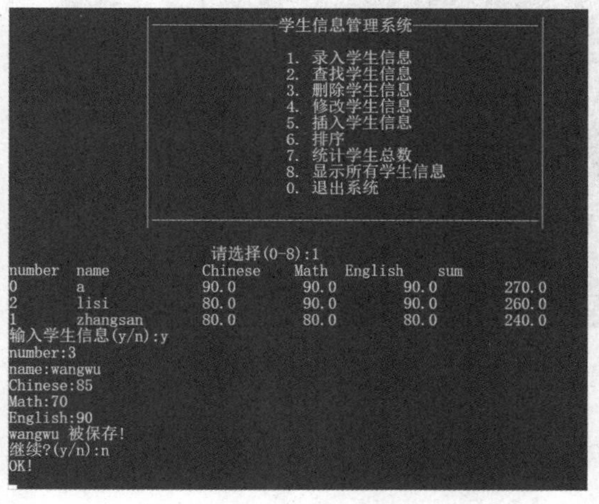


图 11－10　“学生信息管理系统”程序运行结果（2）

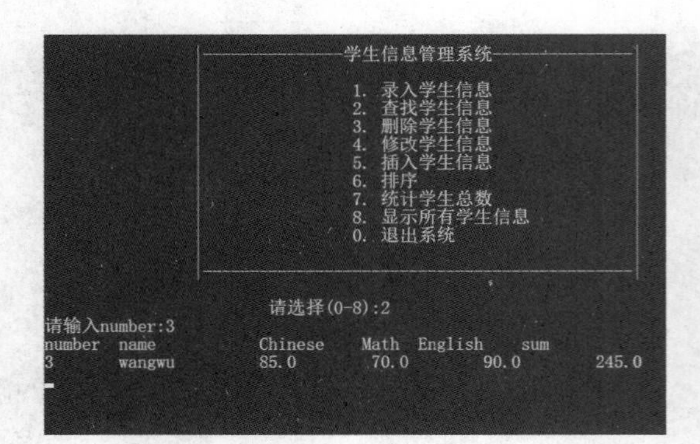


图 11－11 “学生信息管理系统”程序运行结果（3）

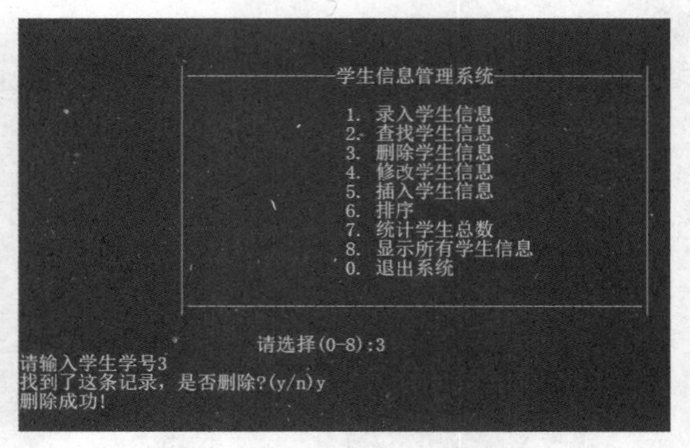


图 11－12 “学生信息管理系统”程序运行结果（4）

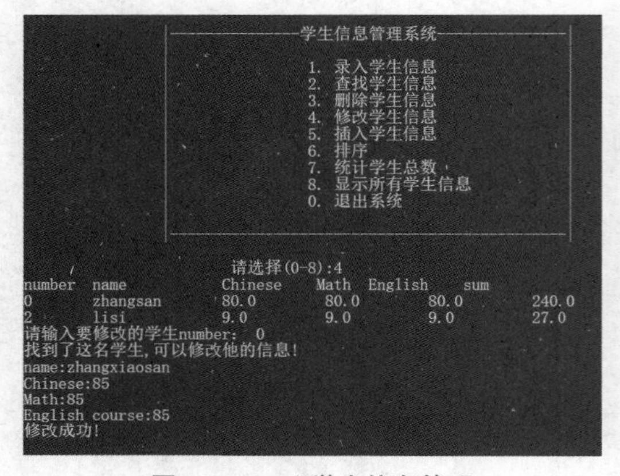


图 11－13 “学生信息管理系统”程序运行结果（5）

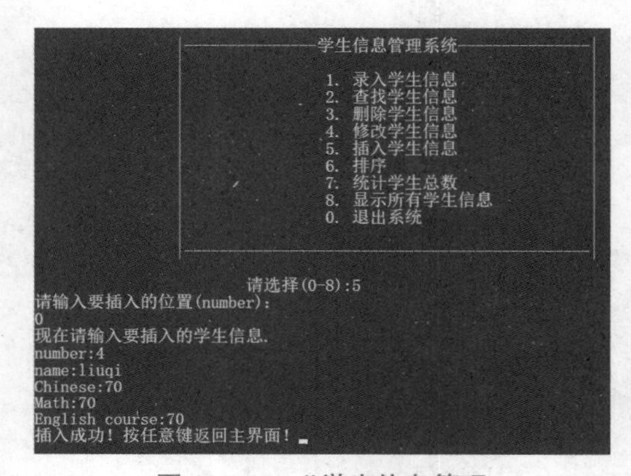


图 11－14 “学生信息管理系统”程序运行结果（6）

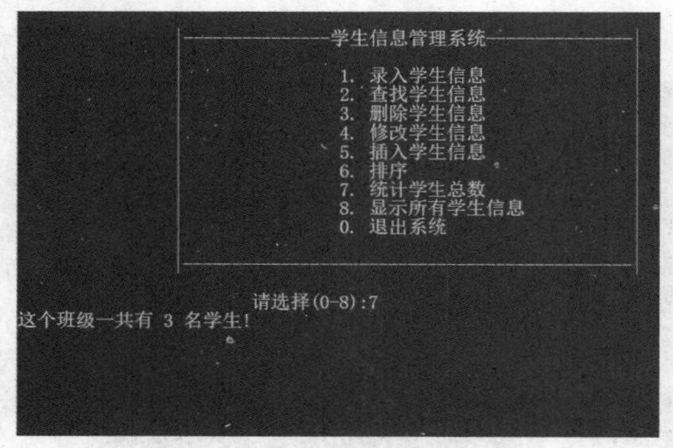


图 11－15 “学生信息管理系统”程序运行结果（7）

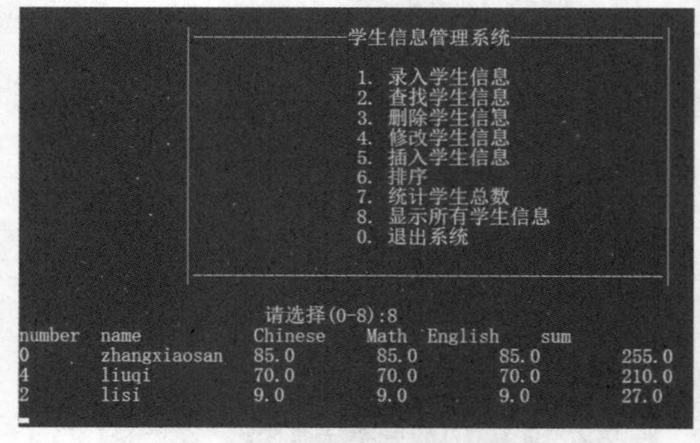


图 11－16 “学生信息管理系统”程序运行结果（8）

# 参考文献

［1］谭浩强. C 语言程序设计［M］. 北京：清华大学出版社，2017.

［2］郝贤云，谷潇，罗磊. C 语言程序设计［M］. 上海：同济大学出版社，2019.

［3］张敏霞. C 语言程序设计教程［M］. 北京：电子工业出版社，2017.

［4］李如平. C 语言程序设计［M］. 北京：北京理工大学出版社，2021.

［5］程立倩. C 语言程序设计案例教程［M］. 北京：北京邮电大学出版社，2016.

［6］李兴莹，杨常清，李欣欣. C 语言程序设计基础［M］. 上海：上海交通大学出版社，2018.

［7］梅创社，李俊. C 语言程序设计［M］. 北京：北京理工大学出版社，2019.